Tainele timpului și libertatea fanteziei

(Eseu de cronodinamică ficțională)

CONSTANTIN M. N. BORCIA

DEDICAŢIE

Dedic această carte tuturor celor ce au minţile deschise, oamenilor generoşi, binevoitori, luminaţi, binecuvântaţi...

Cartea este un omagiu adus libertăţii de gândire şi de exprimare, pentru care au luptat şi s-au jertfit de-a lungul timpului, oameni minunaţi, deosebiţi...

MULŢUMIRI

Vreau să mulţumesc şi pe această cale, mamei mele, Niculina A. BORCEA, pentru sprijinul moral pe care mi l-a acordat şi pentru libertatea pe care mi-a îngăduit-o, astfel încât să pot gândi şi visa... De asemeni, cartea îi este dedicată cu deosebit respect... Mulţunesc acelor cărţi care m-au învăţat ce înseamnă... libertatea fanteziei...

Se cuvine să mulţumesc domnului Nicolae Sfetcu pentru consilierea competentă cu care m-a onorat, precum şi domnului Sergiu Ioan pentru traducerea unui scurt fragment din carte în limba engleză..

CUPRINS

„Timpul ne învață multe dacă pentru noi trecerea sa nu este zadarnică."
MENANDER

*

"Mă întreb ce stăpânesc cu adevărat. Mă întreb ce-mi va supraviețui. Viața noastră e scurtă ca un incendiu. Flăcări pe care trecătorul le uită, cenușă pe care vântul o spulberă: un om a trăit."
CATRENELE LUI OMAR KHAYYAM – TRADUCERE AL. T. STAMATIAD, 1945.

*

"O singura clipa poate schimba totul."
HEINRICH OTTO WIELAND

*

„Să te îndoiești de tot sau să crezi totul sunt două soluții la fel de convenabile; amândouă înlătură necesitatea cugetării."
HENRI POINCARE
(Preluat din: http://autori.citatepedia.ro/de.php?p=3&a=Henri+Poincare)

*

„ Să modifici trecutul nu înseamnă să modifici un singur fapt, ci să-i anulezi consecințele, care tind să fie infinite. Cu alte cuvinte, am putea spune că înseamnă să crezi două istorii universale. "
JORGE LUIS BORGES
Aleph – ("Cealaltă moarte" , pag. 78, trad. Andrei Ionescu, Polirom, 2011).

DESPRE ACEASTĂ CARTE

Una dintre ideile centrale ale cărţii este următoarea: orice comunicare temporală semnificativă şi orice călătorie în timp interactivă poate implica, în anumite situaţii,   (în funcţie de intensitatea comunicării sau a călătoriei în timp), generarea unor LUMI POSIBILE (UNIVERSURI ALTERNATIVE). Aceasta este una dintre tainele TIMPULUI...   De ce este aşa ? Este mai greu de explicat... Să încerc totuşi să exprim succint ceea ce cred... În orice comunicare şi în orice călătorie de fapt se efectuează o generare şi un transfer de informaţie... Aceasta implică însă o transformare a informaţiei în energie şi substanţă. Dar LUMILE POSIBILE (UNIVERSURILE ALTERNATIVE) reprezintă de fapt varietăţi de spaţiu, de timp, de energie, de substanţă... Pe de altă parte, orice informaţie poate fi convertită în energie, în substanţă, în spaţiu şi timp. Aşa încât, dacă în orice comunicare sau călătorie se generează şi se transferă informaţie, rezultă că aceasta poate fi convertită în varietăţi de energie, de substanţă, spaţiu şi timp, adică tocmai în... LUMI POSIBILE... Desigur, că procesele sunt extrem de complicate, însă în esenţă ceea ce am afirmat mai sus, expimă, aşadar, ceea ce cred că se produce...

O idee care mi se pare importantă şi interesantă este aceea că destinul unui individ oarecare poate fi schimbat, dacă acesta doreşte cu maximă intensitate acest lucru şi dacă se străduieşte foarte mult, ceea ce va implica eventual generarea de UNIVERSURI ALTERNATIVE...

În sfârşit, o altă idee a cărţii se referă la libertatea gândirii, respectiv la libertatea fanteziei... Oricine are dreptul la gândire proprie, la dezvoltarea fanteziei... Gândirea constrânsă, poate avea consecinţe nefaste asupra vieţii... Însă cine doreşte să-şi trăiască viaţa cât mai complet şi să înţeleagă câte ceva din această existenţă bizară, ar fi bine, să gândească liber şi să se piardă, câteodată, în lumea fanteziei...

Cartea este și o introducere în problematicile unui domeniu al cunoașterii denumit „cronodinamică ficțională"...

Îmi amintesc de o întâmplare... Cu mulți ani în urmă, eram undeva într-o localitate numită Titcov și stăteam într-o cameră și scriam ceva... La un moment dat intră în cameră un... scatiu... Nu mai știu ce gând m-a îndemnat să prind scatiul... După multă osteneală   l-am prins... Ei bine, scatiul s-a zbătut, m-a ciupit, a făcut orice să scape, să-și recapete libertatea !... Bineînțeles că i-am dat drumul, iar scatiul a zburat, a ieșit din cameră și s-a pierdut în zare... De la acel scatiu am învățat ce înseamnă să lupți pentru libertate, să nu te dai bătut niciodată, să te zbați chiar dacă, uneori s-ar părea că nu ai nici o șansă...

Am încercat să exprim asta, pe cât am putut și în această carte...

Nu-l voi uita niciodată pe acel scatiu...

INTRODUCERE

Comunicarea în timp înseamnă un anumit contact, o anumită legătură între două sau mai multe persoane, între două sau mai multe conștiințe situate în epoci diferite. Precum se știe, comunicarea în spațiu se realizează prin limbaj (verbal sau prin scris, prin semnale diverse). Comunicarea în spațiu se poate realiza și prin telepatie, după cum au fost de acord diverși cercetători. Este oare imposibilă o legătură între mai multe persoane situate diferit în timp, spre exemplu, o persoană aflată undeva în antichitate și alta situată undeva în epoca modernă ? Poate că nu...

Știu, pare absurd ca o persoană din... prezent (sau conștiința acelei persoane din prezent), din această clipă, căreia îi spunem prezent, pare absurd să comunice cu altă persoană, cu altă conștiință, cu alt creier, din trecut, de acum... o mie de ani, știind că acea persoană din trecut este moartă – creierul acelei persoane fiind descompus, dezintegrat... Și tot astfel, pare să fie absurd ca o persoană din prezent să comunice cu o altă persoană din viitor, care nu s-a născut, așadar, și nici cea mai vagă bănuială de existență a sa nu se prefigurează... Dar cum este posibil ca o persoană din prezent să emită sau să primească mesaje de la alte persoane din trecut sau din viitor ? Iată o întrebare fundamentală !

În altă ordine de idei, este bine să remarcăm că spiritismul și profețiile s-ar prea putea să fie consecințele sau efectul unor contacte realizate în timp ! Precum se știe, *spiritismul* este o concepție potrivit căreia, spiritele celor morți ar supraviețui, iar cei vii ar avea posibilitatea de a comunica cu ele, prin anumite procedee oculte.

Profețiile, pe de altă parte, sunt, de fapt, afirmații ale unor oameni despre ceea ce se va întâmpla într-un viitor mai mult sau mai puțin îndepărtat... În definitiv, de ce să nu ne gândim că poate avea loc un fel de comunicare în timp, cu atât mai mult cu cât, în teoria relativității, chiar se afirmă că timpul nu este decât o dimensiune a Universului ? De multe ori s-a pus problema călătoriei în timp... Se știe câte ceva despre aceasta (să ne amintim de controversa legată de experimentul Philadelphia), dar nu s-a realizat încă o mașină a timpului... Însă, odată cu călătoria în timp, poate chiar mai înainte de a se înfăptui efectiv, este necesar să se definească și să se realizeze, COMUNICAREA ÎN TIMP (pe care o putem denumi... cronotelepatie, adică un fel de telepatie realizată în timp și spațiu)... Ne putem imagina chiar mai mult... Să ne gândim la telekinezie... Telekinezia înseamnă influența "câmpului mental", a conștiinței, influența psihicului, asupra diferitelor obiecte sau procese din natură... O persoană, concentrându-se, poate deplasa din loc un obiect sau poate îndoi o vergea de metal sau poate influența o dezintegrare radioactivă... Ce-ar fi dacă această influență ar avea loc și în timp ?

(Adică influența în timp a câmpului mental – conștiința, psihicul – asupra obiectelor, proceselor... Putem denumi aceasta, cronotelekinezie, adică un fel de telekinezie realizată în timp și spațiu...)

De asemeni, putem merge chiar mai departe, gândindu-ne că, prin anumite procedee, s-ar putea "vedea" procesele termonucleare dintr-o anumită stea sau vreun proces biologic dintr-o ființă vie; am putea denumi aceasta, "ultraclarviziune" - este ceva ce acum se poate vedea numai prin simulări realizate cu ajutorul computerului...

Ne-am putea gândi la niște ființe din viitorul nostru care, peste zece mii de ani, având aceste capacități paranormale (pe care le-am denumit, așadar, cronotelepatie și cronokinezie), ne-ar putea influența, astfel încât noi am fi de fapt niște... marionete !...

Așa ar putea fi, dacă noi și alții ca noi, nu am opune rezistență la influența aceasta !...

Dar mai este ceva... S-ar părea că evoluția unui om, nu este... singulară. În definitiv, viața unui om este una dintre multiplele vieți pe care le poate avea... În fiecare moment, omul alege, sau dimpotrivă, este obligat să urmeze o anumită cale pentru a evolua, omul parcurge o anumită cale prin care se dezvoltă intelectual, moral sau fizic... Acesta este destinul... Spre exemplu, un individ, la un moment dat, are posibilitatea să aleagă între a studia la o anumită școală sau de a nu studia deloc... În primul caz, viața lui va avea o anumită ordine, iar în al doilea caz, va avea altă ordine. Există însă și un alt caz și anume cazul în care omul poate suferi un accident și poate muri... sau poate supraviețui... Sunt două posibilități de evoluție (dintre multe altele)... Cu toate că pare ceva fantastic sau absurd, se poate defini ideea că TOATE POSIBILITĂȚILE de evoluție ale fiecărui om și în general, ale fiecărei ființe, toate posibilitățile de evoluție SE VOR REALIZA, într-o anumită LUME, într-un anumit UNIVERS (numite de altfel LUMI POSIBILE sau virtuale sau UNIVERSURI ALTERNATIVE)... O LUME POSIBILĂ poate deveni o LUME REALĂ pentru o anumită ființă și invers... Cu alte cuvinte, tot ceea ce este real pentru o anumită ființă, poate deveni posibil pentru o altă ființă și invers... Nu este nimic anormal sau absurd în această situație... Poate fi anormal sau absurd doar pentru anumite minți prea puțin obișnuite să gândească liber... Reunirea TUTUROR posibităților de evoluție ale unui om definește OMUL INTEGRAL sau, în general, reuniunea tuturor posibilităților de evoluție ale unei ființe, definește FIINȚA INTEGRALĂ...

Să înțelegem însă, mai întâi, noțiunea de HIPERTIMP... Trebuie spus că, în fiecare clipă, timpul se multiplică, se bifurcă, se ramifică... În fiecare clipă, există pentru orice ființă, pentru orice entitate, multe posibilități de evoluție, multe "viitoruri" posibile, pentru care corespund "trecuturi" posibile... Timpul normal, obișnuit, (definit de prezent, trecut, viitor), nu este decât un element dintr-un ansamblu mult mai complicat, numit și TIMP RAMIFICAT sau HIPERTIMP – definit printr-o structură complexă...

Pentru a înțelege, iată exemplul următor... La un moment dat, un om poate fi pus în situația să aleagă între două posibiliăți: fie să plece într-o țară străină și să se stabilească acolo, fie să rămână în țara în care s-a născut... Ei bine, pare absurd, dar adevărul este că orice ar alege, ambele posibilități se vor realiza !...

Există o realitate, aceea în care omul rămâne în țara în care s-a născut și o altă realitate, aceea în care același om, pleacă și se stabilește în altă țară... Fiecare dintre aceste realități devine însă o posibilitate, una pentru cealaltă... Cel care rămâne în țară va spune că este posibil să fi plecat în altă țară, dar realitatea este că a rămas aici, și dimpotrivă, cel care a plecat în altă țară va spune că este posibil să fi rămas în ţară, dar realitatea este că a plecat – realitatea unuia este posibilitatea celuilalt...

Aşadar, este de fapt ACEEAŞI PERSOANĂ aflată în diferite LUMI POSIBILE !...

Altfel spus, există diferite posibilităţi de evoluţie pentru o persoană ! O anumită evoluţie înseamnă de fapt, o LUME POSIBILĂ; aceeaşi persoană, trăieşte în cadrul multor LUMI POSIBILE, fiecare LUME POSIBILĂ fiind definită printr-un anumit fel de evoluţie, prin anumite alegeri, prin anumite întâmplări; poate că este extraordinar, dar se poate spune că un om nu are un singur destin, ci mai multe...

Poate fi cam confuz, dar asta este situaţia în această problematică destul de complexă a LUMILOR POSIBILE şi respectiv a HIPERTIMPULUI...

În sfârşit, mai este ceva, ceva legat de... planeta Pământ... Nu este exclus ca Pământul, prin potenţialul său energetic optim (nici foarte ridicat, ca în cazul stelelor, dar nici foarte scăzut, ca în cazul asteroizilor) să fie implicat în... declanşarea acestor fenomene stranii, absurde sau dimpotrivă foarte posibile, denumite comunicare şi influenţă în timp... Pe de altă parte, comunicarea obişnuită, are loc între un emiţător şi un receptor care se află situaţi în spaţiu (caracterizat prin trei dimensiuni) şi timp (care poate fi considerat ca fiind a patra dimensiune a spaţiului – sau a Universului)... O eventuală comunicare in timp, ar presupune că ar trebui să existe încă o dimensiune suplimentară, a cincea... Cu alte cuvinte o comunicare în timp presupune un UNIVERS CU CINCI DIMENSIUNI ! Dar ce ar însemna aceasta ?

Pur şi simplu ar însemna că timpul normal, obişnuit, timpul caracterizat prin prezent, viitor, trecut, ACEST TIMP LINIAR, ar trebui să se MULTIPLICE, ar trebui să devină de fapt... UN PLAN, adică să se ramifice, astfel încât să existe de fapt mai multe prezenturi, mai multe viitoruri, mai multe trecuturi !... Aceasta pare să fie a cincea dimensiune, şi aici de fapt există LUMILE POSIBILE, bifurcaţiile sau ramificaţiile timpului, precum şi multe alte lucruri, inclusiv, comunicarea şi influenţa în timp...

Acestea sunt câteva idei, care pot interesa şi care pot deschide unele direcţii de cercetare în viitor pentru anumiţi oameni luminaţi, binevoitori, generoşi şi noncomformişti... Sper să pot comunica, într-un anumit fel, cu aceşti oameni, într-o LUME POSIBILĂ...

În sfârşit, să mai precizez că această carte nu lămureşte misterele timpului, aș spune chiar dimpotrivă, adaugă alte mistere la cele deja existente !...

În consecință nu m-am străduit să satisfac așteptările, gusturile, pretențiile sau exigențele nimănui... M-am străduit în schimb să GÂNDESC LIBER !... Atât cât am putut...

Trebuie să mărturisesc că nu mă impresionează nici criticile, nici insultele, nici ironiile nimănui !... De ce m-ar impresiona ?... Nici măcar indiferența unora sau indiferența tuturor nu mă impresionează câtuși de puțin... De ce m-ar impresiona ?... În definitiv, nu impun nimănui nimic, pentru că mă consider un om liber și prin urmare prețuiesc foarte mult libertatea altora !...

Aș fi însă foarte fericit dacă aceste gânduri expuse în această carte, ar ajuta pe oricine, într-un fel oarecare !...

POST SCRIPTUM 1

Să mai consemnez ceva... Pe data de 19 iulie 2015, corectam textul; a doua zi, am plecat cu maică-mea, în plimbarea obișnuită de duminică și am ajuns la o librărie... Un sentiment ciudat, m-a cuprins... Am intrat în librărie și ne-am uitat la cărți... Librăria mai avea un etaj... Maică-mea m-a atenționat să nu ne urcăm la etaj, însă eu am insistat și după unele discuții, am urcat... În timp ce mă uitam la niște cărți, maică-mea nu a observat un prag, a alunecat, a căzut și și-a fracturat femurul stâng... Și de aici a urmat calvarul... Maică-mea a avut așadar un PRESENTIMENT... Am bănuit că acel presentimet ar fi putut fi o formă de comunicare în timp – un gând a fost trimis prin timp spre avertizare... Din păcate nu a fost suficient pentru a evita acel nefericit accident... Dar a mai fost ceva... Cu o zi înainte de a fi operată maică-mea, m-am întrebat: cum va fi operația ?... După un timp, am intreceptat un gând timid: "va fi bine"... Și într-adevăr, a doua zi, am aflat că operația a reușit !... Trebuie să subliniez însă că nu a fost vorba aici numai de speranța, de dorința de a fi bine... A fost ceva mai mult, a fost ceva dincolo de dorință și de speranță, pentru că nimic nu mă îndeptățea în acele momente să sper – au fost momente de disperare extremă... Sunt convins că a fost totuși, O COMUNICARE TEMPORALĂ !...

Dacă stau bine și mă gândesc, îmi dau seama că a mai fost ceva... Cu mult înainte de acest accident, aveam mereu un fel de viziune că maică-mea s-ar putea împiedica de ceva, că ar putea avea un accident

– nu îmi dădeam seama ce anume ar putea fi – doar atât aveam acel presentiment, de acea viziune neclară... Și iată că, atunci, pe 19 iulie, acel presentiment neclar, a devenit cât se poate de real... Din păcate a fost prea târziu pentru a mai putea face ceva...

Apoi, pe 11 ianuarie 2016, am avut încă un infarct de miocard – al doilea... Cu toate că, am avut o anumită presimțire, poate o semnalizare, un fel de îcercare de comunicare în timp, nu am dat importanța acestei presimțiri... Nu am dat importanța și datorită faptului că... am avut după un timp intuiția că voi scăpa, că nu voi muri... Dar, m-am gândit și la altceva... Mi-am amitit de o cugetare a lui Omar Kayyam și am fost tentat să-i dau dreptate:

"Prietene, nu-ți mai face nici un plan pentru ziua de mâine. Ești sigur că vei putea sfârși fraza pe care-ai început-o ? Mâine, vom fi poate departe de-acest caravanserai, și de mult asemănători acelora care-au dispărut acum șapte mii de ani."

(CATRENELE LUI OMAR KAYYAM - traducere *AL.T STAMATIAD, Editura "UNIVERSUL", S.A. București, 1945.)*

Apoi mi-am amintit de un fragment dintr-o carte pe care am citit-o cu mulți ani în urmă... Iată acel fragmant care mi-a venit în minte și pe care îl consider foarte interesant:

"Aceasta înseamnă că timpul a precedat existența, după cum afirmă și chimistul Ilia Prigogine... De ce atunci să nu fi existat și o energie misterioasă care să fi provocat nașterea universului nostru ? Numeroase cosmogonii străvechi vorbesc despre existența unor universuri multiple sau succesive. Ideea revine în câteva dintre ipotezele de curând formulate. Un lucru știm cu siguranță, și anume că universul nostru nu este nici etern, nici static: prea multe fenomene sunt ireversibile, de exemplu nașterea și moartea stelelor. Poate că universul nostru e făcut să se dilate la infinit, răcindu-se treptat, până când va dispărea între ghețuri și obscuritate."

(Robert Clarke – " Noile enigme ale univerului", Editura Polirom, 2000, trad. Sergiu I. Ciocoiu, pag. 51)

Și totuși poate că nu este așa... Poate că fenomenele sunt ireversibile tocmai pentru că există o multitudine de alte Universuri, în care fiecare posibilitate este... realizată... Universul nostru nu este decât unul dintr-o multitudine de variante ale unui univers primordial...

POST SCRIPTUM 2

Să mai precizez ceva... Lucrarea aceasta este totodată şi un eseu de *cronodinamică ficţională*. Cronodinamica este un domeniu care ar trebui să studieze timpul şi interacţiunile temporale (în care sunt implcate energii, informaţii, eventual substanţe sau alte entităţi, la toate nivelurile – de la nivelul cuantic, la nivelul cosmic), precum şi destinul în general... Pentru mine este ciudat că încă nu există un domeniu de studiu dedicat TIMPULUI, un fel de ştiinţă sau un fel de filozofie a timpului, în schimb există tot felul de ştiinţe mici, cu caracter restrictiv, cum ar fi spre exemplu... tribologia - studiul problemelor de frecare şi uzare a mecanismelor... După părerea mea este trist că timpul nu are o ştiinţă a sa, deşi timpul apare cam în toate ştiinţele ca un parametru fundamental... Chiar şi parametrul temperatură are o ştiinţă dedicată, termodinamica... De aceea am socotit că nu ar strica să atrag atenţia asupra necesităţii de se constitui un domeniu de studiu al timpului, domeniu pe care l-am denumit... cronodinamică... Întrucât nu pot aborda întreaga problematică implicată, ci numai o parte, respectiv numai un aspect al acestui domeniu fascinant, am denumit această fracţiune din cronodinamică, pur şi simplu... *cronodinamică ficţională*, deoarece ficţiunea este implicată în mare parte aici – nici nu se poate altfel, având în vedere că speculaţiile făcute au loc într-o zonă de frontieră a cunoaşterii...

1. TIMP, CUNOAȘTERE, CONȘTIINȚĂ ȘI COMUNICARE

1.1. CONSIDERAȚII GENERALE DESPRE TIMP

1. Este aproape inutil să încerc să definesc timpul. Oricine intuiește ce este timpul ! Timpul se poate caracteriza, spre exemplu, astfel... Este o succesiune de fapte, de lucruri, de fenomene... Orice lucru durează... Toate procesele care au loc în natură sunt ireversibile... Există un spațiu și un timp fizic în care se desfășoară fenomenele și procesele fizico-chimice; există un spațiu și un timp cosmic și geologic, în care au loc fenomenele și procesele cosmice și planetare; există un spațiu și un timp biologic și ecologic în care au loc procese specifice, apoi există un spațiu și un timp istoric, apoi un timp social și psihologic, în care au loc tot felul de procese sociale și psihologice...

În definitiv, există tot atâtea concepții despre timp câți gânditori au existat, există sau vor exista în lumea asta, cu toate că pot exista gânditori care sunt de acord cu o anumită concepție sau cu alta, dar acest acord nu persistă prea mult... Iată câteva citate despre timp...

„Timpul este sfârșitul și începutul tuturor; în el se află toate; pentru veșnicie există și nu există; veșnic merge mai departe pornind de la ceea ce este și se află lângă sine însuși, venind pe un drum opus. În fapt, pentru noi, ziua de mâine este cea de azi, iar cea de azi este cea de mâine.”

Heraclit (Citat preluat cartea „Materia, spațiul, timpul în istoria filosofiei" – Biblioteca pentru toți, editura Minerva, 1982, București, pag. 169, 170, vol. I)

„Totuşi timpul nu există fără schimbare. Într-adevăr, când noi înşine nu ne schimbăm gândul sau când nu băgăm de seamă că ne-am schimbat gândul, se pare că pentru noi nu a trecut timp."

„Noi cunoaştem timpul, când delimităm mişcarea, delimitând anterioritatea şi posterioritatea. Şi atunci zicem că s-a produs timpul, când, în mişcare, luăm cunoştinţă de anterior şi posterior."

Aristotel (Citat preluat din cartea specificată, pag. 183, 184, vol. I)

„Unele abia aşteaptă să se nască, altele se grăbesc să dispară. Şi din ceea ce există, abia s-a zărit, că o parte s-a şi stins. Scurgerea şi transformarea împrospătează în continuu universul, întocmai cum neîntrerupta mişcare a timpului înnoieşte pentru totdeauna nemărginita veşnicie."

Marcus Aurelius (Citat preluat din cartea specificată, pag. 195, vol. I)

„Căci – dacă depindem de aparenţe – se pare că timpul există, dar, în măsura în care cedăm argumentelor, el ni se arată ca fiind ireal. Căci unii spun că timpul este intervalul mişcării întregului - prin întreg vreau să spun universul -, alţii că el este însăşi mişcarea universului."

Sextus Empiricus (Citat preluat din cartea specificată, pag. 202, vol. I)

„În tine, sufletul meu, măsor timpul. Nu-mi fă nici o obiecţie: este un fapt. Nu-mi obiecta curgerea dezordonată a impresiilor mele. În tine, spune, măsor eu timpul. Impresia pe care o produc în tine bucuriile care trec, persistă când ele au trecut; pe ea o măsor eu; - ea care este prezentă – şi care au produs-o şi care au trecut. Deci sau timpul este acestea însăşi – sau eu nu măsor timpul."

Aurelius Augustinus (Citat preluat din cartea specificată, 208, vol. I)

„Timpul este măsura activităţii, după cum banii sunt măsura mărfurilor."

Francis Bacon (Citat preluat din cartea specificată, pag. 220, vol. I)

„Durata este întindere care fuge. Există un alt fel de distanţă sau lungime, a cărei idee n-o dobândim de la părţile permanente ale spaţiului, ci de la părţile trecătoare şi neîncetat pieritoare ale succesiunii; pe aceasta o numim durată, ale cărei moduri simple sunt diferitele ei lungimi, despre care avem idei distincte ca orele, zilele, anii, etc., timpul şi veşnicia."

John Locke (Citat preluat din cartea specificată, 237, vol. I)

„Timpul matematic, absolut şi adevărat, în sine şi după natura sa, curge îm mod egal fără nici o legătură cu ceva extern şi cu un alt nume se cheamă durată. Timpul relativ, aparent şi comun este acea măsură (precisă sau neegală) sensibilă

și externă a oricărei durate determinată prin mișcare care se folosește de obicei în loc de timpul adevărat, ca oră, ziuă, lună, an."

Isaac Newton (Citat preluat din cartea specificată, 257, vol. I)

„Timpul este o reprezentare necesară, care se află la baza tuturor intuițiilor. Cu privire la fenomene în genere, timpul însuși nu poate fi suprimat, deși se poate face bine abstracție de fenomene în timp. Timpul este dat apriori. Numai în el este posibilă întreaga realitate a fenomenelor. Acestea pot deispărea în întregime, dar timpul însuși (ca o condiție generală a posibilității lor) nu poate fi suprimat."

Immanuel Kant (Citat preluat din cartea specificată, 280, vol I)

„Timpul nu este oarecum un recipient în care se află situat totul, ca într-un fluviu care curge, smulgând totul și ducându-l la vale. Timpul este doar abstracția aceasta a consumării, fiindcă lucrurile sunt finite, de aceea ele sunt în timp, și nu fiindcă ele sunt în timp de aceea ele pier; ci lucrurile înseși sunt temporalul, a fi temporale constituie determinația lor obiectivă. Procesul lucrurilor reale el însuși constituie deci timpul; și dacă spunem că timpul este atotputernic, apoi el este și ceea ce e mai lipsit de putere."

Wilhelm Hegel (Citat preluat din cartea specificată, pag. 295, 296. vol. I)

„Fiecărui eveniment îi corespunde deci patru numere distincte și fiecărui grup de patru nemere îi corespunde un eveniment determinat. Prin urmare: lumea evenimentelor formează un continuum cuadridimensional."

Albert Einstein (Citat preluat din cartea specificată, pag. 84, vol. II)

„Ar putea să ne îngrijoreze faptul că în diferite sisteme fizice definiția statistică a timpului s-ar putea să nu aibă ca rezultat o direcâie a timpului identică. Boltzmann a înfruntat cu curaj această eventualitate; el afirma că dacă universul este suficient de întins și/sau există o perioadă suficient de îndelungată, s-ar putea ca timpul, în diferite părți ale lumii, să se scurgă într-adevăr în direcții opuse. Problema a fost discutată, dar în prezent nu mai merită această osteneală. Boltzmann nu știa ceea ce nouă ni se pare a fi extrem de probabil, și anume că universul, așa cum îl cunoaștem, nu este nici destul de mare și nici destul de bătrân pentru a da naștere pe scară mare acestor inversiuni. Vă rog să-mi permiteți să adaug, fără explicații amănunțitem, că, la scară foarte mică, stât în spațiu cât și în timp, aceste inversiuni au fost observate. (mișcarea browniană, Smoluchowski)."

Erwin Schrödinger (Citat preluat din cartea specificată, pag. 98, 99, vol. II)

„Pentru biolog, timpul reprezintă astăzi mult mai mult decât un simplu parametru al fizicii. El nu poate fi despărțit de însăși geneza lumii vii și de

evoluția sa."

„De ideea de timp sunt indisolubil legate ideile de origine, continuitate, instabilitate și contingență"

Fancois Jacob (Citat preluat din cartea specificată, pag. 136, vol. II)

„S-ar putea ca timpul, de la începutul său până la sfârșitul veșniciei, să fie întins dinaintea noastră ca într-o pictură; dar noi suntem în contact cu el numai o clipă, întocmai după cum roata bicicletei este în contact cu un punct al drumului. Atunci, evenimentele nu se întâmplă, după cum se exprimă Weyl; ci numai noi le străbatem, după cum a scris Platon în Timeu, cu 23 de secole în urmă."

Jeans – The Mysterious Universe (Citat preluat din cartea „Un dicționar al înțelepciunii", Theofil Simenschy, editura Junimea, Iași, 1975, vol. IV, pag. 224).

Alvin Toffler, în cartea sa *"Șocul viitorului"* (colecția *"Idei Contemporane"*, Editura Politică, București, 1973, traducere de L. Moga, G. Mantu, pagina 33), definește timpul, după cum urmează:

" Timpul poate fi conceput ca intervale în cursul cărora au loc evenimente Tot așa cum banii ne dau posibilitatea să stabilim atât valoarea merelor cât și valoarea portocalelor, timpul ne permite să comparăm diferite procese."

Este fără îndoială un punct de vedere foarte interesant, dar timpul nu are numai această semnificație...

În ultimă instanță, pot deosebi un timp ontologic – adică timpul care există, timpul ca obiectivitate – și timpul gnoseologic – adică timpul perceput, timpul ca subiectivitate, timpul care este cunoscut într-un fel oarecare... Între aceste categorii de timp există anumite raporturi... Există, pe de altă parte, o anumită suprapunere între timpul gnoseologic și cel ontologic, dar niciodată timpul ontologic nu va fi epuizat... Întotdeauna timpul gnoseologic se va extinde, dar nu va atinge niciodată limitele timpului ontologic... Fiecare generație de cercetărori va adăuga ceva la timpul gnoseologic... Fiecare generație de cercetători explorează de fapt timpul ontologic, lărgind astfel limitele timpului gnoseologic...

În altă ordine de idei, oricine sesizează că, dacă spațiul este caracterizat în primul rând prin întindere, timpul este caracterizat în primul rând prin durată, adică orice lucru, orice fenomen persistă, este identic cu sine însuși, dar nu poate persista la nesfârșit... Spunem atunci că un anumit lucru, un anumit fenomen există pentru   o anumită perioadă de timp, are o durată, se află în prezent, apoi "dispare"... Devine trecut... Apoi, din viitor, apare alt obiect, care persistă şi el o anumită perioadă de timp, dispare şi el... Dar cine sesizează de fapt această succesiune de evenimente ? Le sesizează cineva, o anumită conştiinţă sau un anumit observator... Pentru a încerca să înţeleg timpul va trebui să mă gândesc, mai întâi, la cele trei feluri în care se prezintă acesta: trecutul, prezentul şi viitorul...

Mai întâi să mă refer la trecut. Considerând că trecutul reprezintă o consumare a evenimentelor, apare următoarea întrebare: în ce măsură trecutul influenţează conştiinţa sau influenţează un anumit observator ? Dar mai apare o întrebare: când suntem în măsură să spunem că un lucru oarecare aparţine trecutului ?... Sunt întrebări foarte dificile... În definitiv, sunt două probleme: problema obiectivităţii şi problema distincţiei... Cred că trecutul este într-un fel sau altul corelat cu observatorul sau cu conştiinţa... Aşadar, cum este perceput trecutul de către o anumită conştiinţă, de către un anumit observator ? Este oare perturbată percepţia trecutului de către observator ? Cred că trecutul are o existenţă obiectivă, dar nu este perceput de către observator decât limitat şi perturbat...

În al doilea rând să mă refer la prezent. Prezentul reprezintă, ceea ce aş putea denumi, "punctul critic" al timpului... În prezent se desfăşoară evenimentele... Observatorul sau conştiinţa este în contact (direct sau indirect) cu evenimentele, ÎN PREZENT !... Pot spune că, în definitiv, prezentul reprezintă o concentrare de evenimente... Dar mă pot întreba: dacă lucrurile ar avea o existenţă nesfârşită, atunci cum ar apărea lumea ? Ne putem închipui oare o realitate care să dureze la nesfârşit, o realitate fără trecut şi viitor ?... Poate că da...

Aş putea să îmi închipui o astfel de realitate ca fiind neschimbătoare, este o realitate densă, compactă, ceva ca un fel de abis sau de... deşert...

În al treilea rând, să mă refer la viitor... Viitorul... "se găseşte înaintea" prezentului, adică evenimentele vor trebui să se realizeze...

Pot să definesc viitorul ca fiind un... domeniu de evenimente nerealizate (sau potenţiale), în timp ce prezentul este un domeniu de evenimente actuale (sau care se desfăşoară), iar trecutul, este un domeniu de evenimente epuizate...

Pe de altă parte, nu toate evenimentele pot fi percepute de către o anumită conştiinţă, ci numai unele dintre acestea... Evenimentele care pot fi percepute într-un anume fel constituie domeniul de evenimente accesibile... Restul evenimentelor aparţin domeniului de evenimente inaccesibile...

Timpul, se pare că exercită o adevărată fascinaţie pentru oricine gândeşte, dar, pe de altă parte, nu mă pot împiedica să mă întreb: ce raport există între comunicare şi timp ? Aparent, în raport cu timpul, comunicarea nu poate avea loc decât într-un singur sens: din prezent către viitor... Cu alte cuvinte, o persoană oarecare, dintr-un anumit loc şi la un moment dat, poate emite un mesaj către cineva situat în viitor mai mult sau mai puţin îndepărtat... Dar, prezentul devine trecut, aşa încât se poate spune că orice comunicare nu poate avea loc, de fapt, decât <u>din trecut, prin prezent spre viitor.</u> Într-adevăr, orice om poate comunica în prezent cu alţi oameni - aceasta este <u>comunicarea spaţială.</u> Aşadar, în timp, un om poate comunica cu alt om, numai într-un singur sens. Nu poate avea loc şi dinspre viitor către trecut. Un om din trecut, care transmite un mesaj unui alt om, aflat undeva într-un viitor îndepărtat, nu se poate aştepta să primească un răspuns...

2. Timpul poate fi cunoscut prin evenimente. Un eveniment se caracterizează prin durată şi intensitate. Un eveniment este cu atât mai intens, cu cât are o influenţă (o repercursiune) mai mare asupra altor evenimente. Cu cât un eveniment are   o durată mai mare, cu atât evenimentul este mai important (acest eveniment se consideră că este invariant). Succesiunea evenimentelor reprezintă de fapt ordonarea acestora sau structura şirului de evenimente.

Consider că există un observator care şi-a fixat un reper temporal. În funcţie de acest reper temporal se poate face următoarea clasificare a evenimentelor.

A. Tipuri de domenii:
- Domeniul de evenimente epuizate (trecutul)
- Domeniul de evenimente actuale (prezentul)
- Domeniul de evenimente nerealizate (viitorul).

B. Domenii temporale: domeniul evenimentelor accesibile - trecute, prezente şi viitoare; domeniul evenimentelor inaccesibile - trecute, prezente şi viitoare.

Aşadar, pentru un observator (reper temporl), pot exista următoarele domenii temporale:

- domeniu de evenimente accesibile: prezent - evenimente accesibile; domeniu de evenimente epuizate (trecut accesibil) - retrodicții, istorie, fantezii, ipoteze, date, vestigii...; viitor accesibil (modele de predicție, imaginație, profeții, fantezie, previziuni științifice, diverse anticipații...);

- domeniu de evenimente inaccesibile: prezent inaccesibil (domeniu de evenimente inaccesibile), trecut inaccesibil; viitor inaccesibil.

Departajarea în domenii de evenimente accesibile și inaccesibile este datorată limitării informaționale a observatorului (sau eventual a unei mulțimi de observatori) – acesta nu poate accesa, sesiza sau obține informații, respectiv nu poate procesa sau vehicula decât o anumită cantitate de informație, sau altfel spus, poate obține numai un anumit gen de informație și atât... Adică, nu se poate cunoaște TOT prezentul, TOT trecutul, TOT viitorul !...

Sunt numeroase evenimente care rămân în afara posibilităților de cunoaștere fiind deci inaccesibile observatorului (sau subiectului cunoscător), dar evenimentele inaccesibile POT (eventual) să influențeze sau să interfereze, să interacționeze cu domeniul evenimentelor accesibile.

3. Percepția și înțelegerea timpului. Timpul nu este perceput identic de către toate ființele vii sau de către toți oamenii... Este ciudat, dar așa este ! Anumiți oameni percep anumite fragmente de timp (adică percep cu precădere prezentul, alții percep trecutul, alții viitorul)...

Alți oameni pot trăi în afara timpului (ca și cum ar fi izolați), alți oameni percep timpul, total sau integral și chiar mai mult decât atât, pot percepe și lumea de dincolo de... timp – adică HIPERTIMPUL ! Gândirea însăși poate influența percepția timpului !...

O schemă, (dintre multe altele posibile), referitoare la raportul dintre gândire și percepția timpului de către oameni, poate arăta astfel:

GÂNDIREA : ABSTRACTĂ (gândire situată în afara timpului); CONCRETĂ (gândire situată în prezent, de tip spațial); CONSTRÂNSĂ (gândire limitată, fără perspective); PROBABILISTĂ (gândire orientată spre viitor, de tip temporal); ISTORICĂ (gândire orientată spre trecut, de tip temporal);

TRANSCENDENTALĂ (gândire care este situată deasupra timpului și a spațiului); LOCALĂ (o gândire care operează pe porțiuni limitate ale spațiului și timpului – o gândire specifică unui anumit loc și unei anumite epoci); GLOBALĂ (o gândire care operează pe porțiuni largi ale spațiului și timpului – o gândire care este valabilă pentru mai multe locuri și mai multe epoci); CREATIVĂ (o gândire temporală, adaptabilă, generatoare de informație);

LIBERĂ (o gândire deschisă la experiență, flexibilă, adaptabilă la orice epocă și la orice loc, opusă controlului mental); CONTRADICTORIE (gândire care conține judecăți sau raționamente care se exclud reciproc – o propoziție poate fi sau adevărată sau falsă dar nu poate fi în același timp și adevărată și falsă); COMPLEMENTARĂ (gândire care nu exclude judecățile sau raționamentele contradictorii, dimpotrivă le acceptă într-un tot unitar – cum ar fi spre exemplu situația din fizica cuantică, referitoare la dualitatea undă-corpuscul: o particulă se poate comporta în anumite situații ca un corpuscul, iar în alte situații ca o undă)...

PERTURBAREA GÂNDIRII: afecțiuni psihice, senilitate, fanatism, dogmatism, scepticism extrem, credulitate exagerată, și așa mai departe.

Percepția timpului este nuanțată, astfel încât se poate vorbi, spre exemplu, de următoarele categorii de percepții ale timpului:

- PERCEPȚIA TRECUTULUI - Memoria, retrodicția, amintirea, trăirea trecutului, reconstituirea trecutului și elaborarea de scenarii, documentele, vestigiile, istoria scrisă și nescrisă, percepție paranormală (viziuni ale trecutului...).

Perturbări:

Uitarea, amnezia, falsificarea istoriei, erorile, distrugerea documentelor și a vestigiilor, etc.

- PERCEPȚIA PREZENTULUI (percepția clipei) – se realizează prin organele de simț. Alte forme ale percepției prezentului: trăirea în spațiul tridimensional; perceperea și conceperea spațiului tridimensional și a spațiilor cu dimensiuni inferioare...

Perturbări: deteriorarea sau distrugerea sau lipsa unui organ de simț, îmbătrânirea, iluziile sau halucinațiile, diverse erori...

- PERCEPŢIA VIITORULUI - Imaginaţia, predicţia, modelarea viitorului, viziunea, ghicitul, statistica, probabilitatea, anticipaţia, analiza posibilităţilor de evoluţie (elaborarea de scenarii), conştiinţa viitorului, percepţia paranormală (viziuni ale viitorului, profeţii, etc.).

Perturbări: izolarea, conectarea totală la prezent, lipsa de viziune, fantezie inexistentă, infantilism...

*

În acest context merită să fie amintită experienţa de supravieţuire a lui Michel Siffre... Între 16 iulie şi 17 septembrie 1962, aşadar timp de 63 de zile, a trăit izolat la o 115 m adâncime, într-o prăpastie circulară (situată undeva într-o regiune calcaroasă, în care se scurg apele de suprafaţă) denumită Scarrason. Aici, a stat izolat circa două luni, într-un adăpost larg de 2,5 m şi lung de 4,5 m. A consemnat efectele acestei izolări, printre care şi efectul izolării asupra percepţiei timpului...

Iată ce scrie:

"Aspectul principal al încercării mele a fost rupture cu lumea dinafară şi, a succesiunii nopţilor şi a zilelor şi lipsa oricărei legături sociale...

Urmează că viaţa fără cunoaşterea timpului este posibilă şi nu aduce după sine, cel puţin într-o perioadă egală cu cea a şederii mele sub pământ, perturbări psihice...

Cu toate acestea, se pare că pierederea noţiunii de timp, legată de lipsa de repere, are unele raporturi cu temperature centrală a corpului. Organismul insuficient protejat şi supus frigului în acest univers ostil şi imobil a trecut într-o stare de semihibernare şi este evident că în asemenea condiţii timpul pare mai scurt, deoarece organismul nu mai reacţionează la stimuli exteriori."

(Michel Siffre – *"În afara timpului"*, Editura Ştiinţifică, Bucureşti, 1965, *trad. Marcian Bleahu, pag. 234)*

*

Alte consideraţii privind percepţia (înţelegerea sau conştientizarea timpului) sunt expuse succint, în cele ce urmează...

3.1. Există două extreme ale percepţiei timpului (din perspectiva succesiunii evenimentelor (sau a... "scurgerii timpului") şi anume: pe de o parte, o succesiune lentă şi foarte lentă a evenimentelor (un individ oarecare crede că trăieşte într-un fel de prezent aparent...

perpetuu, ceea ce ar însemna de fapt că se recepţionează o informaţie minimă, ca şi cum cineva ar percepe acelaşi şi acelaşi lucru, zi de zi), iar pe de altă parte, o succesiune rapidă sau extrem de rapidă de evenimente, prezentul aproape că dispare, totul pendulând între trecut şi viitor, informaţiile recepţionate de către un individ oarecare sunt numeroase, iar capacitatea de prelucrare a lor poate fi la un moment dat, imposibil de realizat... În aceste situaţii, se poate ajunge la limita percepţiei timpului, datorită fie a... vidului informaţional, adică a lipsei informaţiilor şi în acest caz ar fi vorba de un fel de prezent nesfârşit,   de eternitate pur şi simplu, fie de excesul informaţiei, în acest caz, prezentul devine nesemnificativ, predominând însă trecutul şi viitorul care însă se schimbă extrem de rapid... În acest context, pot exista două tipuri de oameni: atemporalii – care trăiesc aparent într-un perpetuu prezent (aceştia nu percep succesiunea rapidă şi foarte rapidă a evenimentelor, le percep numai pe cele lente şi foarte lente) şi supratemporalii (aceştia percep numai succesiunea rapidă şi foarte rapidă a evenimentelor, pe cele lente şi foarte lente nu le percep şi în consecinţă, aparent, trăiesc într-un fel de trecut-viitor sau viitor-trecut, prezentul fiind foarte puţin perceput)...

3.2. Cred că este o legătură între percepţia spaţiului şi timpului şi tipurile de oameni... Iată câteva exemple:

‣ *oamenii locului şi ai momentului* – sunt acei oameni care ar putea fi caracterizaţi perfect prin cuvintele... "aici şi acum"; viaţa lor se desfăşoară "aici şi acum", sunt oamenii prezentului, oamenii unui anumit loc, nu dau nici o importanţă depărtărilor spaţiale şi temporale; sunt cei care cred că nimic nu are importanţă decât o viaţă trăită cu maximă intensitate, într-un anumit loc şi într-o anumită clipă, pentru aceştia trecutul se poate rezuma numai la ziua de ieri, iar viitorul se poate rezuma numai la ziua de mâine...

‣ *oamenii locului şi ai depărtărilor temporale* – sunt acei oameni care ar putea fi caracterizaţi perfect, prin cuvintele... "aici şi cândva"; viaţa lor se desfăşoară într-un anumit loc, dar trăiesc, gândesc şi visează la alte timpuri (fie trecute, fie viitoare, cândva); sunt nostalgicii şi vizionarii...

‣ *oamenii depărtărilor spaţiale şi ai momentului* – sunt acei oameni care ar putea fi caracterizaţi perfect prin cuvintele... "undeva şi acum" ; viaţa lor se desfăşoară în locuri diferite, călătoresc mult, dar trăiesc clipa, nu sunt atraşi deloc de depărtările temporale; aceştia sunt exploratorii...

▶ *oamenii depărtărilor spațiale și temporale* – sunt acei oameni care ar putea fi caracterizați perfect prin cuvintele... "undeva și cândva" ; viața lor se desfășoară atât în locuri diferite cât și în timpuri diferite – călătoresc mult, visează mult, gândesc mult, trăiesc mult (atât în trecut cât și în viitor); aceștia sunt gânditorii, cercetătorii, filozofii, savanții...

▶ *oamenii atemporali și aspațiali* – sunt acei oameni care pot fi caracterizați prin cuvintele "nici aici, nici acum, nici undeva, nici cândva" ; viața lor este deosebită, par a fi deasupra spațiului și timpului; sunt sfinții, misticii, marii creatori de religii...

Notă

Mai pot fi remarcate următoarele aspecte:

Există o anumită legătură, între vârsta individului și percepția timpului...

Astfel, copii, adolescenții, tinerii, percep cu precădere viitorul și apoi prezentul, oamenii maturi percep prezentul, viitorul și trecutul, iar bătrânii percep prezentul și trecutul, cu precădere...

În acest context, în cartea *"Cunoașterea de sine și succesul"*, autor Georgeta Dan-Spînoiu (Editura Albatros, București, 1980), se prezintă o statistică în ceea ce privește prezența timpului în orientările adolescenților:

"Trecutul: 20,17 %; Prezentul: 54,70 % ; Viitorul: 59,1 %; cum se întrepătrund: trecutul cu prezentul: 3,27 %; prezentul cu viitorul: 53,83 %; toate momentele: 15,15 %; nu există diferențe semnificative între fete și băieți; sunt semnificative în funcție de nivelul de cultură."

Trebuie subliniat însă că statistica aceasta a fost făcută într-o anumită perioadă istorică, în care mentalitatea oamenilor (a adolescenților, în cazul prezentat) era specifică...

Există o anumită legătură între percepția timpului și tipul de societate... Astfel, în societățile primitive sau tribale, este perceput cu precădere prezentul; apoi, în societățile totalitare (în care constrângerea este maximă, iar libertatea este minimă), prezentul este cel mai bine perceput, apoi viitorul și în cele din urmă trcutul; în societățile permisive (în care gradele de constrângere și de libertate dunt egale), există o percepție integrală a timpului, iar în societățile anarhice (în care gradele de constrângere sunt minime, iar gradele de libertate sunt maxime), este perceput mai degrabă trecutul și viitorul decât prezentul... Există însă o întrepătrundere între percepția timpului, vârsta individului şi tipul de societate din care face parte individul respectiv (altfel spus este o întrepătrundere între timpul fizic, timpul biologic, timpul social şi timpul psihologic), iar rezultanta o constituie... trăirea timpului...

3.3. <u>Limitele percepţiei timpului.</u> Aceste limite sunt evidenţiate de fapt prin sesizarea intervalelor de timp, prezentate succint în cele ce urmează...

perceperea intervalelor mici şi foarte mici de timp (zecimi, sutimi, miimi de secundă); aceste intervale, precum şi altele mai mici, nu sunt sesizate, nu sunt conştientizate de către oameni; aceste intervale de timp, reprezintă de fapt, ceva abstract şi nu au semnificaţie certă pentru oameni;

percepţia intervalelor mari de timp (mii de ani, sute de mii de ani, milioane de ani, miliarde de ani); aceste intervale mari şi foarte mari de timp, nu sunt percepute şi conştientizate; reprezintă abstracţii, fără o semnificaţie certă...

percepţia intervalelor medii de timp (secunde, ore, zile, săptămâni, luni, ani, secole) sunt cel mai bine percepute şi conştientizate sau înţelese de către oameni.

Ţinând cont de aceste aspecte se poate spune că prezentul este perceput cel mai bine... Cu cât intervalul de timp creşte, cu atât percepţia şi conştientizarea trecutului precum şi percepţia şi conştientizarea viitorului, devine tot mai confuză... Pot să mă întreb: oare ce semnificaţie poate avea pentru orice om... normal, un interval de timp de... un miliard de ani ? Ce înseamnă că au trecut... zece miliarde de ani ? Ce înseamnă că... se va întâmpla ceva peste... trei miliarde de ani ? Ce înseamnă că a trecut... o miliardime de secundă ?... Cine poate să răspundă convingător la aceste întrebări ? Oricine se poate întreba... ce va fi peste o zi, peste o săptămână, peste un an ? Dar cine oare se va întreba: ce va fi peste o secundă, peste o milionime de secundă sau dimpotrivă, peste o sută de miliarde de ani ? Se va întreba cineva ? Poate doar câţiva... visători...

Jorge Luis Borges, sublinia foarte bine aceste aspecte:

"Să examinăm momentul de faţă. Ce este momentul de faţă ? Este momentul care constă într-o oarecare măsură din trecut şi din viitor. Prezentul în sine este asemenea punctului finit din geometrie. Prezentul în sine nu există. Nu este un dat imediat al conştiinţei noastre. Ei bine, avem prezentul, şi vedem că prezentul se transformă treptat în trecut, în viitor. Există două teorii despre timp. Una dintre ele, pe care o împărtăşim, cred aproape toţi, vede timpul ca pe un râu. Un

râu curge de la început, de la începutul cu neputință de pătruns cu mintea, și ajunge la noi. Apoi avem cealaltă teorie, aceea a filozofului englez James Bradley. Bradley spune că lucrurile stau exact invers: că timpul curge dinspre viitor spre prezent, că acel moment în care viitorul se transformă în trecut este momentul pe care îl numim prezent. Putem alege una din aceste două metafore. Putem situa izvorul timpului în viitor sau în trecut. E totuna. Întotdeauna avem în față râul timpului." (pag.154, 155)

("*Nouă eseuri dantești. Borges oral*", Jorge Luis Borges, trad. Irina Dogaru, Editura Polirom, București, 2012).

În acest context, Constantin Rădulescu-Motru, observa următorul aspect:

"*La baza intuiției de timp stă durata, ca fapt sufletesc actual perceput de conștiință. Intuiția de timp este ceva mai mult decât perceperea duratei actuale. Ea este durata întregită cu reprezentări și structurată prin atenție. Ea este obiectivarea duratei în ordinea lumii fenomenale. Pe baza ei se ridică abstracțiunea, care duce la măsura de timp și cu măsura de timp la concepția timpului astronomic din legile științelor exacte.*" (pagina 83)

(Constantin Rădulescu- Motru – "*Timp și destin*", Fundația pentru literatură și artă "Carol II", București, 1940)

3.4. Un alt aspect important referitor la percepția timpului îl constituie *sesizarea repetabilității evenimentelor.* După cum se știe, evenimentele pot fi repetabile, haotice (neperiodice) și unice.

Evenimentele haotice sau unice sunt fie insesizabile, fie sunt mai mult sau mai puțin sesizabile. Sesizarea evenimentelor repetabile depinde de fapt de sesizarea intervalului de repetabilitate (perioada de repetare a evenimentelor). Evenimentele care se repetă la intervale medii de timp (între o secundă și un an) sunt în general sesizate ușor. Este suficient să amintesc aici repetabilitatea anotimpurilor (intervalul la care se repetă acestea este de un an).

Evenimente care se repetă la intervale scurte și foarte scurte de timp (spre exemplu evenimente care au loc la nivel atomic sau nuclear); aceste evenimente au loc la intervale de timp de ordinul microsecundelor sau nanosecundelor, fiind sesizate numai cu ajutorul unor aparate speciale. Evenimentele care se repetă la intervale de timp mari și foarte mari (cum ar fi evenimentele care au loc la nivel planetar sau la nivel cosmic); astfel de evenimente au loc la intervale de timp mari (sute de ani, mii de ani, milioane și chiar miliarde de ani), fiind sesizate numai cu ajutorul unor aparate speciale și în cadrul unor teorii bazate pe calcule matematice.

Așadar se poate conchide că există următoarea clasificare a evenimentelor:

evenimente care au o repetabilitate medie (intervalul de timp la care se repetă evenimentul este cuprins între o secundă și un an) - sunt cel mai bine sesizate;

evenimente care se repetă la un interval de timp mic sau foarte mic (cuprins între miimi de secundă și miliardimi de secundă) - fie că nu sunt sesizate, fie că sunt sesizate dar numai cu ajutorul unor aparate speciale;

evenimente care au o repetabilitate mare și foarte mare (intervalul de timp la care se repetă evenimentul este cuprins între sute de ani și miliarde de ani) - fie că nu sunt sesizate, fie că sunt sesizate, dar numai cu ajutorul unor aparate speciale și în cadrul unor teorii.

Din punctul de vedere al sesizării repetabilității evenimentelor, pot exista următoarele categorii de evenimente:

- Evenimente haotice sau unice - sunt fie insesizabile, fie sunt mai mult sau mai puțin sesizabile.

- Evenimente repetabile:

Interval de repetare mică - sau sunt insesizabile sau sunt sesizate (selectiv) cu ajutorul unor aparate speciale.

Repetabilitate medie - sunt foarte bine sesizate.

Interval de repetare mare - sau sunt insesizabile sau sunt sesizate (selectiv) cu ajutorul unor aparate speciale.

În definitiv, repetabilitatea evenimentelor (sau reptabilitatea temporală), este analoagă cu repetabilitatea spațială.

În cadrul repetabilității spațiale o anumită figură geometrică este identică sau asemănătoare cu altă figură geometrică, existând o numită distanță între acestea.   În cadrul repetabilității temporale anumite evenimente sunt identice sau asemănătoare și se succed după un anumit interval de timp.

Un caz deosebit de repetabilitate este simetria.

Simetria spațială reprezintă proprietatea unor puncte (sau a unor figuri geometrice) de a se situa la aceeași distanță față de un punct, față de o dreaptă sau față de un plan. (http://www.archeus.ro/lingvistica/CautareDex?query=SIMETRIE) .

Simetria temporală reprezintă proprietatea unui eveniment de a avea aceeași durată și intensitate ca și un alt eveniment dar după un anumit interval de timp.

Sesizarea repetabilității spațiale este limitată de sesizarea distanțelor. Cel mai bine sunt sesizate distanțele medii (de ordinul milimetrilor până la ordinul zecilor de metri)... Cu cât crește distanța, cu atât sesizarea repetabilității spațiale este mai dificilă și impune utilizarea unor aparate.

În figurile 1 și 2 se prezintă două exemple de simetrie spațială și de simetrie temporală.

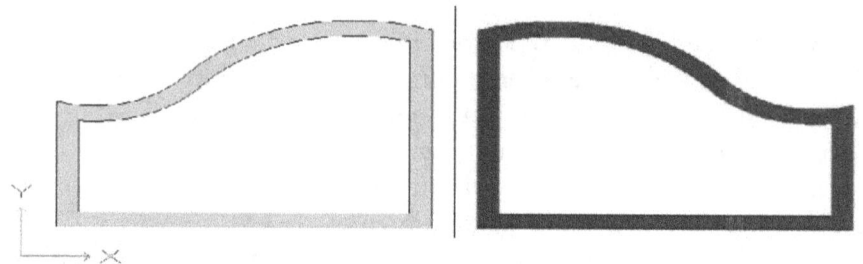

Figura 1 Exemplu de simetrie spațială simplă (după http://www.cadelix.ro/lxcad/manual/cap-5.html)

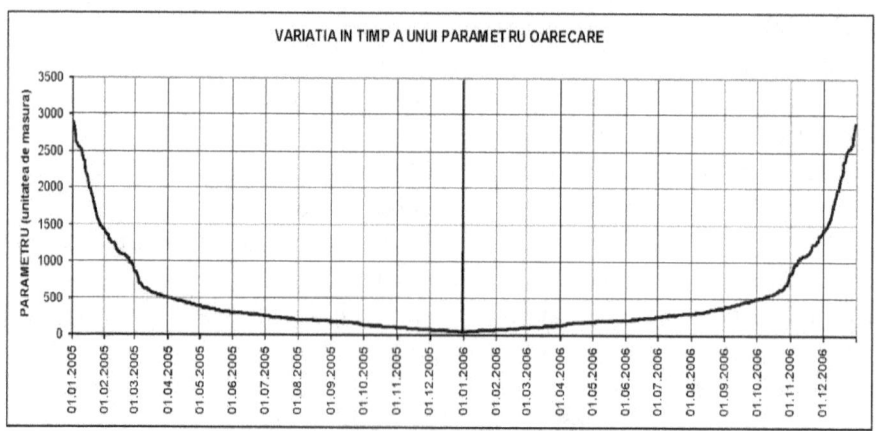

Figura 2 Exemplu de simetrie temporală (variația în timp a unui parametru oarecare)

<u>Remarcă.</u> Perceperea scurgerii timpului, în general și perceperea repetabilității evenimentelor în particular, se pare că sunt dependente de energia mediului în care se găsește individul, de interacțiunea individului cu mediul sau cum alți indivizi și de vârsta individului. Dacă într-un mediu anumit există multă energie sau dacă interacţiunea individului cu alţi indivizi este mai intensă, atunci se pare că se accelerează scurgerea timpului, timpul se pare că se "scurge" mai repede, succesiunea evenimentelor se accelerează. La fel percepe scurgerea timpului şi succesiunea evenimentelor şi un om matur sau un om bătrân. Dimpotrivă, dacă într-un anumit mediu există energie mică sau dacă interacţiunea individului cu alţi indivizi este mai puţin intensă, atunci se pare că scurgerea timpului se încetineşte, se pare că succesiunea evenimentelor este mai lentă... Se pare că la fel percep scurgerea timpului şi succesiunea evenimentelor, copii şi tinerii...

Dar mai este ceva... Şi anume percepţia timpului programat, a timpului flexibil şi respectiv a timpului haotic... Un timp programat presupune cuoaşterea desfăşurării evnimentelor... Se ştie precis ce evenimente vor avea loc, cum vor avea loc şi când vor avea loc... În aces caz, timpul ar putea chiar să nu mai fie perceput deloc, din moment ce se ştie întotdeauna ce va urma... În cazul timpului flexibil, există unele evenimente care se cunosc, dar altele nu se cunosc... Precepţia acestuia este definitorie şi se pare că este de fapt chiar timpul în care trăiesc majoritatea oamenilor – într-adevăr actualmente oamenii de fapt trăiesc într-un timp flexibil, adică o parte dintre evenimente sunt cunoscute, cel puţin într-o anumită măsură, iar o altă parte, nu sunt cunoscute... În cazul timpului haotic, care într-o anumită măsură este opusă timpului programat, evenimentele se succed necontenit, dar succesiunea aceasta nu este cunoscută, nu se va şti niciodată ce va urma, nu va şti nimeni la ce să se aştepte; percepţia unui astfel de timp este foarte dificilă...

3.5. Alte aspecte :

→ *Problematica anomaliilor temporale.* Definesc anomalia temporală ca fiind, orice abatere de la caracteristicile timpului standard (clasic, obişnuit, liniar); câteva anomalii: dilatări sau contractări ale duratei timpului, suprapuneri (interferenţe) temporale; accelerări sau încetiniri ale scurgerii timpului; goluri de timp... Anomaliile temporale pot să fie percepute sau conştientizate de către anumite persoane mai sensibile decât majoritatea oamenilor...

→ *Referitor la divizarea intervalelor temporale.* Intervalele temporale sau duratele pot fi divizate cupă cum urmează:

timp cuantic; timp nuclear, timp atomic; timp molecular; timpul compușilor chimci , care se subdivide apoi în timpul compușilor chimici anorganici și respectiv organici; după acesta, adică după timpul compușilor chimici organici urmează timpul biocompușilor; timpul celular, timpul sistemelor și agregatelor celulare; timpul organismelor, timpul biocenozelor (timpul biologic), timpul psihic; timpul social și istoric; timpul antroposferei; timpul biosferei; după timpul compușilor anorganici, urmează timpul agregatelor anorganice; timpul geosferelor (litosfera, hidrosfera, atmosfera), timpul planetar sau geologic; timpul solar sau astral și timpul stelar; timpul galactic, timpul cosmic și timpul fizic.

În fiecare din aceste intervale temporale au loc diverse fenomene și procese specifice (spre exemplu, fenomenele și procesele cuantice au o durată infimă, după care duratele încep să crească - fenomenle și procesele moleculare durează ceva mai mult decât cele cuantice, și așa mai departe).

Toate aceste timpuri diferențiate prin durata proceselor care au loc se pot afla în diverse raporturi – de integrare sau incluziune, de corelare, de determinare...

→ În legătură cu trăirea timpului, cred că este bine să subliniez că pot fi următoarele categorii de oameni :

oameni fără trecut și fără viitor - trăirea numai în prezent;

oameni fără prezent și fără viitor - trăirea numai în trecut;

oameni fără prezent și fără trecut - trăirea numai în viitor;

oameni diverși, care trăiesc timpul cu diverse intensități - trăirea combinată (prezent-trecut, prezent-viitor, viitor-trecut, trecut-prezent-viitor)...

→ O altă problemă care se pune este aceea a legăturii dintre concepțiile sau ipotezele privitoare la originea omului și comunicările temporale... În definitiv se poate considera că sunt trei concepții despre originea omului (cu diverse variante):

concepția craționistă – omul a fost creat de către Dumnezeu; concepția evoluționistă – omul a fost rezultatul unor transformări a unor organisme inferioare care prin selecție naturală a juns la stadiul la care se află; concepția intervenționistă – omul a fost rezultatul unor mutații genetice provocate de către ființe extraterstre... Care dintre aceste concepții este adevărată nu se poate stabilii acum.

Întrebarea care s-ar putea pune este: de la ce nivel de evoluție se poate vorbi de... comunicare temporală ? Puteau oare pitecantropii, spre exemplu, să comunice în timp ? Răspunsul este dificil de dat, dar se poate bănui că la orice nivel de evoluţie se poate efectua o comunicare temporală, diferenţa constă în mesaj, mai bine zis în ceea ce priveşte conţinutul mesajului... La orice nivel de evoluţie se poate evidenţia o formă de limbaj, specific, mai simplu sau mai complex, la orice nivel de evoluţie se poate pune în evidenţă un schimb de semnale... Acest schimb poate avea loc atât în spaţiu cât şi în timp... Aşa încât oricare ar fi concepţia despre originea omului, se poate admite că, în principiu, poate exista o formă oarecare de comunicare temporală...

→ Este fără îndoială interesant raportul dintre ireversibilitate, imprevizibilitate şi comunicările temporale. La prima vedere, ireversibilitatea timpului şi imprevizibilitatea evenimentelor ar fi argumente care ar convinge pe oricine că nu poate exista nici un fel de comunicare temporală... Într-adevăr, despre ce contact temporal ar putea fi vorba din moment ce toate evenimentele care au loc sunt ireversibile ? Şi ce comunicare temporală poate avea loc din moment ce atâtea evenimente sunt imprevizibile ?... Şi totuşi...

Ireversibilitatea înseamnă că nu este posibil să se revină de la starea finală la starea iniţială a unui proces trecând prin aceleaşi stări intermediare; cu alte cuvinte procesele se desfăşoară numai într-un singur sens... Dar nimeni nu interzice trecerea de la starea finală la starea iniţială trecând prin alte stări şi nu neapărat prin aceleaşi stări... Pe de altă parte există totuşi situaţii de reversibilitate, o reversibilitate simbolică, spre exemplu derularea de la sfârşit la început al unui film... Apoi procesele de vindecare... Starea iniţială a unui individ este, să zicem, starea de sănătate... Apoi se îmbolnăveşte, să zicem că este starea finală; în urma unui tratament se însănătoşeşte şi deci revine la starea iniţială adică starea de sănătate... Procesul de însănătoşire înseamnă trecerea prin alte stări intermediare decât acele stări prin care a trecut ca urmare a îmbolnăvirii... Ar putea fi un fel de proces reversibil impropriu... Apoi, trebuie observat că... ireversibilitatea nu implică neapărat imposibilitatea existenţei comunicării temporale pentru că, se poate spune, în ultimă instanţă, că însăşi comunicarea în timp este ireversibilă - odată ce aceasta a avut loc, nu mai poate fi anulată... Ca orice eveniment din lumea asta - odată ce un eveniment a avut loc, nu mai poate fi anulat, şters, neantizat, a devenit ireversibil !... Tot astfel este şi în cazul comunicării temporale şi chiar al călătoriei în timp - este în ultimă instanţă un eveniment care se poate produce şi care odată produs a devenit ireversibil... Nu este nici o contradicţie aici... La fel stau lucrurile şi în cazul raportului imprevizibilitate - comunicare temporală... Imprevizibilitatea nu este ceva valabil pentru toată lumea... Pentru unii oameni evenimentele sunt imprevizibile, dar pentru alţii nu... Unii oameni sunt capabili să prevadă anumite evenimente, iar literatura este plină de astfel de cazuri prezentate de-a lungul timpului în diverse reviste şi cărţi... Tot astfel şi în cazul comunicării temporale: unii oameni au această abilitate de a comunica în timp, iar alţii nu o au sau dacă o au totuşi, abilitatea aceasta este mai puţin dezvoltată...

Aşa încât acei indivizi care nu agreează această idee denumită... "comunicare temporală" pe motiv că... este interzisă de irevesibilitatea timpului şi de imprevizibilitatea evenimentelor, ei bine, aceşti indivizi se pot înşela...

→ Dacă vom încerca să facem o clasificare sumară a comunicărilor temporale, se poate spune că, în definitiv, se poate diviza durata sau perioada la care se referă comunicarea, astfel: comunicări apropiate (se referă la un viitor sau trecut apropiat sau relativ apropiat) – până la o sută de ani – cele mai multe comunicări se pot referi la acest interval de timp; comunicări medii (se referă la un viitor sau la un trecut mediu) – până la 500 de ani – se fac, în general mai puţine comunicări; comunicări îndepărtate (se referă la un viitor sau trecut îndepărtat) – până la 1000 de ani (comunicări milenare) – sunt în general puţine comunicări pentru acest interval temporal; comunicări foarte îndepărtate (se referă la un viitor sau la un trecut în general greu de imaginat) – până la un milion de ani - sunt foarte puţine comunicări care se pot face, chiar şi în romanele şi povestirile ştiinţifico-fantastice; comunicări extrem de îndepărtate (se referă la un viitor sau la trecut cosmic) – peste un miliard de ani – astfel de comunicări sau nu se mai pot face sau dacă se fac totuşi, sunt extrem de dificil de realizat...

Dar se mai poate pune o întrebare şi anume: poate avea loc o comunicare temporală într-un interval de timp scurt şi foarte scurt ? Adică cineva poate transmite un mesaj, către sine însuşi sau către altcineva, să zicem în trecut, la un interval de... două sau de patru secunde ? Se pare că da...

În definitiv toate comunicările telepatice par să sugereze aceasta...

Cu cât sunt mai apropiate intervalele temporale cu atât probabilitatea unei comunicări temporale este mai mare şi cu atât acurateţea informaţiilor transmise este mai mare, de asemenea...

→ Este de precizat ceva şi anume că informaţiile sau energia sunt cu atât mai semnificative cu cât transferul temporal sau contactul temporal se realizează la un interval de timp mai mare (s-ar părea că există un raport de inversă proporţionalitate între intervalul temporal care separă pe cel ce emite mesajul de cel ce recepţionează mesajul şi posibilitatea realizării contactului temporal; altfel cu cât creşte intervalul temporal care separă pe emiţător de receptor cu atât scade intensitatea contactului temporal sau a comunicării temporale; dacă între emiţător şi receptor există un interval temporal de o mie de ani, comunicarea temporală va fi mai dificilă decât dacă ar exista un interval temporal de o sută de ani – în primul caz, este nevoie de informaţii mai numeroase sau de energii mai mari decât în al doilea caz; cu toate astea, nu se pot exclude astfel de contacte temporale).

→ În sfârşit, mai poate fi semnalată o problemă şi anume raportul dintre magie şi comunicarea temporală... Există după cum se pare trei forme sau trei modalităţi de magie: magia albă (are ca finalitate vindecarea sau ameliorarea unei boli spre exemplu), magia neagră (are ca finalitate provocarea unei boli sau a morţii) şi magia gri (are ca finalitate realizarea unei stări intermediare între viaţă şi moarte sau conservarea personalităţii unui om prin diverse procedee). În oricare formă de magie este implicată sub o formă sau alta comuniacarea unui mesaj sau a mai multor mesaje... Acest mesaj poate fi transmis atât în spaţiu cât şi în timp, numai că modalităţile de transmitere diferă de la un caz la altul...

4. Alte aspecte privind cunoaşterea timpului - cercetarea timpului este atât de dificilă încât mulţi sunt tentaţi să renunţe la studiul timpului, mulţumindu-se cu idei generale sau cu idei vagi despre timp... În definitiv, totul este cuprins în timp şi pentru a cunoaşte timpul ca atare ar trebui ca un individ oarecare, (o conştiinţă oarecare) să se detaşeze cumva de timp, să studieze timpul, cumva dinafară, să se plaseze spre exemplu, fie într-o dimensiune superioară, fie în afara acestuia, ceea ce este deosebit de dificil...

Câteva dintre caracteristicile timpului sunt însă cunoscute de oricine...

4.1. Mai înainte de toate ar trebui poate lămurit cum se formează ideea de timp (cronogeneaza)...

Iată o încercare de a răspunde la această întrebare...

<< *Formarea „imaginii timp" presupune o anumită durată de timp care să se reprezinte liniar, căci timpul este o categorie foarte greu de definit. Ea nu poate fi supusă observației directe și de aceea limbajul trebuie să o traducă prin alte mijloace, spațiale. În concepția lui Guillaume, creatorul cronogenezei (operația sistematică de spațializare a timpului în forme verbale), ni se oferă o viziune originală a reprezentării timpului: formele sistemului verbal sunt concepute în raport cu procesul de reprezentare a timpului, fiecare formă corespunzând unei anumite operații lingvistice, care este în același timp și o operație de gândire a timpului. El numește această axă liniarp axa timpului cronogenetic, iar operația mintală care se dezvoltă aici e numită cronogeneză."*

(Cornel Săteanu – *„Timp și temporalitate în limba română contemporană", Editura Științifică și Enciclopedică, București, 1980, pag. 34*)

Fără îndoială că rolul libajului în formarea și conștientizarea timpului este hotărâtor... Dar, alături de limbaj, memoria și imaginația sunt la fel de importante în formarea ideii de timp...

Este de făcut o remarcă și anume că în cazul unei pierderi a memorii, parțială sau totală, percepția timpului (sau conștiința timpului mai bine zis) este alterată sau chiar poate dispărea...

4.2. Timpul este divizibil și extensibil...

Există un timp inimaginabil de scurt, în care au loc fenomene rapide:

„Astfel, diversele etape ale unei explozii au loc în intervale de timp de ordinul 10^{-3} secunde; într-un interval asemănător de timp pot avea loc diverse procese nestaționare în circuitele electrice, cum ar fi, de exemplu, cuplarea unui transformator, căderea trăsnetului pe o linie de înaltă tensiune... La radar, unde determinarea distanțelor se face pe baza intervalului de timp dintre emisia semnalului și recepționarea semnalului reflectat, acest interval de timp este de ordinul 10^{-6} secunde – o microsecundă – iar extincția luminiscenței are loc tot în aproximativ 10^{-3} secunde."

(*Teodor Roșescu – „Timpul și măsurarea lui", Editura Științifică, București, 1964, pag. 105*)

Dar există și un timp... inimaginabil de lung, în care au loc tot felul de evenmente... Se poate vorbi de vârste geologice și vârste cosmice...

Iată pentru exemplificare câteva ordine de mărime pentru vârstele cosmice (au fost specificate sursele de informație în tabel...)

Vârste cosmice

„Vârsta"	Ordinul de mărime
Vârsta universului (calcule din 2009)	13,75 ± 0,17 miliarde de ani (https://ro.wikipedia.org/wiki/)
Vârsta celor mai vechi stele din Calea Lactee	~ 13,6 miliarde de ani (https://ro.wikipedia.org/wiki/)
Vârsta Soarelui (vârsta sistemului solar)	~ 4,6 miliarde de ani (https://ro.wikipedia.org/wiki/)
Vârsta Pământului	~ 4,57 miliarde de ani (https://ro.wikipedia.org/wiki/)
Vârsta Lunii	~ 4,527 ± 0,010 miliarde de ani (https://ro.wikipedia.org/wiki/)
Primele evidente ale vietii pe Terra le constituie straturile fosilizate de cianobacterii din Australia, denumite stromatolite,	~ 3.4 miliarde de ani. (http://www.descoperauniversul.ro/aparitia-vietii-pe-pamant)

Cum se integrează însă aceste intervale de timp, de la cele foarte scurte, la cele foarte lungi ? Iată o întrebare la care ar trebui să se răspundă şi care va lămuri probabil câteva dintre enigmele timpului...

4.3. Există, după cum se pare, o anumită caracteristică a timpului pe care aş putea să o denumesc, dualitate... Astfel, alături de timpul cantitativ – reprezentat de succesiunea continuă a unor intervale de timp (secunde, minute, ore, zile, etc.), există aşadar, timpul calitativ... Acest timp este ceva mai greu de definit... Iată o încercare a defini acest timp... În cartea *„Realitate şi cunoaştere în istorie"* (autori Alexandtru Tănase şi Victor Isac, apărută , în anul 1980, la Editura Politică, Bucureşti), la un moment dat, se prezintă o concepţie asupra timpului, (reprezentată printr-o schemă), după cum urmează...

Timpul general este o intersecţie între zona conştiinţei şi zona neconştiinţei.

În zona conştiinţei se situează timpul psihic, timpul social, timpul economic, timpul tehnologic, timpul civilizatoric, timpul spiritual constituind în general TIMPUL UMAN.

În zona neconştiinţei se situează timpul cosmologic, timpul geologic, timpul fizic, timpul fizic, timpul chimic, timpul biologic şi timpul fiziologic, constituind în general DESTINUL.

La intersecţia dintre cele două zone (adică la inetrsecţia dintre TIMPUL UMAN şi DESTIN) se situează timpul istoric...

Întrebarea care se pune este asemănătoare ca şi aceea de mai sus:

cum se realizează integrarea dintre timpul cantitativ şi timpul calitativ ? De răspunsul la această întrebare va depinde elucidarea altor enigme ale timpului...

4.4. Iată un citat dintr-un articol... Citatul încearcă să arate cam care este viziunea generală despre timp, la începutul secolului XXI:

„*5 întrebări şi răspunsuri despre timp*

1. Are timpul un început? Ce se întampla înainte să apară timpul?

A întreba ce a fost înainte de apariţia timpului este similar cu a întreba cam cât de la nord este situat Polul Nord. Stephen Hawking remarca: „Polul Nord marchează cea mai îndepartată limită geografică a Pământului, dar Pământul nu se termină practic acolo." În acelaşi mod, timpul poate avea o limită extremă, Big Bang-ul. Teoria cosmologică a Big Bang-ului a oferit un răspuns despre cum s-au zămislit spaţiul şi timpul. Ultimele teorii din fizică susţin însă că timpul nu ar avea început sau sfârşit, întrucât Universul s-ar afla într-o eternă mişcare de extindere/dilatare şi restrangere/contracţie. Potrivit lor, nu ar fi existat un singur Big Bang, ci o infinitate.

2. Putem intoarce timpul înapoi?

Mulţi scriitori de literatură SF au sugerat că săgeata timpului poate fi aruncată şi spre trecut, şi spre viitor. Ştiinţific vorbind, însă, în lumina celor mai noi teorii din fizică, răsturnarea timpului ar fi posibilă doar dacă Universul s-ar extinde la maximum, adică la infinit, şi apoi ar începe, brusc, să se contracte. În acest caz, ne-am confrunta cu următoarele consecinţe: apa ar curge în sus, oamenii ar întineri, iar stelele ar absorbi toată căldura şi lumina. Existenţa ar avea sens invers, iar oamenii ar fi instabili din punct de vedere mental. Practic, ar fi tot lumea noastră, numai că lucrurile s-ar petrece pe dos. Până acum, orice încercare de a descrie din punct de vedere fizic modelul timpului care inversează Universul a eşuat.

3. Este posibilă întoarcerea în timp cu o viteză mai rapidă decât a luminii?

Teoretic, dacă am putea depăşi bariera luminii, am putea să vizităm trecutul. Conform teoriei relativităţii, dacă ai încerca să accelerezi un corp cu viteza luminii, acesta ar deveni foarte greu. În masa lui ar intra din ce în ce mai multă energie, în timp ce energia necesară pentru creşterea vitezei ar scădea cantitativ. Ar fi nevoie de o cantitate uriaşa de energie pentru a atinge viteza luminii, ceea ce actualmente este imposibil.

4. Există ceva care să poată călători mai repede decât lumina?

Teoria relativităţii nu exclude posibilitatea unei călătorii cu viteze superioare celei a luminii. Fizicienii au descoperit tahionii – particule ipotetice care pot circula în timp mai repede decât lumina. Ei ar putea fi folosiţi pentru a călători în trecut. Totuşi, marea majoritate a comunităţii ştiinţifice este sceptică în privinţa existenţei tahionilor.

5. Există timpul în realitate?

Spaţiul şi timpul sunt noţiuni de bază ale fizicii. Multe teorii explică fenomene şi formule plecând de la aceste noţiuni. Spaţiul şi timpul sunt miezul multor structuri. Dar ce sunt ele cu adevarat nu ştie – practic – nimeni."

(ROBERT TRIF - *"Mistere socante ale timpului. Calatoria in timp, teorii si fapte"*, *12/04/2009*, <u>http://dezvatatorul.blogspot.com/2009/12/mistere-socante-ale-timpului-calatoria.html</u>, Sursa: <u>all4rent</u>)

În condiţiile în care cercetarea Universului va continua în acelaşi mod ca şi până acum, probabil că nu se va mai cunoaşte alte aspecte despre timp; dacă însă cercetarea va avea o altă direcţie şi mai cu seamă dacă va avea loc o revoluţie ştiinţifică – de aceeaşi magnitudine ca şi revoluţia produsă de teoria cuantică şi teoria realtivităţii – atunci nu am nici o reţinere să prevăd că timpul va fi cunoscut mult mai în profunzime decât este acum, iar ceea ce se cunoaşte acum despre timp, ne va trezi urmaşilor decât un zâmbet plin de compasiune şi înţelegere pentru nişte strămoşi limitaţi, nişte strămoşi un pic cam sceptici, un pic cam fanatici, un pic cam creduli, dar altminteri nişte oameni de treabă, adică, într-un fel, tot aşa cum îi tratează şi contemporanii noştri pe cei din trecut, fiind în general îngăduitori cu ignoranţa acestora...

1.2. CONSIDERAŢII GENERALE DESPE COMUNICARE. DEFINIREA COMUNICĂRII

Înainte de orice, este bine să lămuresc noţiunea de comunicare. Aşadar, comunicarea înseamnă... *"a face cunoscut, a da de ştire; a informa, a înştiinţa, a spune; a se pune în legătură, în contact..."*(conform DEX-"Dicţionarul Explicativ").

În cartea "Argumentul sau despre cuvântul bine gândit" de Eugen Năstăşel şi Ioana Ursu (Editura Ştiinţifică şi enciclopedică, Bucureşti, 1980) se scrie că...

"... prin comunicare vom înţelege transferul de informaţie de la o sursă la un receptor, transfer care are loc prin mijlocirea unor forme simbolice: sunete, imagini, gesturi, etc." (pag. 16).

În general, comunicarea înseamnă transmiterea informaţiei, de la o entitate (sau de la un sistem) la altă entitate (sau la alt sistem). Informaţia transmisă, se mai numeşte şi mesaj, după cum ştie oricine... Sistemul (sau entitatea) care transmite informaţia se numeşte emitent (sau emiţător sau sursă), iar sistemul (sau entitatea) care primeşte informaţia se numeşte receptor.

Emiţătorul şi receptorul pot fi oameni, grupări de oameni, fiinţe vii diverse (plante, animale, microorganisme, fiinţe extraterestre) sau pot fi, spre exemplu, sisteme tehnice. Schema generală a unui sistem de transmitere a informaţiei este redată în figura 3 *("Matematica şi informaţia"* − Silviu Guiaşu, Radu Theodorescu; Editura Ştiinţifică, Bucureşti, 1965, pag. 12).

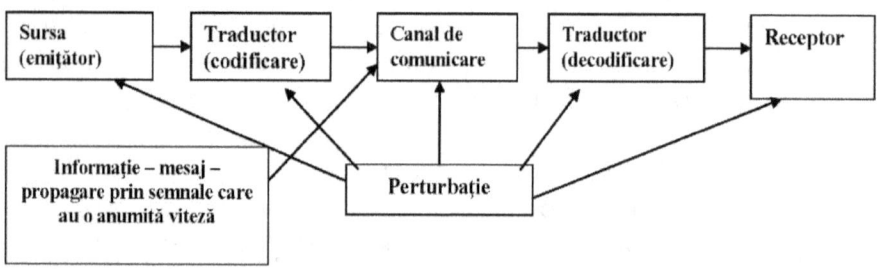

Figura 3 Schema generală a unui sistem de transmitere a informaţiei

Transmiterea informaţiei de la o sursă oarecare către un receptor oarecare, poate fi făcută în mai multe moduri (în funcţie şi de natura sursei şi a receptorului, trebuie să existe o compatibilitate între acestea), dar, de regulă, mesajul este codificat mai întâi, adică este transpus (de către sursă) într-o succesiune de simboluri (sau semnale), apoi este emis prin intermediul unui canal de comunicare (sau suport de informaţie) − acesta poate fi: canal de comunicare electric, mecanic, electromagnetic...Succesiunea de semnale (mecanice, electrice, optice, chimice, etc.) transmise, pot fi perturbate, adică modificate, de către diverse câmpuri fizice, spre exemplu, cu care interacţionează. Este de subliniat că pot fi perturbate atât emiţătorul cât şi receptorul. În cele din urmă, dacă mesajul (care este constituit, în definitiv, dintr-o succesiune de semnale), nu este totuşi afectat de perturbaţii, ajunge la receptor, este decodificat şi apoi, este utilizat de acesta...

Trebuie spus că, pentru a fi util receptorului, orice mesaj trebuie să aibe un *sens* şi o *semnificaţie* ; altfel spus, mesajul trebuie să fie *înţeles* de către receptor şi să aibe o *valoare* pentru receptor... În caz contrar, dacă mesajul NU ESTE ÎNŢELES sau NU ARE VALOARE (este neinteresant), atunci MESAJUL nu va avea CONSISTENŢĂ...

Ar mai trebui spus câte ceva despre *generarea mesajului* (ceea ce se comunică), despre *tipurile de mesaje* precum şi despre *finalitatea mesajului* (ce se aşteaptă de la mesaj, adică cu ce scop a fost emis un anumit mesaj).

Mesajele sunt diverse şi, în general, la fiinţele vii, sunt o urmare a *adaptării la mediul de viaţă.* O fiinţă vie, pentru a putea supravieţui agresiunilor mediului şi pentru a se adapta mediului, emite şi primeşte mesaje prin intermediul unor semnale, fie din partea mediului, fie din partea altor fiinţe vii... De modul cum poate emite şi recepta mesajele, de modul cum le poate prelua şi prelucra, de rapiditatea transmiterii mesajelor, poate depinde supravieţuirea sa.

Aşadar, care este geneza mesajului ?   Cu alte cuvinte, ce se comunică ?

În general, se comunică orice: observaţii, cunoştinţe, idei, experienţe, informaţii despre sursele de hrană, despre resursele de energie, despre diverse pericole...

Pe de altă parte, se poate constata că există diverse tipuri de mesaje (şi ca urmare, diverse moduri sau procedee de a genera anumite mesaje), spre exemplu:

- mesaje lingvistice: simboluri, cuvinte, texte...
- mesaje fizico-chimice: succesiune de semnale organizate care au ca substrat sau ca suport unde electromagnetice sau mecanice sau diverşi compuşi chimici (adică, altfel spus, există mesaje care se transmit sub formă de semnale luminoase sau semnale sonore sau semnale chimice);
- mesaje psiho-sociale: gesturi, rituraluri, diverse poziţii ale corpului...
- mesaje tehnologice: clădiri, mecanisme, instalaţii...
- mesaje artistice: sculpturi, picturi, cântece, dansuri...
- mesaje exotice – telepatia, premoniţia, etc.

În sfârşit, se mai poate pune problema *aşteptării.* În definitiv, ce aşteaptă un receptor de la un mesaj ?... Înainte de a primi un mesaj, un receptor (care poate fi un om, o plantă, un animal, o fiinţă extraterestră) poate aştepta ceva de la un mesaj... Ca şi în cazul aşteptării producerii unui eveniment, şi în cazul aşteptării primirii

unui mesaj, nu sunt decât trei posibilități:
- fie se exagerează importanța mesajului (sau a evenimentului);
- fie se neglijează importanța mesajului (sau a evenimentului) și în acest caz efectul mesajului poate fi imprevizibil;
- fie se apreciază corect importanța mesajului (sau a evenimentului) și în acest caz, mesajul (sau evenimentul) este utilizat într-un anumit fel...

Comunicarea la ființele vii

Modul de comunicare la ființele vii este divers și complex. Este util să precizez succint câteva aspecte privind comunicarea la plante, la animale și la oameni.

Comunicarea la plante și animale

Tudor Opriș, în cartea sa "*Bios - Cele mai pasionante probleme ale lumii vii*", în volumul II - "*Dinamica lumii vii*" (Editura Albatros, București, 1987), capitolul 6, "Comunicarea în lumea plantelor și animalelor", arată următoarele:
" *În natură se prefigurează două tipuri de limbaj:*
a) un prelimbaj sau limbaj universal care transmite nemediat prin intermediul biocâmpurilor generate de activitatea vitală și accesibile tuturor ființelor, de la celulele izolate și plante, până la om;
b) un limbaj special, realizat fie prin semnale (acustice, vizuale, chimice, electrice) purtătoare de informație, fie prin cuvinte - în cazul oamenilor.
Este de menționat și limbajul mimelor, prin care unele animale imită limbajul altor animale și chiar al omului.
La plante, limbajul prin semnale, este diversificat - spre exemplu: limbajul cromatic, limbajul chimic, limbajul fotonic sau luminos, etc. "

Comunicarea la oameni

În cazul oamenilor, comunicarea este esențială. Despre rolul comunicării în viața oamenilor, în cartea ”*Argumentul sau despre cuvântul bine gândit*” de Eugen Năstășel și Ioana Ursu (Editura Științifică și enciclopedică, București, 1980), găsim următoarea precizare:
”*Acum o jumătate de secol, în anul 1926, cercetătorul american Paul T. Rankin a ajuns la concluzia că un om consumă în medie, 11 ore din 24*

comunicând cu cei din jur, ceea ce înseamnă 70 % din timpul său activ." (pag. 17).

Referitor la acest aspect, dacă se consideră cele patru forme principale prin care se comunică, timpul celor 11 ore este împărțit astfel: scris – 9 % , citit – 16 % , vorbit – 30 % , ascultat – 45 % (a se vedea figura 4).

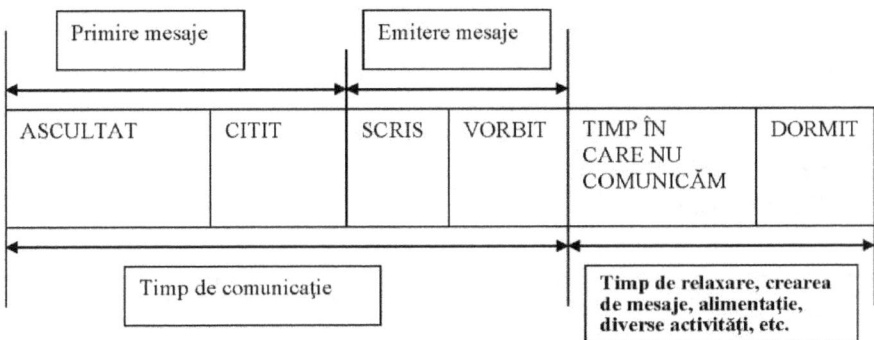

Figura 4 Comunicarea umană – o schemă generală (adaptat după cartea "Argumentul sau despre cuvântul bine gândit")

Ar mai trebui precizat că există o serie de particularități ale comunicării umane, printre care, sunt de subliniat, următoarele.

Mai întâi, referitor la definirea comunicării umane, într-un articol intitulat "Comuncarea", se arată:

"Comunicarea umană se ocupă de sensul informației verbale, prezentată în forma orală sau scrisă și de cel al informației non-verbale, reprezentată de paralimbaj, mișcările corpului și folosirea spațiului." (pag. 3).

(Preluat din http://psihologiesociala.uv.ro/psihologie-sociala/comunicarea.php, 2011

În al doilea rând, trebuie subliniat că în ceea ce privește *canalele de comunicare,* specific umane, acestea pot fi:

- canale tehnologice : telefoane, casetofoane, computere, televizoare, radioreceptoare...

- canale scrise : rapoarte, afișe, formulare, scrisori, cărți, reviste, ziare...

- canale directe (denumite și "față în față") : conversații, interviuri, întâlniri, prezentări, cursuri, lecturi...

(Din articolul *"Comunicarea* " – *Psihologie socială*).

Mijloacele de comunicare au evoluat, de la simple manuscrise, până la cinematografie, radiofonie și televiziune...

În al treilea rând, mai este de subliniat că, în cadrul comunicării umane, există mai multe niveluri, astfel:

- *comunicarea intrapersonală*- comunicarea în sine și către sine;
- *comunicarea interpersonală* – comunicarea între membrii unui grup social sau ai unei societăți;
- *comunicarea de grup* - comunicarea în cadrul unor colectivități umane restrânse;
- *comunicarea de masă* - comunicarea în cazul unui public variat și numeros;
- *comunicarea mediatică* - este un tip de comunicare care contează la nivelul reprezentărilor sociale și permite o rapidă modificare a discursurilor publice.

(Din articolul ˮ*Comunicarea* ˮ – *Psihologie socială*).

Mai poate fi menționat că există diverse forme ale comunicării umane: comunicarea verbală, comunicarea scrisă, comunicarea orală și non-verbală.

Pe de altă parte, există diverse bariere în comunicare: efectele perturbațiilor în transmiterea mesajelor, distorsiuni în percepția mesajului (spre exemplu, mesajul nu este înțeles), necunoașterea limbajului... Așadar, există diverse tipuri de bariere în comunicare: *bariere fizice, bariere semantice, bariere psihologice, bariere logice*; (spre exemplu: greșeli de gramatică, blocaj psihic, judecăți și raționamente greșite, etc.).

Despre emisferele cerebrale

Mai este de făcut o remarcă succintă referitoare la structura creierului și la capacitățile de comunicare. Emisferele cerebrale au, după cum se pare, caracteristici bine definite.

- emisfera cerebrală stângă răspunde de: vorbire, gândire, logică, analiză;
- emisfera cerebrală dreaptă răspunde de imaginație, intuiție, emoție.

(Eurocor - "*Curs de învățare și citire rapidă*", Georgiana Brănișteanu, București, 2009).

S-ar părea deci că mesajul este elaborat și emis de către emisfera stângă și este recepționat și decodificat de către emisfera dreaptă.

Câteva remarci privind comunicarea umană

În legătură cu procesele de comunicare mi se par importante mai mult aspecte pe care le prezint succint în cele ce urmează.

Comunicarea şi instabilitatea socială

Fără îndoială că există o interdependenţă între comunicare şi structurile şi procesele sociale (şi în particular între comunicare şi instabilitatea socială). În definitiv, schimbările sociale au diverse cauze, printre care se pot menţiona:

- naşterea şi moartea indivizilor care compun societatea (este de la sine înţeles că, spre exemplu, moartea unui membru aparţinând unei societăţi oarecare, va avea drept consecinţă, modificări în compoziţia şi în comportamentul acelei societăţi);

- influenţa mediului - diversele componente ale mediului (atmosfera, hidrosfera, litosfera), au diferite modalităţi de a influenţa o societate oarecare;

- consumul şi producţia de bunuri materiale, de energie şi de informaţii, influenţează comportamentul de ansamblu al societăţii...

Se poate afirma că, în general, comunicarea generează şi, în acelaşi timp, influenţează instabilitatea socială.

Altfel spus, comunicarea poate declanşa o instabilitate socială, atunci când gradul de constrângere este mare (sistemele sociale totalitare) şi, dimpotrivă, poate determina coeziunea socială, atunci când societatea devine anarhică, atunci când sistemul social tinde să se dezintegreze.

Exemplu: rolul propagandei în cazul tuturor sistemelor totalitare; rolul educaţiei în cazul tuturor societăţilor...

Comunicarea între haos şi complexitate

Sunt două limite ale comunicării (dincolo de care nu se poate concepe comunicarea): extremul haos şi extrema complexitate.

Se poate vorbi despre *comunicarea haotică* şi despre *comunicarea complexă*.

Iată câteva dintre caracteristicile comunicării haotice:

- incoerenţa (exprimare dezordonată, confuzie, etc.);

- contradicție (încălcarea pricipiilor logicii);
- lipsa de finalitate a mesajului.

Iată câteva dintre caracteristicile comunicării complexe:

- comprehensibilitate (înțelegere) redusă - spre exemplu limbajul matematicii superioare este înțeles numai de către anumiți oameni;
- accesibilitate redusă - schemele tehnice sunt accesibile unui număr anumit de specialiști;
- evidență redusă - calculele din fizica cuantică nu sunt evidente pentru toți oamenii;
- adresabilitate redusă - anumite mesaje au un anumit destinatar...

Comunicarea și relațiile interpersonale

Este bine de a fi subliniat că există o interdependență între comunicare și relațiile interpersonale. Relațiile interpersonale (adică, spre exemplu: antipatia, simpatia, empatia, indiferența) pot stimula, pot inhiba sau chiar pot bloca orice fel de comunicare...

Comunicarea are loc într-un anumit mod între două persoane care se simpatizează și decurge altfel între două persoane care se antipatizează și chiar nu poate exista o comunicare oarecare între două persoane care sunt indiferente una față de cealaltă...

Comunicarea și vârsta

Tipul de comunicare, conținutul comunicării și durata comunicării sunt dependente de vârsta individului. Spre exemplu, copilul comunică în principal prin gesturi, prin stări emoționale - prin țipete sau strigăte; oamenii maturi, se știe, comunică prin limbaj și prin metalimbaj, prin gesturi, ca și oamenii vârstnici. Oamenii care au deficiențe diverse (respectiv cei care nu pot să vorbească, să audă, să vadă), au diverse modalități de a comunica...

Cum are loc comunicarea ?

Sunt mai multe posibilități, spre exemplu:

- *comunicare orală* - tot felul de povești, legende, sfaturi, cunoștințe, care se transmit de la o generație la alta - spre exemplu, așa au fost transmise inițial, operele lui Homer, "Iliada" și "Odiseea";
- *desene și picturi* - realizate, spre exemplu, pe pereții peșterilor și

care reprezintă diverse animale; se transmit astfel diverse informaţii privind felul şi numărul animalelor, modul de capturare, locaţia;

- *sculpturi şi monumente;*
- *construcţii diverse şi dispozitive tehnice* - adică tot felul de clădiri, aparate, maşini;
- *scrieri diverse* - iniţial au fost înscrise mesaje pe tăbliţe de lut, pe papirusuri...

Toate aceste modalităţi de comunicare sunt caracterizate prin faptul că transmit INFORMAŢIA, într-un singur sens, adică UNIDIRECŢIONAL (din prezent, care devine trecut, spre viitor)...

Totuşi, ce-ar fi dacă... ar fi şi altceva ?...

1.3. CONŞTIINŢA ŞI CUNOAŞTEREA

Cunoaşterea   este o modalitate de adaptare. A apărut odată cu necesitatea de a minimiza acţiunea distrugătoare a mediului, respectiv odată cu lupta pentru existenţă a vieţuitoarelor... Pe de altă parte, există o legătură foarte strânsă între conştiinţă şi cunoaştere...

Conştiinţa ca existenţă, poate avea mai multe forme, spre exemplu conştiinţa lucrurilor ("conştiinţa minerală"), conştiinţa vegetală, conştiinţa animală, conştiinţa umană, conştiinţa planetară, conştiinţa cosmică. Fiecare formă are un specific, dar conştiinţa umană poate fi considerată ca fiind de referinţă (altfel spus poate fi considerată ca fiind un referenţial). Principalele probleme care se pun atunci când se studiază conştiinţa sunt conştiinţa cunoaşterii (gândirea) şi respectiv cunoaşterea conştiinţei.

1.3.1. CONŞTIINŢA CUNOAŞTERII (GÂNDIREA)

Un rol important în această problemă îl joacă principiile gândirii: principiul identităţii, principiul non-contradicţiei, principiul terţului exclus, principiul raţiunii suficiente.

Principiul identităţii – orice expresie îşi păstrează sensul pe parcursul unui anumit proces de gândire. Din punct de vedere filozofic, identitatea este starea în sine a unui obiect de a fi şi a rămâne ceea ce este, calitatea sa de a-şi păstra un anumit timp caracteristicile fundamentale. Identitatea însă nu poate fi separată de divesitate, de deosebire.

Principiul non-contradicţiei – arată că este imposibil ca unuia şi aceluiași subiect să îi revină și să nu îi revină în același timp și sub același raport, același predicat. Acest principiu, analizat de Hegel, este parțial valabil. Orice subiect cuprinde în sine, atât latura sa pozitivă cât și contrara sa; prin urmare un subiect conține în același timp, atât predicatul cât și lipsa lui.

Principiul terțului exclus – implică distincția netă între adevăr și fals, o a treia posibilitate fiind exclusă. Acțiunea terțului exclus determină raportul dintre judecățile sau noțiunile contradictorii. Pe de altă parte, adevărul sau falsitatea unor enunțuri contradictorii se decide abia odată cu însăși realizarea lor. Înainte de a se realiza efectiv aceste enunțuri contradictorii au șanse egale de a fi false sau adevărate (sau altceva). Altfel spus, un enunț, înainte de a se realiza propriu-zis, cuprinde în sine atât adevărul cât și falsul cât și altceva, acest "altceva" (care constituie *terțul inclus*), îl constituie *incertitudinea* sau *nedefinitul*. Așadar, un enunț poate fi *adevărat, fals* sau *incert* (*nedeterminat*).

Principiul rațiunii suficiente – orice enunț are un temei. Își manifestă acțiunea prin cerința că orice afirmație sau negație pentru a fi acceptată, trebuie să fie dovedită, respectiv, să i se arate temeiul. Rațiunea sau temeiul, poate fi: rațiune necesară dar nu și suficientă; rațiune necesară și suficientă; rațiune suficientă dar nu și necesară.

Este de notat și faptul că sunt situații în care temeiul unui enunț poate fi implicit sau subtil, în acest caz temeiul enunțului îl reprezintă *intuiția* – nu este necesar să se enunțe explicit temeiul pentru că acesta este intuit. Altfel spus, orice enunț are un temei, dar sunt și enunțuri al căror temei este intuit, pentru care nu este necesar să fie precizat explicit temeiul. Se poate conchide următoarele:

- Există o unitate între identitate și deosebire, una implicând-o pe cealaltă, fiind așadar reciproce.

- Există o unitate între contrarii (chiar și non-contradicția are propria sa contradicție, inclusă în sine).

- Un enunț poate fi sau adevărat sau fals sau incert (nedeterminat, nedefinit, incoerent).

- Între rațiune și intuiție există o legătură strânsă, implicându-se reciproc în procesul cunoașterii, enunțul explicit (argumentarea) fiind uneori înlocuit cu enunțul implicit (intuiția).

Cunoașterea conștiinței (conștiița propriu-zisă sau conștientul)

Se pot observa mai multe caracteristici ale conştientului: spaţialitate, temporalitate, limbaj, trăiri, contradicţionalitate. Astfel toate abstracţiile şi generalizările sunt mai întâi *reprezentate* şi apoi *înţelese*. Altfel spus, deşi gândirea conştientă se efectuează prin cuvinte (implicând un anumit *limbaj*) aceasta este inseparabil legată de *reprezentare*. Pe de altă parte, un alt aspect al conştientului îl reprezintă *temporalitatea* (conştientizăm şi gândim un eveniment în urma sau înaintea altuia). Fiecare fiinţă conştientă percepe timpul într-un anumit fel. Temporalitatea implică *trăirea* care însoţeşte orice fel de gândire.

Se poate spune, (parafrazându-l pe Bergson)... *"ne exprimăm cu necesitate în cuvinte, gândim de cele mai multe ori în spaţiu şi trăim şi conştientizăm preponderent în timp"*.

Orice gândire şi orice trăire presupune o durată şi invers, durata presupune o trăire şi o gândire; există aşadar o reciprocitate. În sfârşit, gândirea şi conştientul implică şi sunt implicate de *contradicţie (sau contradicţionalitate)* – dacă te gândeşti la ceva şi eşti conştient de aceasta, o faci pentru că există simultan şi altceva...

Contradicţia se manifestă în gândire şi în conştient prin *diferenţiere* şi *negaţie*.

Gândirea şi conştientul sunt în general inseparabile dar se pot găsi în diferite proporţii şi raporturi. Există de asemeni şi un maxim şi respectiv un minim al conştientului şi al gândirii.

Se pot evidenţia patru situaţii :

- conştient maxim, gândire maximă – fiinţe superevoluate, situaţie limită optimă;
- conştient minim, gândire minimă – fiinţe neevoluate, situaţie limită catastrofală;
- conştient maxim, gândire minimă – fiinţe mediu evoluate;
- conştient minim, gândire maximă – fiinţe mediu evoluate, de tip "automat".

Rezultatul gândirii conştiente este ceva coerent, organizat (în general un mesaj, simbolic sau material).

Gândirea și trăirea sunt forme ale conștiinței; alte forme ale conștiinței sunt spre exemplu, supraconștientul sau conștientul colectiv (sau de grup), subconștientul individual și subconștientul colectiv, etc.

Conștientul are o anumită structură, reprezentată prin: *sine* (instinctul de conservare profund al individului); *eu* (instinctul de conservare superficial al individului, interfața dintre individ și lume); *altul* (instinctul de conservare al speciei, arhetip); *non-eu* (instinctul de conservare al naturii, al mediului, ecotip).

De remarcat că aceste structuri se găsesc în proporții variabile la fiecare individ; nu există un șablon, o regulă de repartizare a acestor structuri în cadrul conștiințelor individuale.

Conștiință și credință. Credința este pentru conștiință ceea ce este percepția pentru creier; prin credință, conștiința percepe lumea spirituală.

"De fapt noi gândim totdeauna într-o logică specială, adaptată obiectelor pe care le gândim." (Petre Botezatu – *"Schiță a unei logici naturale"*, Editura Științifică, București, 1969, pag. 28).

1.3.2. ILUZIA ADEVĂRULUI ABSOLUT

Nu orice gând sau sentiment poate fi exprimat... Exprimabilitatea implică: înțelegerea gândului sau înțelegerea sentimentului și adevărul gândului sau adevărul sentimentului... Referitor la adevărul unei propoziții sau a unei afirmații se poate spune că acesta nu este absolut... Știe oricine aceasta... Se pare că nu există un adevăr absolut sau un fals absolut. Există nuanțe de adevăr și nuanțe de fals... O propoziție poate fi mai mult sau mai puțin adevărată, mai mult sau mai puțin falsă (o afirmație poate fi relativ adevărată sau dimpotrivă, poate fi relativ falsă)... De asemeni, o propoziție sau o afirmație oarecare, poate fi posibil adevărată, necesar adevărată sau întâmplător adevărată și respectiv posibil falsă, necesar falsă, întâmplător falsă, dar în anumite condiții... Orice teorie, orice concepție, orice doctrină, orice ipoteză, nu este aşadar absolut adevărată sau absolut falsă, tot ce se poate spune este că poate fi mai mult sau mai puţin adevărată sau falsă... Spre exemplu, să considerăm următoarele propoziţii: "Pământul este rotund" - este   o propoziţie adevărată şi "Pământul este plat" - este o propoziţie falsă. Şi totuşi au existat momente în istoria umanităţii, în care se considera că... "Pământul este plat" - era o propoziţie adevărată, iar propoziţia – "Pământul este rotund" - era considerată ca fiind o propoziţie falsă ! Ce înseamnă aceasta ? Înseamnă că adevărul nu este absolut, aş putea să spun că, mai degrabă, adevărul este schimbător !... Ceva din propoziţia "Pământul este plat" era considerat ca fiind adevărat.... Ce anume ? Pe anumite zone ale Pământului, un observator oarecare, putea constata că acea zonă era plată !

Abia după dezvoltarea unor tehnici adecvate de investigaţie se putea constata că Pământul este rotund (şi de fapt, nici măcar această afirmaţie nu este absolut adevărată, întrucât, acum se consideră că planeta are o anumită formă, numită "geoid").

Şi ar mai fi ceva... Acelaşi obiect poate fi perceput diferit de diverşi oameni... Spre exemplu... o statuie... Un artist priveşte statuia şi îi poate admira forma, eleganţa, mărimea, un meşteşugar poate să se gândească la materialul folosit (piatră, metal, sticlă, lemn) şi la modul de prelucrare, un savant se poate întreba ce sens şi semnificaţie poate avea statuia, ce reprezintă aceasta, un om obişnuit poate să privească şi atât, în fine alţi oameni trec nepăsători pe lângă statuie... Pentru unii oameni statuia poate reprezenta ceva anume, dar pentru alţi oameni, statuia nu reprezintă nimic... Tot aşa se întâmplă cu orice idee, cu orice ipoteză, cu orice teorie... Aşadar, cei care se referă la diverse ipoteze, teorii, sisteme filozofice, susţinând că acestea sunt fie absolut false, fie absolut adevărate, se pare că se înşeală... Niciodată o ipoteză, o teorie, o anumită concepţie nu poate fi absolut falsă sau absolut adevărată... Există întotdeauna nuanţe ale adevărului... Nimeni nu ar trebui să critice o anumită ipoteză şi să o considere în totalitate falsă... Explicaţiile care se dau diverselor aspecte ale existenţei, nu sunt definitive... Orice explicaţie este mai mult sau mai puţin adevărată !... Chiar şi ipoteza unui perpetuum mobile (perpetuum mobile este o maşină care funcţionează fără să consume nimic), nu poate fi considerată ca fiind absolut falsă... Este falsă pentru anumiţi observatori (altfel spus, pentru anumiţi oameni)... Aşadar, când se afirmă că... "este adevărat că nu există un perpetuum mobile", această afirmație trebuie considerată ca fiind relativ adevărată...

Este vorba de ADEVĂRUL CELOR CARE CRED CĂ NU EXISTĂ... perpetuum mobile !

Tot ce pot să spun este că acela care se decide să cunoască această lume, ar trebui să țină cont de aceasta: nu există un adevăr absolut, adevărul este relativ și mai mult decât atât, <u>adevărul este nuanțat !</u>

Pe de altă parte, se poate spune că orice afirmație este posibil adevărată sau posibil falsă ! Mai sunt și afirmații care, concomitent, nu sunt nici adevărate, nici false ! Este cazul unor ipoteze... Anumite ipoteze pot fi considerate ca fiind... nici adevărate, nici false... Spre exemplu... Să considerăm următoarea ipoteză...

Originea vieții nu este pe planeta Pământ... Viața a apărut în spațiul cosmic, în particular, pe comete ! Primele molecule organice, primii aminoacizi, au apărut pe... comete ! Când cometele se apropiau de planete (în particular de planeta Pământ), o parte din acele molecule organice, din acei aminoacizi, au ajuns, într-un fel sau altul, pe planetă și apoi, prin diverse combinații, prin diverse reacții chimice, au generat viața, au generat organismele, care apoi au evoluat... Iată o ipoteză care nu este nici adevărată, dar nici falsă ! În continuare, iată un alt exemplu de ipoteză care nu este nici adevărată, dar nici falsă... Mi se pare ciudat că viața a apărut destul de târziu, după ce a apărut Universul (și după cum cred unii oameni, numai pe planeta Pământ); nimic însă nu ar justifica această întârziere a apariției vieții și cred, dimpotrivă că viața a apărut mult mai devreme... Poate că viața a apărut în Univers foarte devreme, poate că a apărut după ce au trecut... numai... cinci miliarde de ani de la evenimentul primordial, denumit BIG BANG, adică după ce a apărut UNIVERSUL însuși ! De ce nu ?

Poți să presupui orice, ar putea spune un sceptic agasant, dar până ce nu se va dovedi aceasta prin observații sau experimente sau calcule, prespunerile dumitale sunt neserioase...

Ei bine, fie și așa, dumneata crede ce vrei, eu cred ce vreau... Cine va pierde ?... Te pot asigura, stimate sceptic agasant, că nu voi fi eu acela !...

Iată un alt exemplu... Fie propoziția: "gravitația există..." Dincolo de adevăr și de fals, această afirmație arată <u>ceva</u> și anume că există gravitația !... Existența gravitației este dincolo de adevăr, dincolo de fals !... Adevărul și falsul sunt, în ultimă instanță necesare în procesele gândirii, pentru a stabili... credibilitatea unei afirmaţii. Dacă o afirmaţie este adevărată, atunci este credibilă, dacă este falsă, atunci nu este credibilă ! Dar pentru ca o afirmaţie să fie adevărată sau falsă, deci pentru a fi credibilă, aceasta trebuie să fie demonstrată... Sunt însă destule exemple în istoria ştiinţei, a filozofiei, a culturii, în general, în care diverse afirmaţii care deşi erau adevărate nu au fost crezute şi, invers, numeroase afirmaţii false, aparent demonstrate, care au fost totuşi acceptate, au fost crezute ! Multă vreme oamenii au crezut că Pământul este centrul Universului, că există balauri şi centauri, că nu se poate zbura cu aparate mai grele decât aerul (... "să nu uităm, însă, că tot democraţia academică a hotărât, demult, că aparatele mai grele decât aerul nu pot zbura sau că Soarele se învârte în jurul Pământului ! " - http://mises.ro/536/), că nu există meteoriţi (..."savanţi cu reputaţii dintre cele mai solide, între care şi chimistul Lavoisier, susţineau ca meteoriţii nu pot exista..." *misterium.tripod.com/articole/limit_st/caracat_gig.htm*)

Aşa încât, ce se mai poate spune ? Doar atât: că afirmaţiile care sunt adevărate azi, pot fi false mâine şi invers...

1.3.3. CONŞTIINŢA ŞI TIMPUL

Aspecte referitoare la spaţiu, timp şi cunoaştere

Atunci cand se pune problema cunoaşterii spaţiului şi timpului se pot pune următoarele întrebări... Ce rol are informaţia în cadrul logicii ? Ce informaţie conţine o noţiune ? Cum este derivată informaţia în cadrul judecăţilor şi raţionamentelor ? Ce rol are informaţia în cadrul gândirii şi al operaţiilor logicii ?

Structura spaţio-temporală a Universului influenţează procesele informaţionale ?

Dacă da, cum anume le influenţează ? Ce legătură există între informaţia logică şi informaţia neuronală şi informaţia genetică ?

Pot fi modelate şi alte varietăţi de spaţiu şi de timp, altele decât spaţiile cu mai multe dimensiuni ? Cum are loc transferul de informaţie şi generarea de informaţie în cadrul unui raţionament ? Care este legătura dintre structura logică şi dimensiunea spaţiului ? În acest sens se poate pune următoarea problemă: cum ar percepe spaţiul tridimensional nişte fiinţe care ar exista într-un spaţiu cu două dimensiuni, adică nişte fiinţe care ar exista într-un plan ? Ce structuri logice sau ce principii logice ar avea acele fiinţe bidimensionale, structuri logice necesare pentru a percepe spaţiul cu două dimensiuni şi care ar fi diferenţa dintre aceste structuri logice, dintre aceste principii logice şi acelea pe care le au fiinţele din spaţiul cu trei dimensiuni sau acelea din spaţiul cu patru dimensiuni ?

Sunt întrebări la care este foarte greu să se răspundă...

Trebuie făcută o distincţie clară pe de o parte, între informaţia care circulă prin reţelele de neuroni şi în general care circulă prin celule, ţesuturi, organe, sisteme, etc. şi care este de natură biologică şi pe de altă parte, informaţia care circulă în cadrul proceselor logice (raţionamente şi judecăţi logico-matematice). Pe de altă parte între aceste tipuri de informaţie ar trebui să existe o legătură.

O problemă importantă este aceea a genezei noţiunilor. Din această perspectivă, noţiunile se pot clasifica în:

➔ noţiuni generate inductiv–în urma unor experienţe, prin observarea realităţii, etc.

➔ noţiuni generate deductiv – în urma unor raţionamente.

Pe de altă parte, orice propoziţie conţine cel puţin o noţiune; acestea sunt propoziţii fundamentale. Orice propoziţie fundamentală conţine o cantitate de informaţie.

Orice noţiune are un volum logic (definit prin sfera noţiunii) şi este definită prin densitatea informaţională a noţiunii definită ca fiind raportul dintre cantitatea   de informaţie (sau conţinutul noţiunii) şi volumul noţiunii respectiv sfera acesteia).

Din această perspectivă, există două situaţii: la un volum logic mare corespunde   o cantitate de informaţie mică şi invers, la un volum logic mic, corespunde o cantitate de informaţie mare.

În altă ordine de idei, cunoaşterea poate fi limitată fie din interior fie din exterior. Atunci când cel care cunoaşte (un individ, un grup de cercetare, o fiinţă oarecare)   nu poate depăşi un anumit stadiu impus de structura sa biologică, el este limitat   din interior, iar dacă nu poate depăşi un anumit stadiu impus de structura cosmică în care este integrat, atunci el este limitat din exterior.

Pe de altă parte, se pare că există şi o limită de inteligibilitate, o limită de înţelegere   a acestui Univers, o limită impusa chiar de Univers !...

Conştiinţa timpului

În particular, omul și psihicul lui este încadrat între două limite: nașterea și moartea. Între aceste limite, psihicul "își creează" un timp propriu, denumit și timp interior. Pe de altă parte, omul nu trăiește numai în prezent, prezentul nu poate fi niciodată delimitat cu o exactitate absolută. Întotdeauna, prezentul conține în egală măsură trecut și viitor. Este de subliniat că prezentul implică în viața individului tot felul de trăiri: grijă, plictiseală, suferință, bucurie, etc.; trecutul, lasă urme în viața acestuia: acumulare de experiență, amintiri, nostalgii, etc.; viitorul joacă un rol important prin speranțe, temeri, dorințe, etc. Este de semnalat, de asemeni și trăirea curgerii timpului, o trăire fundamentală a conștiinței. Aceasta se exprimă prin faptul că timpul "curge" mai repede sau mai încet în conformitate cu "natura tensiunii psihice" a individului, iar durata acestei trăiri este specifică.

Tensiunea psihică exprimă grija sau gradul de așteptare (expectația) a individului în privința realizării unui eveniment sau a mai multor evenimente. În copilărie și în tinerețe timpul pare că se scurge mai lent (tensiunea psihică este mai mică); cu cât se înaintează în vârstă, timpul pare că se scurge mai repede (tensiunea psihică este mai mare – grijile sunt mai mari și mai multe…).

Un alt lucru de semnalat este timpul trăirilor. Inițial, individul neavând experiență, va avea, pe de altă parte, trăiri variate însă nu va conștientiza aceasta. El este sub impulsul instinctelor primare în virtutea cărora se manifestă – prezentul este imens. Odată cu trecerea timpului fizic, individul va acumula experiență (experiență care reprezintă, altfel spus, urmele trecutului – amintiri, fixații, reflexe, etc.). Odată cu acumularea experienței, se produc modificări calitative în psihicul individului – deprinderile inițiale se vor diversifica). Altfel spus, prin aceste acumulări de experiență, trecutul va fi perceput distinct, iar viitorul nu se mai "dizolvă" în prezent, acesta devine o caracteristică distinctă a timpului.

Revenind la conștientizarea prezentului, aceasta se realizează prin perceperea evenimentelor care au o anumită durată de existență și o anumită intensitate (semnificație). Sub raportul durată – intensitate (semnificație), deosebim:

- evenimente cu durată mare și intensitate mică – acestea au o influență variabilă asupra conștientului); spre exemplu adoptarea unui alt stil de viață, schimbările de regim – alimentar, vestimentar, social, politic, economic, etc. (aparent acestea au o semnificație majoră, dar în realitate nu este aşa; atâta timp cât aceste schimbări nu îi va afecta serios funcţiile vitale sau psihice, individul se va adapta relativ uşor la aceste schimbări);

- evenimente cu durată mică şi intensitate mare – acestea au o influenţă majoră asupra conştientului (psihicului); spre exemplu dezastrele (cutremure, inundaţii, incendii, etc.);

- evenimente cu durată şi intensitate mică - acestea au o influenţă neglijabilă asupra conştientului (psihicului); spre exemplu evenimetele cotidiene;

- evenimente cu durată şi intensitate mare – acestea au o influenţă în general catastrofală sau radicală asupra psihicului individului (acesta sau se va adapta sau va dispare), spre exemplu traumatismele ireversibile, mutilările, bolile incurabile, şi aşa mai departe.

Individul, vieţuind în natură, va fi supus acţiunii acesteia şi, mai departe, aceasta reprezintă prezentul care se poate "dilata" dacă tensiunile psihice au fost mari   şi urmele lăsate au fost deosebite.

Trăind în prezent, conştientizând prezentul, individul va avea grijă pentru sine, (adică va avea "o stare de tensiune psihică"). Dacă grija este minoră, apar alte trăiri, spre exemplu, plictiseala. În general însă, nevoile reprezintă "fundamentul" prezentului...

Conştiinţă, probabilitate, informaţie

Probabilitatea de realizare a unui eveniment este cu atât mai mare cu cât necesitatea de producere a lui este mai mare. Este un lucru uşor de înţeles. Din punct de vedere cantitativ, orice probabilitate ia valori cuprinse între 0 şi 1. Matematic, în accepţiunea clasică (nu în cea frecventistă a lui von Mises), probailitatea se defineşte prin raportul:

$P(A) = m / n$, unde m – numărul cazurilor favorabile realizării evenimentului A; n – numărul cazurilor egal probabile.

Valoarea acestui raport va fi cuprinsă întotdeauna în intervalul [0, 1] adică

$0 \le m / n \le 1.$

Să considerăm cazurile extreme: 0 şi 1, aşadar $P(A) = 0$ şi $P(A) =$

1.

- Pentru $P(A) = 0$, nu există nici măcar un singur caz favorabil producerii evenimentului. Aceasta înseamnă, de fapt, o certitudine în sensul că evenimentul NU SE VA PRODUCE.

- Pentru $P(A) = 1$, adică, respectiv numărul cazurilor favorabile realizării evenimetului este egal cu numărul cazurilor favorabile. Aceasta înseamnă tot o certitudine în sensul că evenimentul SE VA PRODUCE.

În ambele cazuri, se poate spune că există O INFORMAŢIE !

Se pune întrebarea, pentru ce valoare a probabilităţii, aceasta poate constitui   o incertitudine ? Aceasta este evident situaţia în care există un singur caz favorabil   şi două cazuri posibile, aşadar, $P(A) = \frac{1}{2}$, respectiv, SAU SE VA PRODUCE SAU NU SE VA PRODUCE evenimentul, aceasta reprezentând INCERTITUDINEA MAXIMĂ.   În acest caz avem UN DEFICIT DE INFORMAŢIE !

În jurul acestor valori se distribuie zonele de certitudine / incertitudine.

Aşadar, în   cadrul   raportului   CERTITUDINE   - INCERTITUDINE, sunt două tipuri de certitudini (DA şi NU) CARE ADUC INFORMAŢII   şi un singur tip de incertitudine CARE GENEREAZĂ DEFICIT DE INFORMAŢIE

Conştiinţa "operează" cu certitudini / incertitudini respectiv cu probabilităţi.

Cu cât conştiinţa operează cu incertitudini, cu atât este supusă unor tensiuni psihice mai mari, cu atât liberul arbitru sau libertatea de alegere / decizie este mai mare. Dimpotrivă, cu cât operează cu certitudini (DA, NU), cu atât tensiunile psihice sunt mai mici, iar libertatea de decizie sau de alegere este mai mică, chiar nulă în cazurile extreme.

Pe de altă parte, în ceea ce priveşte capacitatea de previziune respectiv de amintire,   conştiinţa oscilează între certitudini şi incertitudini, între informaţie şi deficit de informaţie.

În general prezentul are o anumită certitudine, dar pe măsură ce conştiinţa se îndepărtează de prezent, fie spre viitor, fie spre trecut, respectiv atunci când conştiinţa încearcă să facă o predicţie (când explorează viitorul) sau încearcă să facă o retrodicţie (când explorează trecutul), certitudinile (informaţiile) devin din ce în ce mai mici, iar incertitudinea (deficitul de informaţie) devine din ce în ce mai mare.

Ca urmare, tensiunile psihice vor fi mai mari în cazul predicţiilor şi retrodicţiilor (respectiv în cazul explorărilor viitorului şi trecutului).

Informaţie, certitudine, timp

1. Prezentul – reprezintă certitudinea maximă, informaţia maximă. Pe măsură ce ne depărtăm de prezent (fie spre trecut, fie spre viitor), certitudinea începe să scadă, astfel încât într-un trecut sau un viitor foarte îndepărtat, incertitutdinea devine maximă. Totuşi, atât în cazul trecutului îndepărtat sau foarte îndepărtat cât şi în cazul viitorului îndepărtat sau foarte îndepărtat, există zone de trecut sau viitor în care se formează, se generează informaţii potenţiale (certitudini potenţiale) – care permit retrodicţia şi predicţia. Se poate conchide că există un *raportul informaţie-certitudine-timp, care include:* informaţie (certitudine) maximă, informaţie (certitudine) minimă, informaţii (certitudini) medii din trecut sau viitor, zone de trecut cu informaţii potenţiale sau certitudini potenţiale, zone de viitor cu informaţii potenţiale sau certitudini potenţiale.

2. Surse de informaţii pentru trecut şi viitor
În general, în cazul trecutului precum şi în cazul viitorului, certitudinea scade, informaţia devine difuză, cu cât trecutul şi viitorul sunt mai îndepărtate de prezent.   Cu toate acestea, este posibilă conservarea informaţiei şi realizarea unei conştiinţe   a trecutului şi a viitorului, datorită surselor de informaţii.

Aşadar, pe măsură ce ne depărtăm de prezent, informaţia se degradează, incertitudinea creşte. Această degradare a informaţiei este reprezentată de enigme sau mistere sau pur şi simplu prin zone inaccesibile cunoaşterii (spre exemplu, în cazul istoriei, zonele inaccesibile ale cunoaşterii o poate reprezenta aşa numitele ”secrete de stat”, care rămân în zona inaccesibilă cunoaşterii, putând fi considerate, multe dintre ele, ca fiind informaţii mai mult decât degradate, putând fi considerate aşadar, informaţii pierdute).

Enigmele şi misterele se regăsesc însă şi în zona de prezent a timpului, dar amplitudinea acestora (sau dificultatea de a le rezolva) este mai mică.

- Surse de informaţii pentru trecut – în general, sunt:

memoria individuală – amintiri, reprezentări, etc.;

memoria colectivă – tradiţii, ritualuri, etc. ;

documente (scrise, imagini, fotografii, desene, picturi, filme, cărţi, documente audiovizuale – casete audio şi video); date (tabele, hărţi, grafice, etc.);

construcţii - edificii (clădiri, case, structuri arhitecturale, sculpturi, etc.);

produse tehnice; produse sociale, urme astronomice, geologice, paleontologice, arheologice, istorice, ecologice.

- Surse de informaţii pentru viitor :

premoniţii şi aspiraţii personale şi sociale;

observaţii şi perspective asupra evenimentelor;

preziceri;

modele şi scenarii fizice, cosmologice, geologice, ecologice, sociologice, economice...

Toate acestea depind de doi factori:

- capacitatea de detectare, asimilare, procesare şi stocare a informaţiilor;

- conjunctura şi dinamica evenimentelor (dacă există o situaţie conflictuală sau o desfăşurare "explozivă" a evenimentelor).

În general, după cum scria cardinalul de Retz, "... *Sursa cea mai des întâlnită în eşecurile oamenilor constă în faptul că se preocupă prea mult de prezent şi nu se preocupă îndestul de viitor.*" (Cardinalul de Retz – "*Memorii*", vol. II, pag. 203).

Şi de asemeni, tot cardinalul de Retz, mai scria că... "...*nu tot ceea ce e de necrezut este şi fals...*"

(Cardinalul de Retz – "*Memorii*", vol. II, pag. 221).

Note

Sunt de remarcat două aspecte, două probleme:

1. Participarea sau neparticiparea unui subiect cunoscător, a unui observator, a unui individ oarecare, a unui grup de cercetători la desfăşurarea unui proces oarecare, a unei serii de evenimente, are implicaţi importante în cunoaşterea realităţii, respectiv a prezentului şi a trecutului şi în predicţiile asupra viitorului. Dacă un observator este implicat în desfăşurarea evenimentelor, mai mult sau mai puţin, acesta va fi influenţat de către evenimente şi nu va putea avea o imagine de ansamblu asupra realităţii, dar va cunoaşte mai bine realitatea locală – aceea în care este implicat în cadrul desfăşurării seriei de evenimente. Dacă observatorul nu participă la desfăşurarea evenimentelor, se găseşte în afara acestora, atunci observatorul va avea o imagine de ansamblu asupra realităţii, dar nu va cunoaşte decât superficial realitatea locală – nefiind implicat în desfăşurarea   seriei de evenimente din zonă.

Spre exemplu doi oameni care se găsesc în situaţia următoare. Unul participă la operaţiunile de salvare în cazul unei inundaţii, iar celălalt nu participă, observă numai aceste operaţiuni. Cel care participă la aceste operaţiuni (aşadar este implicat în desfăşurarea evenimentelor), va cunoaşte realitatea imediată, nemijlocită, amănunţită din acel loc, dar numai pentru un anumit interval de timp – pentru că este posibil să sufere un accident, să obosească, etc., în vreme ce al doilea om care nu participă la operaţiunile de salvare, observă numai ceea ce se întâmplă, de la început până la sfârşit, va cunoaşte realitatea respectivă, ce-i drept integral, dar numai superficial, el nu va şti nimic despre eforturile celui implicat în operaţiunile respective de salvare...

Este numai un exemplu oarecare, pentru a sugera ideea că există un raport de inversă proporţionalitate între participarea sau neparticiparea unui observator la desfăşurarea unei serii de evenimente şi certitudinea sau incertitudinea informaţiilor rezultate din actul de observare a seriei de evenimente.

Cu cât un observator va fi mai implicat în desfăşurarea unei serii de evenimente,   va cunoaşte mai în profunzime realitatea, dar va fi mai restrânsă aria de cunoaştere   şi dimpotrivă, cu cât va fi mai puţin implicat in desfăşurarea seriei de evenmete, cu atât va cunoaşte realitatea mai superficial, dar va avea o arie mai larga de cunoaştere... *Este de ales aşadar între profunzimea cunoaşterii şi aria de cunoaştere – care poate fi mai largă sau mai restânsă. Ceea ce se pierde prin profunzime se câştigă prin lărgirea ariei de cunoaştere şi invers, ceea ce se câştigă prin profunzime, se pierde prin restrângerea ariei de cunoaştere.*

2. Relativitatea începutului şi sfârşitului unui eveniment sau a unei serii de evenimente sau procese. Începutul sau sfârşitul unui eveniment sau serii de evenimente depind de un referenţial faţă de care se consideră momentele iniţiale şi finale ale evenimentului sau evenimentelor – după caz. În lipsa referenţialului, nu are sens să se considere un început sau un sfârşit al evenimentului. Faţă de cine sau faţă de ce a început sau s-a sfârşit evenimentul ? Faţă de altceva, raportat la altceva... Aşadar, dacă nu stabilesc un reper faţă de care să raportez un început şi un sfârşit al unui eveniment sau al unui lucru oarecare, se poate ajunge la situaţii paradoxale sau lipsite de sens...

În cazul cel mai general, al începutului Universului, acest început pare să nu aibe un sens, pentru că ne putem gândi la un început dar faţă de cine sau faţă de ce se consideră acest început al Universului ? Problema aceasta aparent irezolvabilă se poate totuşi rezolva dacă vom considera că Universul actual face parte dintr-un ansamblu, din alt Univers (Marele Univers) şi se consideră că actualul Univers este (sau reprezintă) numai un fragment din Marele Univers... Atunci se poate afirma că Universul actual are un început şi va avea un sfârşit dacă raportăm aceasta la Marele Univers: a avut un început şi va avea un sfârşit, raportat la Marele Univers.

Această problemă a începutului şi a sfârşitului este fundamentală în previziune dar şi în cunoaşterea istorică – retroviziune, (cunoaşterea trecutului). Aşadar, pentru un observator (sau subiect cunoscător), conectat sau aflat într-un anumit przent, există un trecut cunoscut (retroviziune) şi un trecut necunoscut; există un viitor previzibil şi un viitor imprevizibil.

- În cazul previziunii este important să se stabilească momentul iniţial al previziunii (începutul) şi sfârşitul acesteia şi la fel şi în cazul cunoaşterii trecutului – retroviziunii (de când până când prevăd un lucru sau cunosc un eveniment din trecut). Deoarece trecutul şi sfârşitul sunt relative şi depind de un referenţial, tot astfel, previziunea şi retroviziunea sunt relative şi depind de referenţial.

O altă dependenţă a previziunii şi a retroviziunii este dată de limitarea posibilităţilor de acumulare, de obţinere şi de procesare a informaţiilor, respectiv de certitudinea informaţiilor (respectiv de calitatea surselor de informaţie). Evident că certitudinile maxime (informaţiile maxime) implică previziuni (predicţii) şi respectiv retroviziuni (retrodicţii) maxime. Previziunile se certifică în <u>prezent</u> (<u>într-un... viitor prezent</u>), la fel şi retroviziunile, se certifică... într-un <u>viitor prezent</u> (pentru că numai pe baza cunoaşterii trecutului se pot face previziuni despre viitor, care, mai devreme sau mai târziu, se vor certifica într-un... viitor... prezent; într-adevăr, pentru a obține o informație despre trecut, asta se face în prezentul actual, însă până se va obține informația va trece un timp oarecare, așadar, între momentul în care se face retrodicția adică afirmația despre trecut și certificarea acesteia, trece un timp, aceasta înseamnă de fapt, un prezent viitor !). Spre exemplu, făcând retrodicția că al doilea război mondial a avut loc în secolul XX, afirmația este făcută în prezentul actual – la un anumit moment din prezent... Pentru certificarea acesteia însă, mai trece un timp, până se va dovedi cu o anumită sursă că a avut loc în secolul XX, acest timp însă care trece se afla în viitorul afirmației cum că al doilea război mondial a avut loc în secolul XX, respectiv reprezintă un viitor prezent pentru momentul în care s-a făcut afirmația...

Se poate concluziona că, în general, PREVIZIUNILE se bazează pe cunoștințe din trecut. Previziunea se va certifica într-un prezent viitor, care reprezintă ținta previziunii; există mai multe categorii de prezent: Prezent trecut („a fost cândva prezent”), Prezent actual ("acum”), Prezent viitor ("va fi cândva prezent”); așadar, *previziunile se certifică într-un viitor prezent, ca și retroviziunile*

Raportul dintre timp și informație

S-ar părea că există mai multe aspecte legate de raportul dintre timp și informație:

– proporționalitatea timp-informație (cu cât crește cantitatea de informație care trebuie procesată de către un individ oarecare, cu atât percepția „curgerii” timpului se acelerează și chiar se acelerează atât de mult încât poate crea iluzia că timpul nu mai există);

- degradarea selectivă a informației și revenirea informației pierdute (pe de o parte, odată cu trecerea timpului, informația pare că se depreciază, pierde din capacitatea de influență și chiar se poate degrada atât de mult încât s-ar părea că nu mai există, dar, pe de altă parte, orice informație care poate părea pierdută, după trecere unui interval de timp lung, poate să reapară în alte conjuncturi – niciodată o informație nu va dispărea cu adevărat, poate numai să treacă într-o stare potențială (după care poate să revină la starea reală);

- o anumită formă de informație – numită și informație esențială – poate să influențeze timpul însuși, după cum, reciproc, timpul poate să infuențeze informația esențială...

Aceste sunt unele constatări care rezultă dintr-un anumit tip de analiză, numită analiză ficțională, o analiză specială, de fapt o combinație între deducție, experiment mental și intuiție... Nu este necesar ca aceste afirmații să fie acceptate, respinse sau ignorate, deoarece sunt în primul rând niște sugestii, niște speculații, care pot ajuta la o înțelegere mai bună a timpului...

Concluzii

O primă orientare și adaptare la mediu a unui individ conștient, este asigurată de către principiile gândirii.

Între conștiință și timp există raporturi specifice. Conștiința operează cu probabilități.

Prezentul reprezintă pentru un individ conștient, certitudinea maximă, iar viitorul și trecutul sunt surse de incertitudine. Adaptarea se poate realiza numai în prezent și în viitorul apropiat. Pentru viitorul îndepărtat, adaptarea nu are loc, iar în cazul trecutului îndepărtat, adaptarea este inadecvată (altfel spus, nu are sens să se vorbească despre adaptare în cazul unui viitor îndepărtat sau în cazul unui trecut îndepărtat)...

3. *Cunoașterea este o problemă de supraviețuire... Ființele conștiente trebuie să aleagă între cunoaștere și dispariție !... Cunoașterea înseamnă viață, iar ignoranța înseamnă distrugere !... Cale de mijloc nu există !...*

1.4. INDICII PRIVIND COMUNICAREA TEMPORALĂ

Există o serie de enigme care trezesc uimire celor ce află de ele...

* Cum ar fi, civilizațiile pierdute: Lemuria, Atlantida, Sumer, Egipt... S-ar părea că aceste civilizații aveau unele cunoștințe foarte avansate. Cum au ajuns să aibe astfel de cunoștințe ? Aceste cunoștințe se obțin, după cum se știe, în urma cercetărilor efectuate în diverse laboratoare, în care există tot felul de aparate, mașini și instalații complexe... Unii oameni afirmă că a existat un contact cu civilizații extraterestre avansate științific și tehnologic care ar fi contribuit la dezvoltarea acelor civilizații... pierdute... Dacă ar fi așa, mă pot întreba... de ce le-au lăsat să piară ? Nu mă mulțumește câtuși de puțin eventualul răspuns că... nu se poate ști ce intenții au avut acele civilizații extraterestre și prin urmare ce plan au avut în legătură cu civilizațiile pierdute; unii ar putea chiar să afirme că... poate că asta au și intenționat, și anume ca, după ce le-au ajutat să se dezvolte, să le lasă să dispară. Totuși, îmi permit să mă mai gândesc la o altă ipoteză... Ce-ar fi dacă acele civilizații au realizat un transfer de informații (o comunicare în timp) cu un grup de cercetători, situați cândva în VIITOR, când cunoașterea științifică și dezvoltarea tehnologică era deosebită... De ce nu ?...

Așadar, acesta ar fi un prim indiciu.

* Un alt indiciu... Comunicarea cu spiritele... În secolele XIX și XX , în special, existau oameni care se ocupau cu contactarea în diverse moduri a spiritelor !... Spiritele sau sufletele morților, afirmau acei oameni, puteau să transmită anumite mesaje...

Într-o anumită măsură, este un exemplu de comunicare în timp (respectiv este o comunicare cu o persoană aflată în trecutul altei persoane).

* Un alt indiciu... Profețiile... În decursul timpului, din antichitate și chiar până în zilele noastre, tentația de a afla ce se va întâmpla în viitor, a fost irezistibilă !   Au existat și există multe procedee în acest sens. De fapt este și aici vorba de o comunicare în timp (un fel de telepatie în timp) ! De altfel, trebuie spus, în treacăt, că atât comunicarea cu spiritele cât și profețiile erau (și sunt încă, de fapt), câteva dintre caracteristicile de bază ale societăților secrete !

* Un alt indiciu – presentimentele. G.W.F. Hegel, în „Filozofia spiritului" (partea a treia din „Enciclopedia științelor filozofice) (Editura Academiei RSR, 1966, trad. Constantin Floru) consemnează următoarele:

„*Astfel, există oameni pe care presimțirea prăbușirii unei case sau a unui tavan – prăbușire întâmplată cu adevărat după aceea – i-a trezit și i-a făcut să-și părăsească camera sau casa. Tot astfel se crede că pescarii sunt cuprinși uneori de presentimentul infailibil al unei furtuni, de care conștiința intelectuală nu are încă nici un indiciu. Se mai afirmă de asemenea că mulți oameni și-au prezis ceasul morții. Cu deosebire pe platourile Scoției, în Olanda și în Westfalia, se întâlnesc cazuri dese de presimțire a viitorului. Mai cu seamă la locuitorii din munții Scoției, facultatea unei așa-zise a doua vederi (second sight) nu este nici astăzi ceva rar. Persoane înzestrate cu această facultate se văd pe sine dublu, se zăresc în raporturi și stări în care ele se vor afla abia mai tîrziu.*" (Pag. 149)

Faptul că astfel de persoane „se văd pe sine dublu" sugerează de fapt o comunicare temporală „cu sine însuși" – un individ transferă informaţii din viitorul său către trecutul său şi invers...

* Un alt indiciu. Unele aşa-zise boli psihice... Este vorba de posedare şi de personalităţile multiple... În literatura psihiatrică sunt cunoscute cazurile în care diverse persoane trec brusc de la un comportament la altul, de la un tip de personalitate la alta... Sunt cunoscute cazurile de "posedare de diavol" care impun exorcizările (adică nişte ritualuri religioase prin care se încearcă eliminarea personlităţii străine sau "invadatoare"). Cu toate acestea, ce-ar fi dacă acea "personalitate invadatoare", ar fi de fapt... cineva din trecut sau din viitor care vrea să comunice un mesaj sau care vrea să influenţeze cumva ?...

* Un alt indiciu. Reîncarnarea... Karma... Sunt cercetători care încearcă   să demonstreze că reîncarnarea există. Spre exemplu, o modalitate de a demonstra aceasta este hipnoza. O anumită persoană este hipnotizată, intră aşadar în ceea ce se numeşte "transă hipnotică" şi, la îndemnul hipnotizatorului, povesteşte despre tot felul de întâmplări sau descrie tot felul de locuri, pretinzând că ar fi trăit cândva, în trecut. Ulterior, verificându-se afirmaţiile persoanei respective, se constată unele similitudini între acele afirmaţii şi realitate ! Un alt argument ar fi acela că sunt unii copii care povestesc despre întâmplări şi locuri despre care nu aveau de unde să ştie altfel decât dacă ar mai fi trăit cândva, în acele locuri şi în acele epoci... De fapt pot presupune că există un fel de contact telepatic realizat în timp (nu numai în spaţiu) !... Pot presupune aşadar că există o comunicare temporală preferenţială între anumiţi indivizi aflaţi în epoci diferite !... Această comunicare temporală dă numai iluzia că este vorba de... reîncarnare !...

* Un alt indiciu. Vindecările miraculoase. Sunt diverse cazuri descrise în literatura parapsihologică... Spre exemplu, unii oameni care urmau să moară datorită unor boli fără leac, totuşi s-au vindecat, aparent miraculos ! Ce-ar fi dacă vindecarea   s-a produs datorită unor procedee cunoscute de către medicii aflaţi undeva   în viitor şi care, într-un anume fel şi datorită unor anumite cauze, au reuşit să îi vindece pe acei oameni ?

Aşadar, sunt anumite indicii care par să arate că există o comunicare şi o influenţă în timp... Pe scurt, aceste indicii sunt următoarele: cunoştinţele străvechi ale civilizaţiilor pierdute; comunicarea cu spiritele; profeţiile; posedările şi personalităţile multiple; reîncarnarea; vindecările miraculoase.

La acestea se mai pot adăuga și anumite indicii, cum ar fi:

* Déjà vu, care înseamnă în limba franceză "deja văzut". Déjà vu-ul reprezintă un sentiment ciudat sau iluzia că am văzut sau trăit deja o experiență cu care ne întâlnim pentru prima dată, (http://old.intrebare.ro/Deja_vu.html).

Cred că este de fapt un contact telepatic în timp, între o persoană din prezent   și una din trecut; adică cineva pretinde că a mai văzut, spre exemplu, o priveliște,   pe care, de fapt nu a mai văzut-o... A fost impresionat de acea priveliște și a emis un mesaj în spațiu, dar și în timp... Apoi, altcineva aflându-se întâmplător în acel loc,   a perceput imaginea și are impresia că a mai văzut așa ceva... De fapt, nu a făcut altceva decât să recepteze un mesaj emis de cineva din trecut...

* Poltergeist - un **poltergeist** este un fenomen paranormal care constă în evenimente care fac aluzie la manifestarea unei entități imperceptibile; de obicei,   o astfel de manifestare include obiecte neînsuflețite în mișcare sau lucruri aruncate, diverse zgomote (bătăi, lovituri) și, în unele ocazii, atacuri fizice asupra martorilor acestor evenimente, (http://ro.wikipedia.org/wiki/Poltergeist).

Cred că poltergeist reprezintă, de fapt, un transfer de energie realizat în momentele   în care are loc comunicarea în timp.

* Fantomele - înseamnă manifestările spiritului sau sufletului unei persoane decedate, (http://ro.wikipedia.org/wiki/Paranormal).

Cred că "Fantoma" reprezinta de fapt, o modalitate de comunicare în timp, realizată prin dedublare astrală.

* **"Dedublarea astrală** (sau **călătoria astrală**) este un subiect legat de Ezoterism și Paranormal - este o experiență extracorporală obținută fie în starea de veghe, fie prin visare lucidă sau prin meditație profundă. Conceptul de **Dedublare astrală** presupune existența unui alt corp, separat de corpul fizic, capabil să călătorească în planuri nefizice ale existenței. De obicei aceste planuri sunt denumite *Astral*, *Eteric*, sau *Spiritual*."

(http://ro.wikipedia.org/wiki/Dedublare_astral%C4%83)

* Arhiva Akashikă sau înregistrările Akashice - de fapt această "arhivă" înseamnă toate conștiințele și percepțiile care au existat, există sau vor exista... Mai exact...

* **"Înregistrările Akashice** (Cuvântul akasha în sanscrită înseamnă "cer", "spațiu" sau "Aether") este un termen folosit de

autorii esoterişti în <u>teosofie</u>   (şi <u>Antropozofie</u>) pentru a descrie un compendium de cunoştinţe <u>mistice</u> codificat în planurile existenţiale non-fizice. Aceste înregistrări conţin toată <u>cunoaşterea</u> întregii experienţe umane cât şi <u>istoria</u> cosmosului."
(http://ro.wikipedia.org/wiki/%C3%8Enregistr%C4%83rile_akashice)

Existenţa acestor înregistrări, arată, după opinia mea, că există nu numai posibilitatea comunicării în timp, dar indică faptul că această comunicare chiar există în mod real - fiecare individ poate comunica în spaţiu şi timp cu oricare om care a exitat, există sau va exista în lumea asta şi nu numai, asta ar înseamna de fapt... cunoaşterea întregii experienţe omeneşti !

Unii oameni se întreabă: dar unde se află... Arhiva Akashikă ? Ei bine, este foarte posibil ca aceasta să existe în... minţile, în conştientul şi mai ales în subconştientul tuturor oamenilor care au trăit, trăiesc sau care vor trăi în lumea aceasta... Arhiva Akashikă ar mai putea exista şi în conştiinţele tuturor fiinţelor din acest Univers   şi poate din alte Universuri... Este posibil ca un om cu o personalitate puternică să "intre" în conştiinţele altor oameni din epoci diferite, să vadă cu... ochii lor, să simtă împreună cu ei, să ştie ce ştiu ei... Ar putea comunica în ultimă instanţă cu orice fiinţă conştientă din Univers şi poate afla orice doreşte... Dar, oricât de puternică ar fi personalitatea omului, chiar şi pentru acesta, comunicarea în timp şi spaţiu nu este deloc simplă, dimpotrivă...

NOTE

-*Perspectiva timpului şi comunicarea.*
În general, când timpul <u>nu mai este perceput</u> (în diverse situaţii - reverie, relaxare, somn, etc.), poate avea loc comunicarea în timp, care, în general, este... inconştientă.

Cu alte cuvinte, comunicarea în timp are loc, de cele mai multe ori, după cum se pare, la nivelul subconştientului !

- Despre prevestiri - comunicarea interregn
Spre exemplu - sunt unii oameni care prevestec tot felul de calamităţi, chiar sfârşitul lumii... Poate chiar au văzut astfel de calamităţi prin ochii unor oameni care chiar au fost de faţă la acele catastrofe (altfel spus, au fost de fapt în contact telepatic prin timp cu aceştia şi deci au văzut cu ochii lor şi au simţit ceea ce s-a întâmplat atunci)... Este posibil ca unii oameni să fi intrat în contact telepatic complex, adică un fel de comunicare specială, o

comunicare numită... interregn, să zicem că au "comunicat" cu... unele reptile preistorice, care viețuiau atunci când aveau loc acele evenimente care au condus la dispariția dinozaurilor... Pare absurd, dar poate că nu este imposibil... În fond toate formele de viață pot comunica într-un anume fel unele cu altele, în spațiu și timp... Cine știe ?

- Despre influența în timp și comunicarea transdimensională

În sfârșit, ar mai fi de semnalat două probleme: problema influenței în timp   (orice comunicare poate avea ca rezultat modificarea personalității celor care comunică; mai trebuie spus că orice comunicare poate fi însoțită de o transmitere de energie care poate avea diverse urmări) și problema comunicării transdimesionale (s-ar putea să existe și un fel de comunicare între ființele care se găsesc în diferite dimensiuni ale spațiului sau în diferite Universuri; aceasta este însă o problemă deosebit de dificilă, care așteaptă să fie rezolvată...).

- Diferența de complexitate și comunicarea în timp

Este oare posibilă o comunicare temporală între un om din antichitate, un sclav să zicem, care în gerneral poate fi considerat ca fiind un om simplu, puțin instruit, care înțelege lumea superficial și un om din secolul XXX să spunem, care poate fi presupus ca fiind foarte inteligent, foarte cult ? Există așadar o diferență de complexitate între cei doi oameni, care poate împiedica o comunicare temporală... Și totuși, această comunicare poate avea loc ! Omul din secolul XXX îl poate instrui pe omul din antichitate, cu care apoi poate iniția o anumită formă de comunicare...

- Obiectele Zburătoare Neidentificate și comunicarea temporală

Obiectele Zburătoare Neidentificate au fost considerate ca fiind nave ale unor civilizații care vizitează sau explorează planeta Pământ, fie ca nave proveninte din alte dimensiuni ale Universului, fie ca fenomene paranormale, fie ca manifestări ale unei inteligențe formidabile (inteligențe ale unor ființe care chiar există pe planeta Pământ, fie din alte regfiuni ale Universului)... Ei bine, mă pot întreba, poate exista o legătură între acestea și... comunicarea temporală ? Orice ar fi aceste Obiecte Zburătoare Neidentificate, mi se pare plauzibil ca acestea să favorizeze comunicarea temporală între diferite ființe din epoci diferite... Este esențial să existe diverse forme de transmitere sau de transfer de informații între ființe, iar transmiterea sau transferul de informație poate avea loc nu numai în spațiu ci și în timp, pentru a se asigura, printre altele, o anumită coerență și o anumită stabilitate a unor evenimente sau procese... Este de presupus că ființele care ocupă Obiectele Zburătoare Neidentificate sunt, probabil, niște ființe foarte complexe, foarte inteligente, foarte creative, posedând capacități paranormale deosebite...

*

Este comunicarea temporală o necesitate în evoluția omenirii ? Cred că da, întrucât comunicarea temporală, înseamnă, de fapt, un flux informațional din trecut spre prezent DAR ȘI INVERS, precum și un flux informațional din prezent către viitor, DAR ȘI INVERS, ceea ce implică, în ultimă instanță, supraviețuirea omenirii !

Pe scurt, așadar, comunicarea temporală este necesară întrucât este determinată   de SUPRAVIEȚUIREA OMENIRII în spațiu și timp !...

1.5. EXEMPLE REFERITOARE LA COMUNICAREA TEMPORALĂ

Iată câteva exemple referitoare la comunicarea temporală...

a) Descrierea aproape exactă a scufundării Titanicului.
[Citat din cartea *"Coincidență sau hazard ? Mic tratat de mare destin"* – Martin Plimmer, Brian King, Editura Nemira, București, 2010, traducere - Adriana Bădescu, pag. 260-264].
<< *Povestirea "Epava Titanului sau Inutilitate", scrisă de americanul Morgan Robertson în anul 1898 în care sunt descrise faptele reale ale scufundării Titanicului, paisprezece ani mai târziu, în 1912. Luna scufundării, numărul pasagerilor și al membrilor echipajului, numărul bărcilor de salvare, tonajul vasului, lungimea și chiar viteza din momentul impactului cu aisbergul sunt aproape identice. "* >>
"În seara de duminică, 14 aprilie 1912, la paisprezece ani după publicarea nuvelei lui Morgan Robertson, pachebotul RMS Titanic, declarat "practic de nescufundat" de către proprietarii săi, Compania White Star, s-a ciocnit de un aisberg, chila fiindu-i perforată sub nivelul apei. Dintre cele două mii două sute de persoane, aflate la bord, numai șapte sute cinci, în principal femei și copii, au putut fi salvate."
Și totuși, dacă ar fi și așa: dacă Morgan Robertson a reușit, într-un fel oarecare (rămâne de văzut), să intre în contact telepatic (a fost de fapt o... comunicare temporală) cu CINEVA, de la care a aflat amănunte despre scufundarea Titanicului, pe care le-a descris apoi în nuvelă ?... Împrejurările în care a avut loc comunicarea temporală nu le pot ști, însă după cum se pare această... convorbire a avut loc totuși... Detaliile sunt prea evidente pentru a considera că întreaga poveste a fost numai o simplă coincidență... De altfel, se pare că și

alte coincidenţe nu pot fi explicate decât presupunând că au avut loc comunicări temporale, între oameni aflaţi în diverse epoci istorice !...

Dar nu a fost singura premonţie referitoare la acest eveniment tragic...

„Alt roman premonitor al tragediei, intitulat „Atlantis" şi semnat de Gerhart Hauptmann, susese publicat cu câteva săptămâni înainte de catastrofă, într-o revistă germană. La fel şi aici fusese descris cu lux de amănunte naufragiul unui vas de pasageri în apele Atlanticului, în urma ciocnirii cu un aisberg."

(Citat din „Enciclopledia enigmelor istoriei", Editura Roossa, Trad. din limba rusă Elena Vizir, 2013)

Este posibil ca şi în acest caz să fi fost vorba de o comunicare temporală... Când s-au produs anumite evenimente – în special evenimente tragice deosebite - la care au participat diverşi oameni, aceştia pot emite în spaţiu dar şi în timp, „gânduri", „trăiri", „viziuni", independent de voinţa lor, şi care pot fi apoi recepţionate de alţi oameni aflaţi în viitor, dar şi în trecut !... Unii dintre aceşti oameni care recepţionează astfel de emisii, pot să nu înţeleagă că acestea au fost de fapt transmise de diverse persoane aflate cândva în timp şi să le interpreteze ca fiind simple fantezii... Ulterior, când evenimentul s-a produs, aceste gânduri, viziuni sau trăiri, apar ca fiind nişte coincidenţe uluitoare... Există, însă şi unele persoane care chiar pot avea viziuni din viitor sau din trecut şi care, este posibil, să aibă acces la o dimensiune superioară a Universului (dimensiune a cincea)...

b) Arhetipurile. În cartea lui C. G. Jung, *"În lumea arhetipurilor"* , (Editura Jurnalul Literar, Bucureşti, 1994, traducere - Vasile Dem. Zamfirescu), se arată (pag. 22):

"Inconştientul colectiv nu se formează pe parcursul vieţii individului, ci este moştenit. El constă din forme preexistente - arhetipurile – care pot deveni conştiente doar în mod nemijlocit şi conferă conţinuturilor conştiinţei o formă bine determinată."

În definitiv, pot să consider că arhetipurile reprezintă modalităţi de manifestare ale comunicării temporale. Într-adevăr, existenţa unor forme preexistente, a unor puncte comune sau a unor forme comune de expresie între oamenii din diverse epoci istorice (ceea ce înseamnă de fapt arhetipul), face ca orice comunicare temporală să fie facilitată... Arhetipul reprezintă în ultimă instanţă, un element comun, ceva comun pentru diverşi oameni răspândiţi în timp, care înlesneşte comunicarea temporală dintre aceştia... Aşadar, existenţa arhetipurilor, ar putea implica şi existenţa comunicării temporale...

c) *Cartea lui Enoh*. Cred că cel puţin o parte din această operă a fost scrisă ca urmare a unor comunicări temporale... Iată un fragment (*"Cartea lui Enoch "*, traducere - Al. Anghel, Editura Herald, Bucureşti, 2010, pag. 135):

"2. Şi toate acestea mi le-a arătat Uriel, îngerul cel sfânt, care este conducătorul lor, mi-a arătat poziţiile lor, şi eu am scris poziţiile lor aşa cum mi le-a arătat, am scris lunile lor aşa cum erau, şi înfăţişarea luminii lor până la încheierea celor cincisprezece zile."

Uriel, îngerul cel sfânt, cred că era CINEVA (o persoană anumită), aflată undeva, în viitorul lui Enoh, care îi transmitea acestuia, tot felul de informaţii. Ce urmărea acesa persoană, aflată în viitorul lui Enoh ?

(În acest context, îmi permit să denumesc acea persoană, "comunicator temporal").

Cu ce scop, aşadar, îi transmitea cunoştiinţele respective lui Enoh ? Este greu de răspuns... Probabil că era, în ultimă instanţă, un experiment temporal, realizat într-unul dintre laboratoarele secrete ale vreunei organizaţii oarecare... De ce nu ?

d) *Previziunile lui Nostradamus*. Şi aceste previziuni (sau cel puţin o parte dintre ele), au fost făcute în cadrul unor contacte temporale realizate între... Nostradamus şi CINEVA din viitorul lui Nostradamus...

Iată un fragment (citat din cartea *"Nostradamus – profeţiile complete 2001 – 2105"* – Mario Reading, Editura Litera Internaţional, Bucureşti, 2008, traducere - Raluca Puşdercă, pag. 14, 15):

"Cutremurător, un foc din centrul pământului
Va zgudui turnurile Noului Oraş
Mult timp două mari stânci se vor ciocni
Până izvoarele arethusiene vor înroşi iar fluviile."
"REZUMAT
În urma atacurilor asupra Turnurilor Gemene din New York (11 septembrie 2001), în care combustibilul de aviaţie este principalul component, a izbucnit un lung război între Creştinătate şi Islam. "

Este posibil ca Nostradamus să fi perceput mesajele de disperare,

transmise   în spațiu, DAR ȘI ÎN TIMP, de către unii dintre cei
care se găseau la fața locului...   A descris ceea ce a văzut prin
ochii altora, dar aflați undeva în viitor, cu câteva secole după el...

e) Comunicarea cu spiritele morților. O parte dintre așa-numitele
"convorbiri cu spiritele morților", cred că sunt de fapt, comunicări
temporale... "Comunicarea" are loc de cele mai multe ori cu
"subconștientul" celui care a fost cândva în viață, dar la momentul
când se realiza convorbirea era mort... Are loc, în definitiv, o
comunicare temporală, între două sau mai multe persoane aflate în
două epoci istorice diferite... Sper că am fost destul de clar. Iată un
exemplu din cartea *"Enciclopedia Paranormalului – o cercetare asupra
forțelor inexplicabile care ne influențează lumea"* – Rupert Matthews
(coordonator), Editura Corint, 2009, traducere - Simona Chișvasi,
pag. 11):

"Experiența lui Jill [Jill Nash, fiind o persoană dotată cu capacități
paranormale] *a convins-o că morții rămân aceleași persoane care erau și pe
lumea asta și își amintește o întâmplare cu fantoma tatălui său, care i-a arătat că
el nu își pierduse simțul umorului nici după moarte."*

Este și normal să fie așa – contactul s-a <u>realizat în timp</u>, este
vorba de același om aflat cândva în viață... Cu acest om aflat <u>cândva
în viață</u>, (cu subconștientul acelui om) s-a realizat contactul !... A fost,
mi se pare evident, o comunicare temporală !

f) Vindecările miraculoase. Cred că o parte dintre "vindecările
miraculoase" (așadar acele vindecări care sunt... "inexplicabile") sunt
datorate de fapt, unui transfer   de informații realizate între
oameni aflați undeva, cândva, în anumite epoci istorice...   O
persoană suferindă, primește informații care nu erau disponibile în
epoca în care se află, de la cineva aflat în viitorul său, care dispunea
de <u>acele informații</u>.

Iată un exemplu din cartea "Miracolele existenței umane" – John
Vallett,   (Editura Bogdana, București, 2005, traducere - Nicolae
Constantinescu, pag. 153).

*"David avea atunci optsprezece luni. Capul său, părea greu, îi dezechilibra
tot trupul. Dormea foarte puțin și vărsa tot ce mânca... Mama lui, Martine
Fontaine și soțul ei, Guy, au auzit de un medium celebru, Ian Borts... care era
capabil, în stare de transă profundă, să comunice cu "entități dezîntrupate" sau*

"purtători de cuvânt"... *care efectuau o "lectură" a cazului şi indicau remedii. În cazul lui David, aceşti "purtători de cuvânt" au descoperit o slăbiciune majoră a structurii genetice...*

Ei au indicat părinţilor un tratament lung şi foarte exigent pentru evitarea recurgerii la chirurgie. Acest tratament a fost făcut şi s-a dovedit eficace..."

"Este evident că tânărul medium, care nu avea mai mult de douăzeci de ani, nu avea cunoştinţe medicale suficiente pentru diagnosticarea precisă şi detaliată a unei maladii atât de grave şi nici pentru a indica un tratament... Într-o stare de autohipnoză cât se poate de surprinzătoare... el părea să acceseze nişte informaţii de care nu avea habar în stare normală. De unde avea această capacitate surprinzătoare ?"

Mi se pare evident că acele cunoştinţe proveneau de la CINEVA, un medic poate, aflat undeva, cândva, în viitor, când existau acele... cunoştinţe...

g) Marea Piramidă. Oricât ar părea de straniu, cred că Marea Piramidă din Egipt a fost construită cu ajutorul... cunoştinţelor tehnice şi ştiinţifice transmise... prin timp de nişte savanţi, situaţi cândva în timp, poate prin anii... 3000 sau 4000, sau poate mai mult şi transmise aşadar altor oameni (poate unor preoţi egipteni)...

Pare naiv ? Pare ciudat ? Pare incredibil ? Poate că nu... Poate că este chiar realitatea însăşi !...

Iată un citat din cartea *" Enigme ale civilizaţiilor pierdute"* (Daniel Schmidt, Editura Prietenii cărţii, Bucureşti, 1996).

"Având o înălţime de 160 de metri, adică identică cu a unui zgârie-nori de 40 de etaje, Piramida Mare are la baza ei o suprafaţă de cinci hectare. La construcţia ei s-au folosit două milioane două sute cincizeci de mii de blocuri de piatră, fiecare având între două până la douăsprezece tone. Acestea au trebuit să fie transportate de la o distanţă de cel puţin 100 km. Aceasta este estimarea exactă pe care specialiştii au reuşit să o facă, fără să demonteze piatră cu piatră piramida." (Pag. 45).

"Într-un fel sau altul, constructorii ei au ştiut că pământul era rotund, dar turtit la cei doi poli. Ştiau, de asemenea, că se rotea în jurul axei proprii — înclinată la 23,5 grade în raport cu orbita descrisă — dând astfel naştere zilei şi nopţii şi că acel grad de înclinare se află la originea anotimpurilor. Cunoşteau faptul că pământul se învârtea în jurul Soarelui în 365 / 366 de zile. Toate aceste date au fost folosite în orientarea şi amplasarea piramidei." (Pag. 53, 54).

Ei bine, dacă egiptenii dispuneau într-adevăr de aceste cunoştinţe, ar trebui să se răspundă la mai multe întrebări, cum ar fi:

De ce au dispărut acele cunoștințe ? Cum și unde au dispărut laboratoarele sau atelierele necesare pentru prelucrarea materialelor sau pentru diverse încercări în ceea ce privește rezistența materialelor, sau unde au dispărut, spre exemplu, mașinile și schelele utilizate ? Cum au fost efectuate calculele necesare pentru dimensionarea și amplasarea piramidei, precum și calculele privind rezistența materialelor utilizate ? Cum s-a asigurat coordonarea, securitatea, igiena și alimentația mulțimii de muncitori, soldați, preoți ? Care au fost tehnicile de comunicare în procesul acesta complex care include: concepția tehnică – realizarea practică – coordonarea muncitorilor – diverse incidente (care apar inevitabil în orice construcție) ?

Chiar să nu fi rămas nimic ? De ce cunoștințele respective nu au fost transmise generațiilor viitoare ? Nici măcar o infimă urmă să nu fi rămas ?...

Opinia mea este că Marea Piramidă a fost concepută de cate CINEVA (poate un grup de savanți) din VIITOR, având un ANUMIT SCOP.

Modul de construcție, calculele, procedeele tehnice, etc. au fost transmise într-un anumit mod (prin comunicare temporală), unor indivizi (poate că au fost transmise unor preoți, deosebit de inteligenți, poate înzestrați cu unele capacități paranormale deosebite) care au început apoi să construiască Marea Piramidă, folosind desigur toate resursele umane și materiale disponibile la acea vreme... Poate că au fost și... călătorii în timp...

Este o posibilitate care nu trebuie neglijată...

Dar nu numai Marea Piramidă ar fi putut fi construită datorită unui transfer de informații provenite din viitor ci și alte realizări antice aflate pe toate continenentele, cum ar fi spre exemplu complexul piramidal din Mexic, complexul piramidal din Guatemala, piramidele din China, din Europa... Și alte construcții preistorice, cum ar fi ansamblul de la Stonehenge, terasa de la Baalbek sau contrucțiile de la Puma Punku, cred că au fost realizate în urma unor contacte temporale...

*

Alte exemple:

* Un fragment din *"Povestea lui Ghilgameș"*, mă face să cred că a existat o comunicare temporală (și poate chiar mai mult decât

atât), demult, cândva...   Iată un fragment din capitolul "Potopul trimis de zei nimiceşte omenirea"

(text preluat din cartea "Tăbliţele de argilă – scrieri din orientul antic", traducere - Constantin Daniel, Ion Acsan, Biblioteca Pentru Toţi, 1981, Editura Minerva, Bucureşti, pag. 114, 115):

În zilele acelea, lumea mişuna, poporul se înmulţea peste măsură, mugind ca un taur sălbatec, iar marele zeu era mâniat din pricina zarvei. Enlil a auzit larma şi a glăsuit către zeii adunaţi la sfat:

"Hărmălaia omenirii a devenit de neîndurat şi nu mă mai cuprinde somnul din pricina harababurii."

Astfel inima i-a îmboldit pe zei să dea drumul Potopului, dar stăpânul meu **Ea** *m-a înştiinţat din vreme printr-un vis.*

Care a fost mesajul transmis ? Iată:

"Omule din Şurrupak, fiu al Ubara-Tutu, dărâmă-ţi casa ta şi clădeşte o corabie; părăseşte averile şi ai grijă de viaţa ta, dispreţuieşte bogăţiile lumeşti şi mântuieşte-te pe tine doar ! Dărâmă-ţi casa, aşa cum îţi spun eu, şi întocmeşte-ţi o corabie.

Aici ai măsurile corăbiei, cum trebuie să o făureşti; lungimea ei să fie deopotrivă cu lărgimea ei, puntea ei să fie acoperită ca bolta ce acoperă adâncimile, apoi ia în corabie sămânţă din toată făptura vie !"

Cred că este o comunicare temporală.   Mai bine zis, este o influenţă temporală certă – o intervenţie în trecut ! Da, cred că POTOPUL a fost un eveniment major, declanşat de fiinţe din viitor, un eveniment care a modificat istoria omenirii – sau altfel spus vechea istorie a fost înlocuită cu o altă istorie... Cum a arătat... istoria nemodificată ? Va trebui să cercetăm...

* Mărturisesc că această parte din Biblie, denumită ECLESIASTUL m-a fascinat întotdeauna... De fapt, chiar înainte să citesc acest text din Biblie am fost şi eu convins de... deşertăciunea tuturor lucrurilor... Apoi, după ce am citit şi am recitit textul, am fost tot mai convins de adevărul exprimat prin acele cuvinte... Iată...

(Citate din cartea "BIBLIA SAU SFÂNTA SCRIPTURĂ A VECHIULUI ŞI NOULUI TESTAMENT CU TRIMETERI, SOCIETATEA BIBLICĂ, 1990, pag. 669-677)

"1.9. Ce a fost, va mai fi, şi ce s-a făcut, se va mai face; nu este nimic nou supt soare."

Într-adevăr, numai cineva care a comunicat cu mulţi oameni aflaţi în epoci diferite, a putut să înţeleagă atât de bine efectele trecerii timpului... De unde ar fi putut şti cel ce îşi zice Eclesiastul că... nimic nu este nou sub soare, dacă nu ar fi comunicat cu unii indivizi din trecut şi din viitor ?

"1.10. Dacă este vreun lucru despre care s-ar putea spune: "Iată ceva nou !"
de mult lucrul acela era şi în veacurile dinaintea noastră."

Dar... de unde, de la cine ştia Eclesiastul că... *"lucrul era şi în veacurile dinaintea noastră"* ? (Tocmai în acele vremuri când nu se putea vorbi de... cercetare istorică !)

Dacă cineva ar fi comunicat cu mulţi oameni din trecut, (ar fi văzut cu ochii altora, ar fi auzit cu urechile altora, ar fi simţit cu... sufletul altora - altora înseamnă aceia care au trăit odată, cândva), ei bine atunci ar fi ajuns, fără îndoială, la o concluzie foarte asemănătoare cu cele scrise de Eclesiast !...

Iată o altă constatare a aceluia care a fost denumit Eclesiastul... Nimeni nu simte nici când se formează o LUME POSIBILĂ, nici când are loc trecerea de la LUMEA REALĂ la LUMEA POSIBILĂ ! Altfel spus, când o LUME POSIBILĂ devine o nouă REALITATE pentru un individ oarecare, această trecere de la LUMEA POSIBILĂ la LUMEA REALĂ, nu este detectată de acel individ !... Eclesiastul a surprins foarte bine acest aspect:

"1.11. Nimeni nu-şi mai aduce aminte de ce a fost mai înainte; şi ce va mai fi, ce se va întâmpla mai pe urmă nu va lăsa nici o urmă de aducere aminte la cei ce vor trăi mai târziu."

Mai sunt două observaţii corecte ale Eclesiastului, în legătură cu comunicarea temporală.

* Prima observaţie.
" 3.1.Toate îşi au vremea lor, şi fiecare lucru de supt ceruri îşi are ceasul lui.
3.2. Naşterea îşi are vremea ei, şi moartea îşi are vremea ei; săditul îşi are vremea lui, şi smulgerea celor sădite îşi are vremea ei."
"... 3.6. Căutarea îşi are vremea ei, şi perderea îşi are vremea ei; păstrarea îşi are vremea ei, şi lepădarea îşi are vremea ei..."

Aşa este, după cum se pare, un anumit tip de contact temporal poate avea loc numai la un moment dat, într-un anumit context (în general, nu are loc întâmplător, aşadar, nu are loc oricum, oricând, oriunde şi nu poate dura oricât - *"orice lucru la vremea lui "*, spune Eclesiastul...); chiar comunicările temporale aparent spontane, nu au loc decât după a anumită procedură... Comunicările temporale se desfăşoară între două extreme, rezultatele fiind corespunzătoare: pot exista comunicări temporale haotice – rezultatul fiind ceva nedefinit, un fel de zgomot şi comunicări temporale complexe – rezultatul fiind, dimpotrivă, ceva bine definit...

După cum se pare, în general, un contact temporal se produce atunci când, cei care comunică se găsesc într-o anumită stare (reverie, relaxare, calm, somn, transă, stres, agonie...).

Situaţiile obişnuite – activitatea rutinieră, distracţiile, discuţiile şi multe alte activităţi de acest gen **nu** sunt favorabile unor comunicări temporale, sunt însă favorabile unor comunicări spaţiale...

* <u>A doua observaţie.</u>

"3.14. Am ajuns la cunoştinţa că tot ce face Dumnezeu dăinuieşte în veci, şi la ceea ce face EL nu mai este nimic de adăugat şi nimic de scăzut, şi că Dumnezeu face aşa pentru ca lumea să se teamă de EL."

Comunicarea temporală poate avea loc tocmai pentru că <u>oamenii din trecut</u> dăinuiesc în veci, ca şi cei din viitor; toţi oamenii, toate lucrurile continuă să existe PENTRU TIMPUL ŞI PENTRU SPAŢIUL LOR şi deci continuând să existe (cândva, undeva) pot comunica, se pot exprima, aceasta fiind de altfel foarte bine arătat de către acela care s-a numit... Eclesiastul:

"3.15. Ce este, a mai fost, şi ce va fi, a mai fost; şi Dumnezeu aduce iarăş înapoi ce a trecut."

Cum poate fi exprimat mai clar şi mai corect această idee de comunicare temporală ?

În sfârşit, Eclesiastul a mai observat ceva şi anume că această capacitate, denumită de mine... comunicare temporală, o are oricine (cu alte cuvinte, oricine poate, în principiu, să comunice cu oricine în timp, dar nu orice, nu oricât şi nu oricum)... Iată ce a observat Eclesiastul:

"9.2. Tuturor li se întâmplă toate deopotrivă: aceeaş soartă are cel neprihănit şi cel rău, cel bun şi curat ca şi cel necurat, cel ce aduce jertfă, ca şi cel ce nu aduce jertfă; cel bun ca şi cel păcătos, cel ce jură ca şi cel se teme să jure !"

Da, aceeaşi soartă o au toţi – adică toţi au aceleaşi caracteristici sau capacităţi, inclusiv capacitatea de a comunica în timp !...

Pe de altă parte, Eclesiastul, atrage atenţia asupra unor dificultăţi în ceea ce priveşte comunicarea temporală şi chiar asupra unor pericole... Iată:

"9.5. Cei vii, în adevăr, măcar ştiu că vor muri; dar cei morţi nu ştiu nimic,

şi nu mai au nici o răsplată, fiindcă până şi pomenirea li se uită."

Aşa este... Când cineva ar dori să comunice cu altcineva din trecut, apare o problemă: cu cine anume să comunice ? Au fost nenumăraţi oameni care au trăit şi au pierit apoi, nelăsând nimic în urmă... Ce se va întâmpla dacă va comunica să zicem cu un... nebun sau cu un criminal sau poate cu un mare savant ?... Apoi trebuie să ai ce să comunici... Nimeni nu va comunica nimic dacă nu va primi în schimb un mesaj ! Aşadar, trebuie avut în vedere că vei primi mesajul pe care îl meriţi şi va fi pe măsura mesajului pe care îl trimiţi... Cine doreşte să comunice cu orice om din trecut sau din viitor, trebuie să aibe în vedere că îl poate aştepta tot felul de pericole !... Cea mai sigură metodă de a te feri de aceste pericole, este să ignori comunicarea temporală, cu alte cuvinte să-ţi spui că această idee numită... comuncare temporală sau influenţă temporală, este o aiureală şi gata, ai terminat cu toate pericolele !... Nu ai decât să te afunzi în cotidianul anost şi în zbuciumul prezentului... Ei şi ?... Fiecare poate alege orice, dar după aceea va avea parte de consecinţele alegerii sale...

* O previziune interesantă.

Întâmplător am găsit o carte (şi anume *"Cartea minunilor"*, apărută la Editura Gorjan, tipărită la data de 28 martie 1943), scrisă de N. Papatanasiu... În această carte, un capitol de intitula *"Cum a închipuit televiziunea un student sărac"*, iar în cadrul acestui capitol, autorul, referindu-se la evoluţia televiziunii, scria:

"Cercetările au mers mai departe. Şi astăzi (adică în martie 1943) *suntem doar la începutul acestei minunate istorii. Lumea va stăpâni, într-o zi, oglinda fermecată care va îngădui oricui, să privească înspre orice colţişor al planetei i-a venit poftă, peste mări şi ţări. Şi, mai mult încă, cine ştie ? Chiar spre stele."* (pag.88).

Ei bine, iată o interesantă previziune referitoare la televiziune, făcută de acest scriitor. Aşadar, în plin război, când războiul era departe de a se sfârşi (era în martie 1943 !), cineva afirma că... televiunea *" va îngădui oricui, să privească înspre orice colţişor al planetei"* ! Acum ni se pare firesc, uitându-ne la televizor şi văzând nenumărate programe, transmisii, emisiuni... Însă atunci, când războiul era în plină desfăşurare, ce anume l-a determinat pe autor să scrie ceva, ce s-a dovedit ulterior a fi adevărat ? Nu cumva a fost poate o... comunicare temporală ? În stresul, teama, oboseala care existau atunci, toate acestea, poate că l-au făcut să intre în contact telepatic prin timp cu cineva de la sfârşitul secolului XX şi să primească informaţii legate de televiziune... Mi se pare posibil. Despre N. Papatanasiu nu ştiu nimic... Reiau însă întrebarea: oare ce l-a determinat pe autor să scrie o astfel de carte în plin război, cui spera să se adreseze ? Autorul bănuia oare că războiul se va sfârşi, urmând o perioadă de reconstrucţie economică, socială, culturală ? Dar nu a mai prezentat nici o altă previziune... În ultimă instanţă, cred că sunt două posibilităţi.

Fie este vorba de o simplă anticipaţie... Autorul a auzit vorbindu-se despre televiziune, a avut câteva informaţii şi atunci a fost o simplă generalizare sau analogie - din moment ce sunetul putea fi transmis oriunde (se descoperise deja radioul) de ce nu s-ar putea acelaşi lucru şi în ceea ce priveşte imaginile ? Şi de aici a... generalizat şi a scris textul acela, care mi se pare ciudat... Fie a fost vorba, repet, de o viziune, poate de o comunicare temporală... Cineva din viitor, i-a transmis câteva informaţii despre cum va arăta omenirea peste câţiva ani... Care dintre cele două variante de răspuns poate fi acceptată, prima variantă (varianta conservatoare, logică) sau a doua variantă (varianta fantastică, stranie) ?

În ceea ce mă priveşte, aleg a doua variantă, care deşi pare fantastică, poate că tocmai de aceea, are şanse să exprime adevărul...

NOTA

Sunt şi alte indicii referitoare la comunicările temporale (precum şi la influenţele temporale), spre exemplu...

a) Societăţile secrete. Cred că toate societăţile secrete (începând cu acelea din antichitate - din Egipt, Grecia, Imperiul Roman... - continuând cu acelea din evul mediu şi continuând cu acelea din epoca modernă sau cu acelea din lumea contemporană) au printre obiective, însuşirea metodelor de a comunica în timp şi eventual a metodelor de a influenţa în timp... Membrii societăţilor secrete sunt probabil convinşi că orice ritual, oricât de straniu ar fi, este necesar pentru iniţierea unei comunicări temporale sau pentru iniţierea unei influenţe temporale...

b) Hermetismul şi Kabbala - presupun că acei oameni care au fost adepţi ai Kabbalei sau ai Hermetismului, au comunicat cu alţi oameni din alte epoci istorice...

Hermetismul sugerează existența unui secret inviolabil - *"... este prezentarea unui sistem de legi care guvernează întregul Univers, legi imuabile (neschimbătoare), care se manifestă peste tot - material, mental și spiritual."*

(HERMETISMUL - <u>Radu Cerghizan</u>, http://www.ducu.de/rel52.htm)

Kabbala desemnează mistica teosofică - *"este o tradiție veche, ce s-a născut acum 5770 de ani. Termenul "Cabala" derivă de la cuvântul ebraic kabbalah, care înseamnă primire, receptare. Accesul larg la esoterismul Cabalei este realizat de abia la sfârșitul secolului XII, prin <u>Cartea lui Zohar</u>. În viziunea cabalistului <u>Baal HaSulam</u>, însemnătatea vieții este "revelarea Dumnezeirii Sale către creaturile sale în această lume". Sinele în Cabala este chiar <u>Dumnezeu</u> manifestat în om, și are un corespondent în inima spirituală. Ceea ce trebuie să facă aspirantul la revelarea Sinelui pe această cale este să merite revelarea."* (http://ro.wikipedia.org/wiki/Cabala).

c) <u>Alchimia și Vrăjitoria</u> - se prea poate ca alchimiștii și vrăjitorii să fi știut să comunice în timp și chiar să influențeze...

d) <u>Psihiatria.</u> Cred că unii oameni, considerați de către psihiatri ca fiind "nebuni", au fost și sunt, de fapt, niște oameni care realizau sau realizează contacte temporale cu alți oameni din trecut sau din viitor... Poate că unii oameni care se comportă "paradoxal", care au halucinații, care au impresia că... "aud voci", care au tot felul de coșmaruri, pot fi sub influența unui... explorator temporal, sub influența unui individ aflat undeva, cândva, într-o epocă istorică și care încearcă să comunice ceva sau poate că... se distrează... Poate că așa este, însă este foarte greu de dovedit asta, dar nu imposibil !...

e) <u>Instinctul</u> sau simțul de conservare, este dispoziția inerentă unui organism viu spre un anume comportament. Este un complex de reflexe înnăscute, necondiționate, proprii indivizilor dintr-o anumită specie și care le asigură dezvoltarea organismului, alimentarea, reproducerea, apărarea. (http://ro.wikipedia.org/wiki/Instinct).

Din punctul meu de vedere, instinctul include și comunicarea temporală - reprezintă de fapt un transfer de informație din viitor către prezent (și invers) SAU din trecut către prezent (și invers); unii oameni sensibili pot recepționa informații și le pot folosi în diverse situații...

f) <u>Ghicitul</u> - cel care ghiceşte încearcă să afle ceva ce se va petrece cândva; de fapt cel care ghiceşte încearcă să iniţieze o comunicare (conştient sau inconştient de cele mai multe ori) cu cineva din viitor care să-l informeze despre ce se va întâmpla; dar nu întotdeauna reuşte să intre în contact cu o persoană aflată în viitorul său...

1.6. POSIBILE INFLUENŢE TEMPORALE

Ce legătură ar putea exista între Poarta Soarelui (un arc sau un portal megalitic din piatră solidă construit de cultura antică <u>Tiwanaku</u> din <u>Bolivia</u>   cu   peste   1500   de   ani   înainte (https://ro.wikipedia.org/wiki/Poarta_Soarelui),   Ansamblul Stonehenge şi evenimentele de la 11 septembrie 2001 (*„19 extremişti islamici au deturnat patru avioane civile ale SUA, două dintre acestea s-au izbit de turnurile gemene ale World Trade Center din New York, care s-au prăbuşit ulterior."* - România liberă, Biblioteca Cunoaşterii, Istoria II, 2003, pag. 74) ? Aparent nici un fel de legătură... Şi totuşi, ce-ar fi dacă a fost de fapt o... influenţă temporală, un fel de comunicare temporală unidirecţională din viitor în trecut ?...

Se poate observa însă, dacă dispunem de puţină imaginaţie, unele asemănări... Este posibil să se fi transmis în timp acea imagine a imapactului, care a fost receptată de anumiţi indivizi cu abilităţi paranormale, imagini care i-au impresionat atât de mult încât au transmis apoi această imagine constructorilor... Noi nu putem şti ce sensibilităţi şi ce capacităţi au putut avea în trecut anumiţi oameni sau colectivităţi...

Astfel, în ceea ce priveşte Poarta Soarelui... *„Pragul de sus este decorat cu 48 de pătrate încadrând o figură centrală. Fiecare pătrat reprezintă un personaj în formă de <u>efigie</u> cu aripi. Există 32 de efigii cu feţe omeneşti şi 16 cu capete de condor. Identitatea figurii centrale rămâne o enigmă. Este o figură a unui om cu capul înconjurat de 24 de raze liniare care pot reprezenta raze de lumină solară. Toiegele stilizate ţinute de personaj simbolizează aparent <u>tunete şi fulgere</u>. Unii istorici şi arheologi cred că figura centrală îl reprezintă pe "<u>Zeul Soare</u>" judecând după razele emise de capul său, în timp ce alţii l-au identificat cu zeul incaş <u>Viracocha</u>."* (https://ro.wikipedia.org/wiki/Poarta_Soarelui)... Personajul în formă de efigie cu aripi poate fi chiar unul dintre avioanele care au izbit turnurile gemene. În plus se poate observa similitudinea dintre forma acestei construcţii şi cele două turnuri (la care se adaugă norul de fum care face legătura dintre cele două turnuri); la fel și în cazul Ansamblului de la Stonehenge în ceea ce privește amplasamentul și forma blocurilor de piatră... În figura 5 este ilustrată această posibilă legătură...

Figura 5 O posibilă legătură între Poarta Soarelui, Ansamblul Stonehenge și Turnurile Gemene

Ar fi așadar posibil ca imagini ale exploziei, ale stării emoționale produse asupra oamenilor, al stresului imens, să se fi propagat prin timp... Anumite conștiințe sensibile din trecut ar fi putut să recepționeze aceste imagini, (în definitiv acest mesaj), probabil distorsionat, ar fi fost atât de impresionați de acesta încât ar fi putut crede că ar fi fost transmis de zei... În consecință, au dispus construcția acestor monumente...

Și alte construcții, de acest fel ar fi putut să fie realizate ca urmare a unor evenimente catastrofale care au avut loc și care au fost transmise în timp și apoi recepționate de diverși inși foarte sensibili... Dar construcțiile nu au fost singurele „reacții" ale oamenilor din trecut la mesaje din viitor... Pot fi alte „reacții", cum ar fi spre exmplu diverse texte care par a fi foarte enigmatice...

Astfel, ce legătură ar putea exista între exploziile bombelor atomice de la Hiroshima şi Nagasaki (sau cu unele teste nucleare) şi... unele texte care se referă la distrugerea localităţilor antice Sodoma şi Gomora, părecum şi la unele texte din cultura indiană (Ramayana şi Mahabharata) ? S-ar părea că nu ar putea exista nici o legătură... Şi totuşi...

„Pe 6 august 1945, SUA a lansat prima bombă atomică din istorie asupra oraşului Hiroshima, aceasta făcând peste 100 000 de victime. Trei zile mai târziu, a urmat bomba atomică de la Nagasaki, care a ucis 60 000 de oameni." (- România liberă, Biblioteca Cunoaşterii, Istoria II, 2003, pag. 61). Ei bine, nu ar fi exclus ca în urma acestor explozii, să se fi transmis prin timp imagini, trăiri, gânduri, care au putut să fie recepţionate, probabil deformat, de către diverşi oameni sensibili din trecut, (au fost „scurgeri de informaţii din viitor spre trecut")... Acei oameni au consemnat aceste informaţii alterate şi au considerat aceste viziuni ca şi cum ar fi avut loc chiar în epoca în care trăiau... Iată ceea ce se consemnează în Ramayana:

„O ploaie de sânge căzu dintr-un nor uriaş. Un vultur nemăsurat se cocoţă pe lancea de aur a steagului lui Khara. Caii carului său căzură într-o poiană unde nu erau decât flori. Un disc negru acoperi soarele. (...) Numaidecât, ziua fu înlocuită de un întuneric total. Enorme stele căzătoare străpunseră bezna deasă ce înlocuise ziua. Peştii stăteau nemişcaţi în iazurile unde lotusul începea să se ofilească. Toţi arborii îşi pierduseră frunzele. Pământul se zgudui." (Victor Kernbach – „ Enigmele miturilor astrale", Editura Albatros, pag. 100).

În Mahabharata, Cartea a opta cuprinde următorul fragment:

„De la bordul unei puternice vimana, [vehicule metalice zburătoare], *aflată la o mare înălţime, Gurkha a aruncat un singur proiectil asupra cetăţii duşmanilor, apoi un fum strălucitor de zece mii de ori mai luminos decât Soarele s-a ridicat având o incandescenţă isuportabilă. Apa clocotea, animalele mureau, iar duşmanii erau seceraţi. Pârjolul cuprindea arborii care se prăvăleau în şir ca într-o pădure cuprinsă de flăcări. Cadavrele celor căzuţi se chirciseră într-atât din cauza căldurii, încât nici nu mai arătau a oameni. Niciodată până atunci nu se mai văzuse şi nu se mai auzise de o armă atât de înspăimântătoare."* (Marvin White – „Istoria interzisă a omenirii şi conexiunea extraterestră", Editura Sapientia 2013, pag. 95)... Pare să fie descrierea unei explozii atomice...

În cartea „Enciclopedia enigmelor istoriei", Editura Roosa, 2013, trad. Elena Vizir, este consemnat următorul aspect:

„În Mohenjo-Daro, au fost găsite bucățele de lut care păreau vitrificate, iar analiza ulterioară a structurii lor a arătat că această topire s-a produs la temperatura de aproximativ 1600 ⁰ C. Sceheletele de oameni au fost găsite pe străzi, în case, în subsoluri și chiar și în tunelurile subterane. Efectuând cercetarea radioactivității solului, savanții au descoperit că aceasta depășea de peste 50 de ori radioactivitatea normală a unui sol." (Pag.37)

Mai departe, despre Sodoma și Gomora...

„24. Atunci Domnul a făcut să ploaie peste Sodoma și peste Gomora pucioasă și foc dela Domnul din cer.

25. A nimicit cu desăvârșire cetățile acelea, toată Câmpia și pe toți locuitorii cetăților, și tot ce creștea pe pământ.

26. Nevasta lui Lot s-a uitat înapoi, și s-a prefăcut într-un stâlp de sare.

27. Avraam s-a sculat a doua zi dis de dimineață, și s-a dus la locul unde stătuse înaintea Domnului.

28. Și-a îndreptat privirea spre Sodoma și Gomora, și spre toată Câmpia; și iată că a văzut ridicându-se de pe pământ un fum, ca fumul unui cuptor."

(Biblia sau Sfânta Scriptură a Vechiului și Noului Testament cu trimiteri – 1998, pag. 19)

Unii cercetători sunt de părere că, de fapt...

„Cauza ploii de pucioasă și foc din cer, este probabil să fi fost o erupție vulcanică sau o explozie a acumulărilor de gaze naturale și de petrol din pământ, datorită unui foc.O alta cauza ar mai fi fost un cutremur care a dus tot la o explozie sau incendii. Totul ar fi fost ars în câteva minute, nimic nemaiputând fi salvat. O posibilă explozie de asemenea proporții corespunde și descrierilor din Biblie. Dar nimic nu este sigur în privința distrugerii celor două cetăți."

(https://ro.wikipedia.org)

Iată acum câteva fragmente din cartea „... și așa s-a ajuns la Bomba Atomică" –

Ing. A. Przibram, Eva Herz, București, 1945:

<<Unul dintre soldați, oameni învățați cu grozăviile războiului, a strigat în momentul exploziei: Dumnezeule ! Curând Hiroshima dispare într-un nour de fum și foc... căci bomba are de 40 000 de ori puterea unei tone de trotil. O ciupercă uriașă de praf și fum se ridică repede la o mare înălțime. După 5 minute mai plutesc grinzi la 700 metri înălțime. Jurnalistul japonez Hirokuni Dazai care a sosit în oraș numai cu 40 minute înaintea bombardamentului declară: „Am văzut scântei, un arc parcă străbătea cerul, și după vreo două secunde am simțit un șoc teribil. N-am crezut că a fost numai o singură bombă, ci poate 1000 de bombe incendiare căci focuri se aprindeau în multe părți ale cetății în același timp. Strigăte disperate de ajutor au fost lansate în orașele vecine, dar

focuri imense au împiedicat parvenirea ajutorului la centrul cetăţii, până târziu după amiaza, cu toate că bomba a fost lansată dimineaţa devreme. ">> (pag. 118, 119)

„În momentul exploziei, bomba a emis lumina şi căldura de aproape 3 000 000 grade a aprins toate obiectele dinprejur, vaporizând fiinţele vii şi transformându-le în cenuşă. În acelaşi timp raze radioactive răneau pe cei mai îndepărtaţi. În momentul următor, suflul puternic luând cu sine tot aerul a stins focurile, care nu mai puteau arde fără oxigen. Odată focul stins, căldura imensă a produs distilarea uleiurilor şi grăsimilor din lemnăria construcţiilor. Aşa se explică, că peste câteva minute o ploaie fină, neagră s-a revărsat asupra ruinelor. Când suflul contrar a umplut vidul, focurile au reînceput să ardă cu furie, distrugând ultimele rămăşite din ce a fost odată Hiroshima... Oamenii au fost ucişi instantaneu: cei de pe străzi carbonizaţi îngrozitor, iar cei din case sufocaţi de căldură şi apoi arşi. Cei cari au scăpat cu viaţă şi păreau sănătoşi câtăva vreme, s-au dovedit a fi arşi pe părţile corpului îndreptate către bombă. Afară de aceasta, fără alte simptome slăbeau necontenit şi apoi mureau. S-a găsit că la ei, corpusculele albe se numicesc treptat." (Pag. 119, 120)

„Deabea după trei zile, norul de fum şi praf s-a risipit îndeajuns pentru a permite o fotografie aeriană a portului. Aspectul este dezastruos. Bomba căzând cu paraşuta a explodat la 150 m deasupra pământului. În centrul exploziei, adică locul deasupra căruia a explodat bomba, ravagiile sunt complete. Nu există crater, suprafaţa este netedă, acoperită de praf şi rămăşite mărunte, din ce a fost casă, mobilă, îmbrăcăminte, fiinţe omeneşti. De jur împrejur, în rază de 2 mile nu există nimic, nimic ce să arunce umbră." (Pag. 121, 122)

Comparând aceste texte din epoci şi locuri diferite se poate constata o anumită asemănare surprinzătoare... Ce să fie oare ?

Să fie existenţa în antichitate a unor explozii nucleare ? Cine să le fi provocat şi de ce ? Să fi fost o luptă între... fiinţe extraterestre ? Să fi fost o luptă între societăţi umane dezvoltate ? Să fi fost fenomene naturale ? Dacă da, unde sunt alte urme, alte vestigii care să susţină aceste ipoteze ? Şi totuşi dacă a fost... o influenţă temporală, un fel de scurgere de informaţii din viitor către trecut ? Desigur că aceste informaţii recepţionate de către anumiţi indivizi înzestraţi cu anumite capacităţi paranormale nu au fost percepute cu o mare acurateţe, ci distorsionat.

Aşadar, este posibil să fi existat transmiterea unor imagini însoţite şi de anumite reacţii (sentimente, gânduri) fiind recepţionate (distorsionat) de către anumiţi inşi sensibili care au consemnat mai departe acest mesaj CA ŞI CUM S-AR FI DESFĂŞURAT în localitățile denumite Sodoma și Gomora... În afară de asta, exploziile termonucleare de la Hiroshima și Nagasaki ar fi putut să fi fost percepute în trecut și în alte locuri (cum apar în cultura indiană)... Și chiar mai mult, s-ar prefigura o idee... fantastică dar interesantă, și anume că unele evenimente deosebite, produse undeva, într-o anumită zonă, cândva, în viitor, pot afecta sau se pot repercuta și asupra unor zone, cândva în trecut !... Spre exemplu, explozia bombei atomice care a distrus Hiroshima, ar fi putut avea ca efect și asupra altor zone din trecut – spre exemplu, Mohenjo Daro ! Este incredibil, este absurd, este naiv ? S-ar putea să pară să fie așa pentru anumite persoane obsedate de știința actuală, care, după cum se va vedea odată cu trecerea anilor, este limitată, tot așa cum a fost și știința secolului XVIII față de știința secolului XXI...

Pe de altă parte, trebioe spus că nu toate evenimentele majore din viitor influențează trecutul (într-un fel sau altul), altfel spus, nu sunt în toate cazurile astfel de... „scurgeri de informații" sau de energie, din viitor în trecut... Sunt probabil anumite mecanisme sau procese care au loc și care permit astfel de transferuri de informații sau de energii...

1.7. TIMPUL ȘI FENOMENELE PARANORMALE

Despre fenomenele paranormale s-a discutat foarte mult și încă se discută. Sunt persoane care sunt de părere că aceste fenomene sunt imaginare, că nu există de fapt sau cel puțin nu sunt la fel de evidente precum fenomenele fizico-chimice, că acei scriitori care abordează problematica fenomenelor paranormale fie să că sunt niște naivi și încearcă să-i facă și pe alți naivi că creadă în aceste presupuse fenomene, fie că... încearcă pur și simplu să-și vândă cărțile, bazându-se pe naivitatea unor eventuali cititori... Ei bine, ce să spun ?... Sunt indivizi care nu se obosesc să cerceteze literatura de specialitate – citesc vreun articol sau două, vreo carte sau două și... gata, sunt în măsură să-și dea cu părerea despre aceste fenomene, și mai mult decât atâta, pur și simplu desconsideră opiniile altor oameni, închipuindu-și că ei sunt cei mai în măsură să sfătuiască pe aliții despre existența sau neexistența unor astfel de fenomene... Numai că, din fericire, nu sunt prea mulți oameni care să le accepte părerea lor limitată și naivă... Dimpotrivă, nu fac altceva decât să devină ridicoli... Dar poate că asta și vor...

În altă ordine de idei, poate că este bine să subliniez că anumite categorii de fenomene paranormale sunt în mod evident legate de timp...

Ioan Mămulaş, în cartea „*Parapsihologia şi timpul*" (editura Teora, Bucureşti, 1995), atrge atenţia asupra unor fenomene paranormale care sunt într-un fel sau altul corelate cu timpul; aceste fenomene paranormale (şi anume: premoniţia - obţinerea de informaţii din viitor, retrocogniţia – trăirea paranormală a trecutului, psihometria – „capacitatea de a recepţiona informaţii cu ajutorul unui obiect oarecare") sunt reunite sub numele generic de metagnomie temporală; la acestea se mai adaugă telepatia, reîncarnarea şi psihokinezia...

Psihokinezia este principala modalitate de influenţă temporală.

Pătruţ, („*De la normal la paranormal*", Ed. Dacia Cluj-Napoca, vol. I, 1991) defineşte psihokinezia astfel: „*... într-un sens foarte general, PK – psihokinezia – ar cuprinde toate acţiunile exotice ale conştiinţei sau... toate fenomenele exotice controlate de conştiinţă, ce se manifestă la orice nivel al continuumului material.*"

(Reprodus din cartea „*Psihokinezia*" , editura Teora, Bucureşti, 1994, autor Ion Mămulaş).

Psihokinezia este de fapt un complex de fenomene, printre care se pot specifica (Ion Mămulaş, *Psihokinezia*" , editura Teora, Bucureşti, 1994, paginile 18 şi 19):

* „*PK de stare fizică (parakinezia, arderi spontane, telekinezia, efecte deformatoare sau distructive, acţiuni asupra dispozitivelor tehnice, efecte ambientale, influenţe la nivel microscopic, psihofotografia, impregnarea paranormală, aportările, materializarea);*

* „*PK de stare biologică – a) auto-psihokinezia (levitaţia, elongaţia, stigmatele, autocombustia, inedia, invulnerabilitatea, translocaţia); b) biopsihokinezia (biokinezia, efecte biologice, efecte medicale).*

* *Pseudo-psihokinezia (bântuiri, neperisabilitate, conceptofonie).*

În raport cu condiţiile de control în care se manifestă, psihokinezia se mai poate divide conform schemei:

a) PK – spontană – fără control conştient (simplă – efecte singulare, recurentă – poltergeist, mediumnitate fizică);

b) PK – provocată (cu control conştient total sau parţial) – în laborator; prin exerciţiu special: practici hinduse, Quigong, antrenament psihotronic, etc.) "

Aşadar, toate aceste fenomene paranormale sunt într-un fel sau altul legate de TIMP, și chiar mai mult, sunt implicate în aceste fenomene stranii denumite comunicare temporală și influență temporală (care pot fi definite, spre exemplu, ca fiind un anumit transfer de informație și energie, eventual chiar și substanțe, realizat prin timp; transferul acesta este determinat de anumite conștiințe sau de către anumite anomalii fizice, insuficient studiate actualmente). Ar mai fi de subliniat că atât comunicarea temportală cât și influența temporală au fost, după cum se pare cauzate de necesitatea de adaptare, ca un mijloc deosebit de supraviețuire a speciei umane (și poate că nu numai a speciei umane), dar poate că au avut și alte cauze pe care nu le știm acum...

2. TIMPUL MONOTON (LINIAR), TIMPUL MULTILATERAL (HIPERTIMPUL), LUMILE POSIBILE, LABIRINTUL TEMPORAL

Timpul monoton sau liniar este timpul normal, obişnuit, timpul definit prin trecut, prezent, viitor, timpul definit prin durată, timpul definit prin ireversibilitate... Mai trebuie subliniat ceva şi anume: indiferent că este vorba de timpul fizic, de timpul geologic, de timpul biologic sau de timpul social, se constată că nu există decât un singur trecut, un singur prezent, un singur viitor... Dacă însă ne gândim la timpul cibernetic (timpul cu care operează computerele) sau la timpul psihologic sau mental (timpul cu care operează creierul), lucrurile par să stea altfel... Ar putea exista un timp multilateral, un timp ramificat definit prin mai multe trecuturi, prezenturi şi viitoruri !... Aşadar, timpul multilateral sau multiliniar este definit prin multiplicarea timpului liniar... Aşa cum o dreaptă reprezintă un spaţiu cu o singură dimensiune, iar planul reprezintă un spaţiu cu două dimensiuni şi poate conţine nenumărate drepte, tot aşa timpul ramificat poate conţine nenumărate timpuri liniare... O categorie specială de timp multilateral este timpul ramificat, care este definit prin aceea că pentru un acelaşi prezent pot exista mai multe viitoruri posibile şi mai multe trecuturi posibile... Timpul multilateral mai poate fi denumit şi HIPERTIMP...

Să considerăm următoarea succesiune de evenimente (care definesc timpul monoton sau liniar): ... → apariţia vieţii → dispariţia dinozaurilor → apariţia omului → apariţia civilizaţiei → primul război mondial → aselenizarea → explozia centralei atomoelectrice de la Cernobâl → accidentul nuclear de la Fukushima →...

Aceste evenimente s-au succedat cu necesitate, au existat undeva (într-un anumit loc) și într-un anumit prezent, au devenit apoi trecut, după ce au fost, la un moment dat, situate în viitor (spre exemplu, înaintea evenimentului "dispariția dinozaurilor" este evenimentul "apariția vieții"; după evenimentul "dispariția dinozaurilor", urmează evenimentul "apariția omului" – există așadar o anumită succesiune a evenimentelor).

Acest exemplu ilustrează timpul monoton sau liniar, un timp în care un eveniment urmează altui eveniment, într-o succesiune bine definită...

Cum stau lucrurile atunci când ne referim la timpul multilateral ? În acest caz, există mai multe posibilități - mai multe "prezenturi", mai multe "viitoruri", mai multe "trecuturi"... Să revenim la succesiunea de evenimente precizată și să analizăm care ar putea fi succesiunile de evenimente în cazul timpului multilateral...

1. Apariția vieții. Ce alte posibilități ar putea fi înainte de apariția vieții, sau altfel spus, ce trecuturi posibile ar putea exista ? Spre exemplu: viața nu ar fi putut să apară sau după ce viața a apărut , datorită unui cataclism ar fi dispărut sau după apariția vieții, s-a produs o modificare a acesteia sau viața ar fi putut să fie altfel decât a fost (ar fi putut avea o cu totul altă structură). Toate aceste posibilități reprezintă de fapt, trecuturi posibile... Dacă oricare dintre posibilități s-ar fi realizat, celelalte evenimente care au urmat după apariția vieții, așa cum o știm, ar fi fost altele (nu ar fi existat dinozaurii, omul, civilizația, etc.).

2. Dispariția dinozaurilor. Ce alte posibilități ar fi ? Spre exemplu: dinozaurii nu ar fi dispărut în totalitate și ca urmare fie că ar fi evoluat, fie nu ar fi evoluat (au rămas la un anumit stadiu al evoluției). Dacă dinozaurii nu ar fi dispărut, celelalte evenimente precizate nu ar mai fi avut loc, ar fi fost desigur, altele...

3. Apariția omului. Ce alte posibilități ar fi ? Spre exemplu: omul nu ar fi apărut sau ar fi existat alte viețuitoare inteligente... Bineînțeles că următoarele evenimentele precizate nu s-ar fi produs (nu ar fi apărut civilizația, nu ar fi avut loc primul război mondial, etc.)...

Desigur că se poate continua, dar ceea ce se desprinde de aici este sugestia că TOATE ACESTE POSIBILITĂȚI SE POT REALIZA ȘI EXISTĂ SIMULTAN ÎNTR-UN TIMP MULTILATERAL (SAU

HIPERTIMP). Timpul multilateral (şi respectiv timpul ramificat), poate fi imaginat ca un fel de reţea - un eveniment oarecare poate genera mai multe evenimente egal posibile... Spre exemplu să considerăm un eveniment major şi anume, primul război mondial... Acesta ar fi putut să nu existe... În acest caz, ar fi urmat o succesiune de alte evenimente (greu de precizat actualmente)... Faptul că a avut loc, totuşi, primul război mondial, acesta a generat alte evenimente importante. Pe de altă parte, fiecare dintre posibilităţi (ar fi fost posibil ca primul război mondial să nu fi avut loc, ar fi fost posibil ca altul să fie finalul războiului, ar fi fost posibil să se producă alt eveniment cum ar fi un cataclism, etc.), generează aşa-numitele LUMI POSIBILE sau UNIVERSURI ALTERNATIVE !

Dintre aceste lumi, numai una a devenit LUME REALĂ, pentru UN ANUMIT OBSERVATOR, pentru O ANUMITĂ CONŞTIINŢĂ !... Pentru mine şi pentru alţii ca mine LUMEA REALĂ este acea lume în care a avut loc primul război mondial... Celelalte posibilităţi devin LUMI POSIBILE sau VIRTUALE sau UNIVERSURI ALTERNATIVE...

Dar pentru alte conştiinţe, pentru alţi observatori, LUMEA REALĂ este aceea în care, spre exemplu, primul război mondial NU A AVUT LOC !

Ceea ce este REAL pentru o anumită conştiinţă, devine POSIBIL pentru altă conştiinţă şi invers !... Se generează astfel un LABIRINT TEMPORAL, care reprezintă un fel de reţea de LUMI POSIBILE, care se întinde poate la nesfârşit...

3. COMUNICAREA TEMPORALĂ CU SINE ÎNSUŞI

Am întâlnit oameni care spuneau că dacă ar putea să trăiască încă odată, nu ar mai face aceleaşi greşeli, ar şti ce să facă şi cum să facă să îşi atingă idealul...

La un moment dat, m-am gândit că, în definitiv, acei oameni ar putea să îşi realizeze idealul dacă... ar putea să comunice cu ei înşişi... în trecut... Să încerce să se întoarcă în timp, să îşi amintească unele momente, fericite sau nefericite, din copilăria lor...

Să retrăiască acele momente cu maximă intensitate... Şi apoi să îşi trimită înapoi, prin timp imagini, idei, dorinţe, comenzi mentale... Să repete aceasta, cu perseverenţă... Şi apoi, să comunice cu sine însuşi, la diferite vârste - la zece ani, cincisprezece ani, douăzeci de ani... Să încerce să îşi imagineze cum s-ar putea schimba el, dacă ar fi făcut ALTCEVA... Şi atunci POATE CĂ viitorul se va schimba ! Se va produce, la un moment dat, o schimbare a sa, va arăta altfel, poate... Şi la fel şi o parte din lumea în care trăieşte se va schimba...

La prima vedere, comunicarea cu sine însuşi (în trecut, dar şi în viitor), poate părea că este ceva tulburător, incredibil, imposibil... Şi totuşi, poate că nu este aşa !... Aşadar există o primă posibilitate: comunicarea cu sine însuşi în trecut. Acum, când ai, să zicem, patruzeci de ani, te gândeşti la tine însuţi, încerci să îţi aduci aminte cum erai la douăzeci de ani... Şi te mai gândeşti că... ar fi fost foarte bine dacă atunci ai fi învăţat o limbă străină... Limba engleză să zicem... Şi te gândeşti azi, te gândeşti mâine, te gândeşti mereu, timp de o lună... Ai comunicat, de fapt, cu tine însuţi, în trecut... Şi deodată, te trezeşti că ştii limba engleză, şi poate constaţi că ceva din lumea asta apropiată ţie, s-a schimbat... Cu toate astea este destul de dificil să constaţi că s-a schimbat ceva... Nu îţi vei mai aminti că tu, de fapt nu ştiai limba engleză... Trebuie să fi foarte sensibil pentru a-ţi mai aduce aminte... De ce ? Pentru că aparţii de fapt altei lumi... Cealaltă lume, lumea în care... erai tu, cel care nu ştiai limba engleză, este o altă lume... O altă lume s-a creat, prin comunicarea şi influenţa în timp... Este un miracol ? Este imposibil ? Poate că nu, totuşi...

Evident că este aproape imposibil să accepţi o astfel de idee... Şi este normal, poate, să fie aşa...

Cu toate astea, adevărul este mult mai straniu decât ne putem imagina !...

Altă posibilitate... Comunicarea cu sine însuşi... în viitor. De data aceasta s-ar părea că este de fapt o condiţionare... Sau o sugestie... De fapt nu este...

Este o... comunicare în timp şi atât...

Un exemplu... Să presupunem că cineva care are treizeci de ani, îşi doreşte ca peste zece ani să facă o excursie în Egipt şi să viziteze Muzeul din Cairo şi Piramidele... Îşi transmite acest mesaj... azi, mâine, mereu, timp de o lună de zile... Apoi, peste zece ani, iată că, împins parcă de un ordin, lasă orice activitate şi pleacă în Egipt... A fost aceasta o comunicare în viitor, o sugestie, o condiţionare ?

Înclin să cred că a fost o comunicare temporală...

Trebuie însă remarcat că, în principiu, orice comunicare, în general, produce o schimbare... Cu toate acestea nu este o regulă... În general, dacă o comunicare temporală influenţează într-un anumit fel un eveniment oarecare, atunci se generează o LUME POSIBILĂ (sau un UNIVERS ALTERNATIV)...

Într-adevăr, să presupunem că eu îmi transmit în trecut un mesaj. Să zicem că acum, în anul 2012, când am cincizeci şi şase de ani, îmi transmit un mesaj în trecut, atunci când aveam patruzeci şi cinci de ani, şi îmi spun că ar fi foarte bine dacă m-aş stabili în altă ţară, în Franţa sau în Brazilia sau în Statele Unite... Ei bine, dacă mesajul transmis în timp a fost corect transmis, fără perturbaţii, la un moment dat, mă pot "trezi" că sunt în... Franţa sau în Brazilia sau în Statele Unite ! Pare o magie, pare incredibil ?... Dar, poate că aşa este ! Adevărul este dincolo de credibilitate sau de incredibilitate !

Ei bine, dacă lucrurile ar sta aşa, în definitiv ce s-a produs ? S-a generat de fapt O LUME POSIBILĂ (sau UN UNIVERS ALTERNATIV sau O LUME VIRTUALĂ) !

Vechea lume, acea lume în care eu trăiam în România, continuă să existe, să evolueze... Numai că, la un moment dat, s-a produs o multiplicare a timpului (o bifurcaţie a timpului) - care, în definitiv, reprezintă... O LUME POSIBILĂ !...

Pe de altă parte, în viaţa oricărui om, (şi în viaţa oricărei fiinţe), există astfel de bifurcaţii... Sunt momente când cineva ar fi putut să aleagă între două probabilităţi: să facă sau să nu facă un anumit lucru... Ei bine, alege să facă acel lucru...

Astfel s-a produs o bifurcație a timpului... El există în LUMEA POSIBILĂ în care   A FĂCUT lucrul respectiv. Dar concomitent există și în LUMEA POSIBILĂ în care   NU A FĂCUT lucrul respectiv !... Ambele LUMI POSIBILE EXISTĂ !...

Orice ființă vie sau nevie poate evolua într-un fel sau altul... Are, așadar, mai multe posibilități de a evolua. Fiecare posibilitate de evoluție generează însă o LUME POSIBILĂ (sau UNIVERS ALTERNATIV). Spre exemplu, cum ar fi arătat istoria dacă Iulius Cezar nu ar fi fost ucis ? Sau, dimpotrivă, dacă ar fi fost ucis în adolescență ?

Fiecare dintre aceste posibilități, generează o LUME POSIBILĂ. Și alte LUMI POSIBILE sunt generate de oricare dintre evenimentele istorice importante (primul război mondial putea să nu se producă - aceasta generează o LUME POSIBILĂ)...   Se vede bine ce complexitate rezultă de aici... Pe bună dreptate, oricine se poate întreba: unde sunt aceste LUMI POSIBILE ? De ce nu sunt detectate sau evidențiate ?

Probabil că intelectul uman sau conștiința umană, nu poate, în general, să detecteze aceste LUMI POSIBILE ! Cu toate acestea, există momente când se pot sesiza... Revenind la cazul unui singur individ... Acesta, în decursul vieții sale, are foarte multe posibilități de evoluție, cu alte cuvinte, există multe ramificații ale timpului. Spre exemplu, la vârsta de doi ani, putea să moară în urma unui accident, dar nu a murit pentru că a fost salvat, apoi la vârsta de cinci ani s-a îmbolnăvit și ca urmare fie că s-a însănătoșit, fie că boala a lăsat urme, fie că a murit; apoi, în cazul în care nu a murit, la vârsta de zece ani a început să învețe limba spaniolă pe care, fie că   a refuzat să o învețe în continuare, fie că s-a dedicat învățării acesteia... Și așa mai departe... Fiecare dintre aceste posibilități de evoluție (ramificații) generează deci LUMI POSIBILE. Individul nu este conștient de multitudinea de LUMI POSIBILE, el este conștient NUMAI DE O SINGURĂ LUME POSIBILĂ, care PENTRU EL devine REALITATEA ! Ei bine, TOTALITATEA LUMILOR POSIBILE în care este prezent individul sau ființa, reprezintă FIINȚA INTEGRALĂ. Altfel spus, FIINȚA INTEGRALĂ reprezintă reuniunea tuturor evoluțiilor - sau, mai bine zis, a posibilităților de evoluție. Spre exemplu, așa cum am arătat, un individ, de la naștere și până la moarte, are foarte multe posibilități de evoluție. La vârsta de șapte ani putea să învețe la o școală sau la alta, la vârsta de paisprezece ani putea să învețe la un liceu sau la altul sau să nu învețe deloc, apoi la vârsta de douăzeci de ani putea să învețe la o anumită facultate sau la alta sau să nu învețe deloc... Fiecare dintre aceste posibilități generează o LUME POSIBILĂ, individul ar fi fost diferit în fiecare LUME POSIBILĂ, dar cu toate acestea ar avea și ceva comun... Reuniunea TUTUROR posibilităților de evoluție constituie așadar, FIINȚA INTEGRALĂ ! Este oarecum analog cu ceea ce se întâmplă în cazul unei partide de şah... Marii maeştrii sunt capabili să analizeze milioane de posibilităţi sau de variante ale partidei... Dar, din aceste posibilităţi se alege numai o variantă care este REALĂ. Cu toate acestea şi celelalte variante EXISTĂ, dar sunt virtuale... Asta înseamnă că, în altă partidă,   o variantă virtuală, poate să fie, în acea partidă, REALĂ !

În concluzie, comunicarea în timp cu sine însuşi, precum şi comunicarea în cadrul LUMILOR POSIBILE este de cel mai mare interes şi poate că va fi evidenţiată cumva, cândva... Trebuie precizat că modificarea trecutului, (modificarea propriului trecut), este în general INSESIZABILĂ... Se va crea o nouă realitate, iar vechea realitate va fi UITATĂ !... Totuşi, ar putea exista unii oameni, extrem de sensibili, care ar sesiza modificarea propriului trecut!

Notă - câştigul la loto şi comunicarea temporală cu sine însuşi...

Ei bine, ar putea întreba cineva, dacă într-adevăr ar exista o anumită formă de comunicare temporală, atunci de ce, spre exemplu, cineva care joacă la loto, după ce a aflat numerele câştigătoare, nu ar transmite un mesaj în trecut, cu două zile în urmă să zicem, către sine însuşi, prin care ar transmite aceste numere mai devreme astfel încât să completeze formularele respective şi să câştige premiul... Deoarece nu s-a întâmplat asta niciodată, aceasta ar arăta că, în ultimă instanţă, nu există de fapt comunicare temporală... Pentru a lămuri acest aspect, este bine să se sublinieze următorul lucru: în orice comunicare temporală, dacă se transmite un mesaj (indiferent cui anume, chiar către sine însuşi), trebuie concomitent să se primească un alt mesaj echivalent; cu alte cuvinte, informaţia transmisă trebuie să fie echivalentă cu informaţia primită – se respectă conservarea informaţiei: informaţia, ca şi energia, nu se pierde dar nici nu se câştigă; în acest caz, dacă cineva îşi transmite un mesaj în trecut (prin care solicită numerele câştigătoare la loto) ar trebui concomitent ca, în locul informaţiilor reprezentate de acele numere câştigătoare la loto să transmită altceva către sine însuşi, care să fie echivalent cu acele informaţii ! Cu alte cuvinte, cât primeşti tot atât va trebui să dai (este cumva analog cu legea acţiunii şi reacţiunii din dinamica nerelativistă: "*Când un corp acţionează asupra altui corp cu o forţă (numită forţă de acţiune), cel de-al doilea corp acţionează şi el asupra primului cu o forţă (numită forţă de reacţiune) de aceeaşi mărime şi de aceeaşi direcţie, dar de sens contrar.*" - http://ro.wikipedia.org/wiki/Legile_lui_Newton)... Dacă nu va transmite informaţiile echivalente, comunicarea temporală nu va avea loc ! Care ar putea fi aceste informaţii echivalente ? Orice fel de informaţii care să fie însă la fel de importante ca şi acelea care sunt solicitate... Sau, în locul acestora poate fi o anumită cantitate de energie echivalentă... Astfel încât, spre exemplu, cel din trecut poate transmite informaţia, dar va primi în schimb fie o altă informaţie echivalentă, fie o anumită energie echivalentă de la cel din viitor... Dacă va primi să zicem energie, atunci s-ar prea putea ca această energie suplimentară să-l afecteze dar va fi afectat și cel din viitor, care a transmis-o... Chestiunea este așadar destul de complexă...

Să presupunem însă că a transmis informații echivalente, ce se va putea întâmpla ? Va primi mesajul conținând numerele câștigătoare la loto, va câștiga premiul, numai că prin aceasta a schimbat ordinea inițială a evenimentelor, a făcut un fel de cronoplastie (modificare temporală), în ultimă instanță va genera o LUME POSIBILĂ, în care va exista (în această nouă situație), dar vechea LUME va continua să existe concomitent; în vechea LUME individul nu va ști că el mai există într-o altă LUME în care va avea o altă evoluție... Și ar mai trebui subliniat ceva și anume că, exceptând situațiile, destul de rare de altfel, în care au loc comunicări temporale spontane, pentru a se putea realiza schimbul temporal de mesaje, este necesar un anumit antrenament și, în plus, trebuie să se respecte un anumit protocol sau o anumită tehnică (sau, altfel spus, un anumit ritual)...

4. COMUNICAREA TEMPORALĂ CU ALȚII, INFLUENȚA TEMPORALĂ

În acest caz, situația devine foarte complicată. Sunt următoarele situații.

* Comunicarea unui om (sau a unui grup de oameni) din prezent cu altcineva situat în trecutul său... În acest caz pot exista diverse perturbații, dar există și o reacție specifică la comunicare.

* Comunicarea unui om (sau a unui grup de oameni) din prezent, cu altcineva situat în viitorul său... Și în acest caz pot exista diverse perturbații, dar există și o reacție specifică la comunicare.

* Comunicarea unui om (sau a unui grup de oameni) din trecut cu altcineva din viitor SAU comunicarea cuiva din viitor cu altcineva din trecut... De asemeni pot exista diverse perturbații, dar există și o reacție specifică la comunicare.

* În general, poate exista și comunicarea complexă concomitent, din prezent   în trecut și din prezent în viitor, sau din trecut în alt trecut și din viitor în alt viitor; ca și în cazurile precedente, pot exista diverse perturbații, dar există și o reacție specifică la comunicare.

NOTE

1. Printre problemele care se pun sunt:
    - inițierea comunicării;
    - compatibilitatea dintre comunicatori (emițători, receptori);
    - perturbarea mesajelor;
    - înțelegerea mesajelor;

- reacția la comunicare;
- procedeele de comunicare;
- sensibilitatea comunicatorilor;
- posibilitatea de susținere (de întreținere) sau de continuare a comunicării;
- comunicarea temporală poate fi spontană (naturală) sau determinată (artificială sau întreținută);
- existența unor coduri în cadrul comunicării temporale.

Aceste probleme ar trebui cercetate...

2. O altă problemă fundamentală care se pune este aceea a influenței temporale - respectiv dacă în urma comunicării are loc *o influență* asupra evenimentelor sau asupra ființelor vii.

3. Cred că unul dintre obiectivele societăților secrete, sau unul dintre scopurile inițierii din cadrul diverselor secte și organizații a fost și este acela de a comunica în timp, respectiv de a influența în timp...

4. Fără îndoială că este ceva tulburător când te gândești că există ființe situate în timp, cândva în viitor sau cândva în trecut care pot influența pe alți oameni sau pot influența diverse lucruri din prezent, într-o măsură mai mare sau mai mică (capacitatea aceasta se numește telekinezie). În această privință, părerea mea este că, în ciuda aparențelor, respectiv în ciuda aparentei stabilități a trecutului, ei bine, trecutul nu este static, el este, dimpotrivă, dinamic, se poate modifica și chiar mai mult, a fost și este modificat !... La fel ca și viitorul și trecutul este dinamic !   Ar putea replica cineva: dar bătălia de la Termopile, spre exemplu, a avut loc, este ceva clar, neîndoielnic, acest eveniment nu poate fi modificat !...

Ar fi un argument simplu împotriva părerii mele. Este foarte adevărat, acest eveniment precum și alte evenimente istorice majore, în general, sunt stabile, în trecut, dar altele nu sunt; în general evenimentele minore, nesemnificative se pot modifica și se și modifică de altfel... Dacă și evenimentele istorice majore se modifică totuși, atunci desigur că se produce o ramificație sau o bifurcație temporală, se creează o LUME POSIBILĂ care, în general, va fi insesizabilă de către un anumit om care aparține acelei LUMI POSIBILE. Să presupunem așadar că s-a intervenit în trecut și s-a evitat bătălia de la Termopile... Instantaneu s-a realizat bifurcarea temporală, s-a generat LUMEA POSIBILĂ şi orice om din LUMEA POSIBILĂ, NU VA SESIZA, NU VA ŞTI că a existat bătălia de la Termopile, va considera acest eveniment ca fiind numai o posibilitate (ca fiind o LUME POSIBILĂ)...

Lumea în care nu a avut loc bătălia devine o LUME REALĂ, iar lumea în care ar fi putut avea loc acea bătălie, devine o LUME POSIBILĂ... Jocul acesta, raportul acesta dintre LUMILE POSIBILE şi REALITATE este deosebit de complex şi necesită o gândire deschisă, o gândire liberă...

5. Bineînţeles că ne putem întreba: ce ar putea comunica cineva din trecut cu cineva din viitor sau invers ? De ce ar comunica ? Pot exista tot felul de motive: consfătuire, obţinere de informaţii, realizarea unor obiective, evitarea unor pericole sau existenţa unor proiecte comune... În sfârşit, un alt aspect legat de LUMILE POSIBILE, se referă la sesizarea sau evidenţierea trecerii din REALITATE într-o LUME POSIBILĂ sau invers, la trecerea dintr-o LUME POSIBILĂ la REALITATE.

Este ceva analog cu ceea ce se întâmplă cu un tren în mişcare uniformă sau aflat în repaus, atunci când te afli în acel tren şi observi alt tren. Dacă nu există un reper nu vei putea şti care tren se află în repaus sau în mişcare - cel în care te afli sau cel pe care îl observi... Aşa şi aici - dacă nu ai un reper (un sistem de referinţă), nu vei şti în ce lume eşti - într-o LUME POSIBILĂ sau în REALITATE !...

6. *Despre influenţa temporală*

Influenţa temporală poate fi, în general, de două tipuri:

- influenţa informaţională - se realizează în principal prin telepatie în timp (numită şi cronotelepatie) sau prin clarviziune temporală; altfel spus, un individ poate comunica în timp cu alt individ şi îi poate transmite informaţii diverse care îl pot influenţa într-un fel sau altul; influenţa poate fi reciprocă (atât cel ce emite cât şi cel ce recepţionează informaţiile pot fi influenţaţi într-un fel oarecare);

- influenţa dinamică - se realizează prin telekinezie (telekinezia fiind influenţa mentalului, a psihicului asupra obiectelor), prin dedublare, prin materializare...

Atât influenţa informaţională cât şi influenţa dinamică nu se realizează însă în orice condiţii. Nimeni nu poate influenţa pe oricine, nu poate influenţa orice, oricând şi oriunde... Sunt anumite legi care definesc aceste influenţe...

5. DESPRE ISTORIA MODIFICATĂ (ALTERATĂ)

Este posibil ca anumite comunicări temporale să fi avut loc între oameni din cele mai vechi timpuri și oameni din viitor, iar în urma acestor schimburi de mesaje, istoria s-ar fi putut modifica (și poate chiar preistoria)...

Fred Alan Wolf este de părere că...

„Lumea este maleabilă, se poate schimba la infinit. Suntem capabili să schimbăm nu numai prezentul, ci și trecutul.”

(Fred Alan Wolf – „Dr. Quantum și cărticica marilor idei: unde știința se contopește cu spirirtualitatea”, Editura PRESTIGE, 2010, trad. Cristiana Laura, pag. 59).

Mărturisesc că sunt de aceeași părere !...

De exemplu, să presupunem că Piramidele egiptene au fost realizate în urma unui schimb de informații tehnice, între oamenii din vechime și unii... arhitecți, ingineri, matematicieni, geologi, fizicieni, chimiști din... viitor ! Referitor la construirea piramidelor, există două concepții:

* fie că acestea au fost concepute și construite de către însăși oamenii acelor timpuri, dispunând de mijloacele tehnice și de cunoștințele științifice ale acelor vremuri - care, după cum se pare, trebuiau să fie destul de avansate, destul de profunde;

* fie că acele construcții deosebite, au fost realizate de către o civilizație, poate o civilizație extraterestră sau o civilizație anterioară aceleia egiptene dar posedând cunoștințe științifice și tehnice deosebite.

Iată ce scrie Daniel Schmidt în cartea " Enigme ale civilizațiilor pierdute", (Editura Prietenii cărții, București, 1996, pag. 54):

"Să nu uităm că egiptenii se aflau încă în stadiul de triburi primitive cu câteva secole numai înainte de construirea piramidelor."

Pe de altă parte, (atât în cazul primei concepții, cât și în cazul celei de a doua concepții), ne putem întreba:

De ce și cum s-au pierdut cunoștințele științifice și tehnice, după ce au fost construite Piramidele ? Unde au dispărut documentele conținând planurile de construcție a Piramidelor ? Unde au dispărut laboratoarele sau atelierele de încercări privind, spre exemplu, rezistența materialelor ?

(Pentru că fără să existe astfel de laboratoare sau ateliere de încercări, este exclus să se fi realizat o construcție de asemenea proporții)...

Dacă piramidele au fost construite de către oamenii obișnuiți ai acelor vremuri, cum de au permis aceștia să se piardă acele cunoștințe ? Dacă totuși este așa, adică dacă acele cunoștințe s-au pierdut, este posibil ca și cunoștințele actuale, deținute de civilizația actuală, să se piardă ? La fel se pune problema și în cazul cunoștințelor provenite de la o civilizație extraterestră sau de la o civilizație precedentă civilizației egiptene, dar foarte dezvoltată, acele cunoștințe au fost pierdute și atunci se pare că destinul tuturor cunoștințelor este... să se piardă. Dar, ce-ar fi dacă ne-am gândi că acele cunoștințe științifice și tehnice nu aparțineau în totalitate egiptenilor antici sau... civilizației extraterestre sau unei civilizații precedente celei egiptene ci proveneau din... VIITOR ? Se pare că în antichitate disponibilitățile sau capacitățile paranormale ale oamenilor erau mult mai mari decât cele ale oamenilor din prezent... Să presupunem așadar că atunci când egiptenii se închinau diverșilor zei, participau la diverse ritualuri, de fapt prin acele ritualuri, prin acele credințe, deschideau anumite canale de comunicare temporală cu diverși indivizi din diferite epoci ! Să presupunem așadar că mai mulți preoți din vechiul Egipt au putut intra în contact telepatic (sau cronotelepatic) - întâmplător sau nu - cu un grup de savanți din secolul... treizeci, să zicem... Savanții aceia, din acel secol, au dorit, poate să stabilească o formă de contact temporal sau poate un reper temporal sau poate, prin construirea Piramidelor, au intenționat să realizeze niște antene cu ajutorul cărora se emiteau și de recepționau diverse mesaje...

Este de subliniat un aspect (referitor la Piramida lui Keops).

„Astfel, camera principală a piramidei, denumită și camera Regelui, este amplasată pe axa verticală la o proporție de 1/3 față de bază și la 2/3 față de vârf, adică exact acolo unde energiile de formă au o intensitate maximă, aceasta cu atât mai mult cu cât piramida însăși este uriașă. Efectul de piramidă are o multitudine de aplicații fizice și chiar psihice și a avut fără îndoială un rol în funcționarea piramidei."

(Citat din cartea „Istoria interzisă a omenirii și conexiunea extraterestră", autor Marvin White, Editura Sapientia, București, 2013, pag. 9, 10). Acest efect de piramidă se pare că favorizează comunicările temporale...

Dacă ar fi așa, atunci acei savanți din viitor, poate că au transmis toate datele necesare construirii Piramidelor... S-a realizat astfel o alterare a istoriei - pentru că fără informațiile furnizate de către grupul de savanți din viitor, Piramidele nu s-ar fi construit (utilizând numai cunoștințele științifice și tehnice ale oamenilor din vechime). Ulterior au fost și alte modificări ale istoriei, astfel încât actualmente, poate că este greu de precizat care a fost... istoria nemodificată !

Este posibil să fi fost așa ? De ce nu ?...

6. DESPRE JUSTIFICAREA COMUNICĂRII TEMPORALE

De ce şi cum apare comunicarea temporală ? Oricine poate să afirme că, în definitiv, comunicarea temporală este imposibilă. Un sceptic, ar putea judeca astfel, probabil... Orice comunicare nu poate avea loc decât între două entităţi, între două sisteme, între două fiinţe (în particular între doi oameni), prin intermediul unui suport fizic al mesajelor (numit şi canal de comunicare). Undele electromagnetice, spre exemplu, reprezintă un suport fizic prin care se transmit diverse mesaje în spaţiu... Dar, viteza de propagare a undelor nu este infinit, este finit, fiind, după cum se ştie, de 300000 km/s... Acest tip de comunicare are loc aşadar în prezent, nu în trecut şi nici în viitor... De fapt, poate exista şi o situaţie de comunicare din prezent către viitor, dar în acest caz, comunicarea are loc doar într-un singur sens (din prezent către viitor, nu şi invers) - cineva din prezent poate trimite un mesaj cuiva din viitor, dar nu mai poate primi un răspuns la mesajul trimis în viitor ! În plus, toate procesele din natură sunt, după cum ştie oricine, ireversibile (un proces care se desfăşoară între o stare iniţială şi o stare finală, nu poate ajunge de la starea finală la starea iniţială trecând prin aceleaşi stări intermediare care s-au succedat între starea iniţială şi starea finală).

Aşadar nu se poate realiza o comunicare în timp (în care emiţătorul şi receptorul se află separaţi printr-un anumit interval temporal).

Acesta ar fi, cred, argumentaţia unui sceptic oarecare...

Dar, ne putem gândi la tot felul de ipoteze... Iată, spre exemplu, o ipoteză care mi se pare interesantă... Să acceptăm modelul de Univers nestaţionar şi să presupunem că, într-un trecut foarte îndepărtat, cândva, a existat o aşa-numită SINGULARITATE (o entitate primordială). Apoi, în urma unui EVENIMENT UNIC (denumit BIG BANG) şi, după o îndelungată EVOLUŢIE COSMICĂ, au apărut toate lucrurile din această lume... S-au succedat aşadar, nenumărate etape şi stări până să se ajungă la starea actuală: s-au format particulele elementare, radiaţiile, atomii, moleculele, corpurile cosmice diverse - stelele, planetele, galaxiile... DAR trebuie spus că toate aceste faze din evoluţia Universului s-au succedat COERENT, ele au provenit din SINGULARITATE şi deci au evoluat ORGANIZAT, având o evoluţie complexă. Dar această evoluţie complexă, coerentă, <u>nu putea avea loc</u> fără să existe CEVA care să coordoneze această evoluţie... Acel CEVA poate fi denumit CÂMP INFORMAŢIONAL PRIMORDIAL SAU FUNDAMENTAL. Acest câmp informaţional primordial, spre exemplu, determină şi comportamentul ordonat al câmpului electromagnetic (faptul că propagarea acestui câmp în spaţiu se realizează de fapt printr-o succesiune de fotoni). De asemenea determină şi viteza finită de propagare a acestora.

În figura 6 se prezintă o schemă intuitivă referitoare la propagarea ordonată a fotonilor (cuantele câmpului electromagnetic).

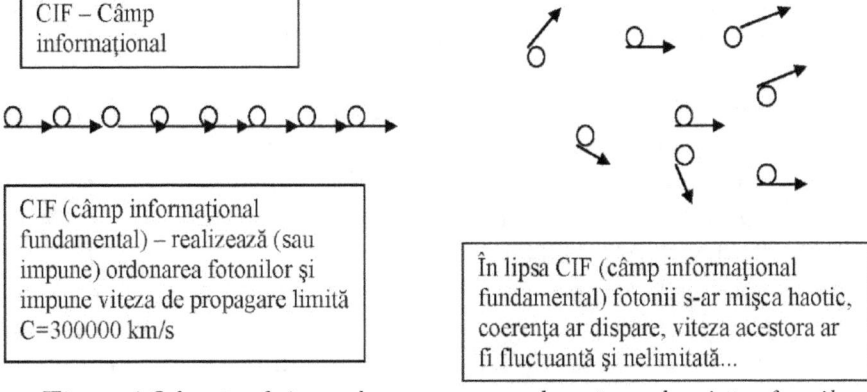

CIF – Câmp informaţional

CIF (câmp informaţional fundamental) – realizează (sau impune) ordonarea fotonilor şi impune viteza de propagare limită C=300000 km/s

În lipsa CIF (câmp informaţional fundamental) fotonii s-ar mişca haotic, coerenţa ar dispare, viteza acestora ar fi fluctuantă şi nelimitată...

Figura 6 Schemă referitoare la propagarea ordonată sau haotică a fotonilor – influenţa CIF (câmp informaţional fundamental)

În general, această coerenţă a evoluţiei Universului, (coerenţă datorată CÂMPULUI INFORMAŢIONAL FUNDAMENTAL), este absolut necesară, în caz contrar, aşadar în caz că nu ar fi existat coerenţa, tot UNIVERSUL s-ar fi prăbuşit instantaneu sau altfel spus, totul ar fi fost un HAOS FĂRĂ SFÂRŞIT !

Există un fel de coordonare complexă în spaţiu şi timp a tuturor entităţilor din Univers; orice entitate dintr-o anumită zonă a Universului şi dintr-o anumită perioadă – indiferent că este o perioadă trecută sau viitoare, are un anumit rol sau o anumită funcţie în cadrul Universului; mai mult, se poate chiar afirma că trecutul Universului se poate modifica, în funcţie de necesităţile implicate de evoluţia acestuia !...

Pare uimitor, neverosimil, nu este aşa ?... Aşa pare, într-adevăr, pentru cineva hipnotizat de etapa actuală a ştiinţei sau de cotidianul acesta cenuşiu şi efemer...

Această reglare temporală a Universului, este impusă de un CÂMP INFORMAŢIONAL PRIMORDIAL SAU FUNDAMENTAL. În fiecare punct al Universului există acest CÂMP...

Trebuie subliniat însă că acest CÂMP este numai presupus deocamdată – presupun aşadar că acest CÂMP trebuie să existe implicit, întrucât toate lucrurile provin din SINGULARITATE şi au evoluat ca urmare a unei coordonări realizate tocmai de către acest CÂMP !...

Ca urmare nimic nu ne impiedică să presupunem – în acest context – că pot exista conexiuni diverse, inclusiv conexiuni temporale de orice fel, spre exemplu între lucruri sau fiinţe dintr-un anumit prezent cu fiinţe sau lucruri dintr-un anumit viitor sau dintr-un anumit trecut !...

În treacăt fie spus, UNIVERSUL SE AUTOREGLEAZĂ în permanenţă, pentru a-şi păstra coerenţa şi se poate chiar afirma că există nenumărate modalităţi de autoreglare ! Autoreglarea, realizată prin intermediul acestui CÂMP INFORMAŢIONAL PRIMORDIAL SAU FUNDAMENTAL, are loc în spaţiu dar şi în timp... Spre exemplu, pot exista diverse sisteme din Univers care pot genera anumite evenimente în viitor; acestea pot să influenţeze alte sisteme din trecut - se realizează astfel o anumită reglare sau un anumit control al acelor sisteme (altfel spus, se realizează reglarea temporală) !...

Un exemplu intuitiv este arătat în figura 7.

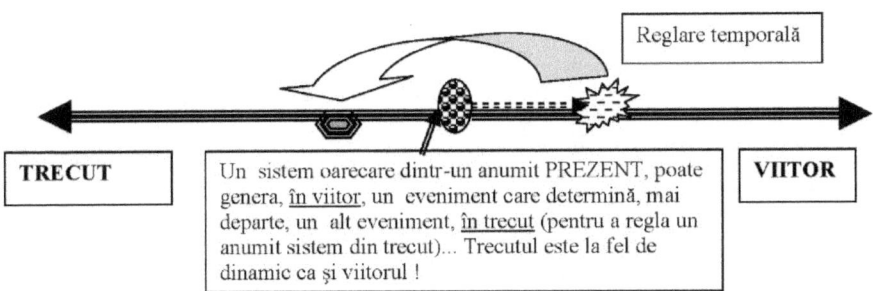

Figura 7 Exemplu intuitiv privind reglarea temporală

În cazul particular al civilizaţiei omeneşti, comunicarea temporală (comunicarea fiind o formă de conexiune) a fost şi este necesară pentru a se realiza o anumită coeziune a evoluţiei societăţii omeneşti, care, altfel, ar fi dispărut; aşadar dacă nu ar fi existat comunicarea temporală, civilizaţia umană, nu ar fi evoluat, s-ar fi dezagregat pur şi simplu, din cauză că ar fi lipsit coerenţa – celelalte modalităţi care pot fi invocate pentru a justifica această coerenţă a evoluţiei umane şi anume ereditatea, limbajul, asocierea în grupuri, schimbul de produse, şi altele, <u>nu sunt suficiente</u> pentru a explica pe deplin această coerenţă în evoluţia umanităţii...

Comunicarea temporală este şi o modalitate de autoreglare a civilizaţiei umane. Dacă autoreglarea aceasta nu ar fi avut loc (adică, altfel spus, dacă nu ar fi existat comunicarea temporală) atunci ar fi fost de aşteptat ca evoluţia civilizaţiei umane să fi avut un caracter haotic, întâmplător, incoerent şi inconsistent...

7. DESPRE CONDIȚIILE REALIZĂRII UNEI COMUNICĂRI TEMPORALE

Comunicările temporale pot fi spontane (atunci când au loc brusc, fără o pregătire prealabilă) sau stimulate (atunci când au loc după o anumită pregătire,   mai mult sau mai puțin îndelungată).

Sunt anumite împrejurări care facilitează apariția comunicărilor temporale. Aceste împrejurări sunt următoarele :

* existența unei mai mari <u>compatibilități între cei care comunică</u> (anumite asemănări între personalitățile lor, între conștiințele lor);

* existența unei <u>baze de comunicare</u>   (limbaj comun, imagini comune, cunoștințe asemănătoare, intuiții comune, etc.);

* existența unui   <u>interes</u> de a comunica ceva anume; asociat interesului, este de subliniat, <u>voința</u> de a realiza contactul, precum și convingerea în reușita comunicării temporale...

Există și alte condiții impuse realizării comunicării temporale, însă este de reținut că dacă o comunicare nu are ca efect o influență sau o modificare a anumitor lucruri dintr-o anumită epocă istorică, atunci acea comunicare se poate realiza mai ușor și nu implică un risc major... Uneori, comunicările temporale pot lua forma unor vise deosebite și chiar se pot confunda cu acestea... Alteori, pentru a se realiza contacte temporale (mai cu seamă acelea care se desfășoară luând în considerare intervale mari de timp), sunt necesare dispozitive sau construcții speciale...   În acest context, îmi exprim opinia că sarcofagele din interiorul Piramidelor egiptene, erau utilizate, tocmai pentru a se realiza un contact temporal. Piramidele, prin mărimea lor, prin amplasarea lor, prin caracteristicile lor, fiind, de fapt, un fel de antene sau acumulatoare de energie care permiteau sau facilitau contacte temporale - forţate sau induse.

Spre exemplu, Faraonul sau Marele Preot, se aşeza în sarcofag, intra într-o anumită stare şi apoi... explora timpul; intra într-o anumită conştiinţă, într-un anumit psihic, dintr-o anumită epocă istorică şi putea vedea cu ochii individului cu care era în contact temporal, putea auzi cu urechile lui, putea simţi cu conştiinţa lui, fără ca respectivul să ştie, dar alteori, putea chiar să comunice cu acesta...

Este o aiureală, ar putea spune unul sau altul... Da, poate fi o aiureală, dar numai pentru... unii oameni !...

Să îi lăsăm însă pe aceşti oameni, în lumea lor, plină de certitudini... efemere...

NOTE

1. Există UN PROTOCOL AL COMUNICĂRII ÎN TIMP, bazat pe principiul echivalenţei, care poate fi formulat cel mai simplu, astfel "atât cât dai, tot atâta ţi se va da", cu alte cuvinte, în cadrul unei comunicări temporale, atunci când soliciţi o anumită informaţie de la cineva, concomitent trebuie să îi oferi acestuia, o altă informaţie echivalentă, (sau în locul informaţiei echivalente, trebuie să îi transmiţi o anumită cantitate de energie), altfel comunicarea fie că nu va avea loc, fie că, (în cel mai bun caz), va fi perturbată într-o măsură apreciabilă, (ceea ce înseamnă că acea comunicare va fi inutilă).

2. Comunicarea temporală se poate produce fie spontan, fie stimulat. În cazul producerii spontane a comunicării temporale, este de notat că indivizii care realizează contactul temporal, trebuie să fie extrem de sensibili – aceştia au fost favorizaţi de soartă, altfel spus au fost foarte norocoşi; pentru aceasta, trebuie să se fi născut la locul potrivit (acolo unde, probabil, energiile Pământului au fost benefice) şi, de asemenea, trebuie să se fi născut la momentul potrivit (să fi existat o anumită acalmie şi armonie în lume în acel moment, să fi existat o anumită "zodie" favorabilă, sau o anumită conjunctură istorică favorabilă) şi, în fine, trebuie să fi avut o constituţie genetică sau ereditară potrivită... Toate acestea favorizează o anumită sensibilitate a unor fiinţe umane, pentru a putea comunica spontan în timp, cu alte fiinţe umane din alte epoci istorice... Anumite vise, spre exemplu, pot fi rezultatul unor comunicări temporale spontane...

În cazul în care nu se realizează contactul temporal spontan, acest contact se poate face printr-o anumită stimulare, prin anumite procedee...

Mai este de subliniat că, în general sunt două modalități de comunicare temporală, pe care mi le imaginez (dar este posibil să fie mai multe):

◗ contact între două sau mai multe conștiințe, un fel de telepatie realizată însă, atât în spațiu cât și în timp;

◗ contact extracorporal – prin intermediul așa-numitului dublu eteric sau corp astral   (în definitiv prin intemediul biocâmpului sau mai bine zis, prin intermediul psihocâmpului; acesta ar fi capabil să se deplaseze în spațiu și timp)...

3. În cadrul legăturilor temporale se pare că sunt accesibile următoarele tipuri:

* contactul temporal – sau legătura univocă (se realizează atunci când un individ contactează un alt individ din altă epocă istorică și explorează lumea și conștiința individului);

* comunicarea temporală – sau legătura biunivocă (se realizează atunci când au loc schimburi de informații între două conștiințe situate în epoci istorice diferite); este inclus aici și contactul extracorporal;

* influențarea temporală – sau legătura dinamică (se realizează atunci când, pe lângă comunicarea temporală se produce și modificarea evenimentelor istorice);

* călătoria în timp sau legătura directă (înseamnă prezența nemijlocită a unui individ într-o altă epocă istorică, decât aceea în care s-a născut).

În cazul influențării temporale, dar și în cazul călătoriei în timp, sunt aproape de neevitat generarea LUMILOR POSIBILE... Legat de aceasta este de subliniat în acest context, definirea principiului relativității cunoașterii:

"Raportul REAL – POSIBIL este relativ și depinde de SISTEMUL DE REFERINȚĂ adoptat de CONȘTIINȚĂ" SAU, altfel spus, ORICÂND REALITATEA DEVINE POSIBILITATE și invers, transformarea aceasta depinzând   (pe lângă sistemul de referință al unei conștiințe anumite) de următorii factori:

→ capacitatea unei entități sau a unei conștiințe de a genera sau de a stabili conexiuni;

→ potenţialul unei entităţi sau potenţialul unei conştiinţe de a evolua, respectiv, capacitatea unei conştiinţe de a deveni mai complexă ca urmare a evoluţiei; o conştiinţă complexă este mult mai capabilă de a realiza contacte temporale de orice fel;

→ jocul dintre necesitate, întâmplare şi coincidenţă.

4. În fine, o idee, prezentată succint: dar dacă, de la începutul şi până la sfârşitul biosferei sau al antroposferei, există o permanentă circulaţie a informaţiei în spaţiu şi timp, circulaţie coordonată de un... creier global ?

Iată aşadar o idee la care ar merita să reflectez...

8. ASPECTE GENERALE PRIVIND CĂLĂTORIILE ÎN SPAŢIU ŞI TIMP

1. Câteva concepţii despre spaţiu şi timp sunt următoarele…

* *Spaţiul şi timpul în concepţia lui Newton*

Newton, sintetizând unele observaţii ale lui Galileo Galilei, Copernic şi ale altor savanţi ai vremii (secolele XVI-XVIII), introduce noţiunile de spaţiu şi timp absolut.

Spaţiu şi timp absolut, în sensul că spaţiul este acelaşi pretutindeni (adică tridimensional), iar timpul "se scurge" identic în orice loc...

♦ *Spaţiile abstracte*

Sunt spaţii definite prin diferite formule matematice care încearcă să reflecte sau să aproximeze realitatea... Exemple: spaţiul metric (este definit ca fiind o mulţime pe care s-a definit o distanţă); spaţiul euclidian real n-dimensional (este definit ca fiind o mulţime ale cărei elemente sunt sisteme ordonate $(x_1, x_2,..., x_n)$ de câte *n* numere reale, numite puncte, pe care s-a definit o distanţă între două puncte, printr-o anumită formulă; spaţiul Riemann (este definit ca fiind o mulţime ale cărei elemente sunt puncte caracterizate de *n* coordonate pe care s-a definit o distanţă între două puncte vecine; distanţa este definită printr-o anumită formulă); spaţiul topologic, spaţiul vectorial, spaţiul Hilbert...

(Informaţii preluate din cartea "Dicţionar de matematici generale", Vasile Bobancu şi colaboratorii, Editura enciclopedică română, Bucureşti, 1974).

♦ *Spaţiul Minckowski*

Este definit ca fiind o mulţime ale cărei elemente sunt puncte caracterizate de 4 coordonate (x, y, z, t), pe care s-a definit o distanţă ds între două puncte vecine (x, y, z, t) şi $(x+dx, y+dy, z+dz, t+dt)$ prin relaţia: $ds^2 = c^2\,dt^2 - dx^2 - dy^2 - dz^2$

Unde c este viteza luminii. Primele trei coordonate x, y, z ale unui punct corespund coordonatelor spaţiale obişnuite, iar a patra coordonată t corespunde timpului.

(Noţiunea a fost introdusă în anul 1908, fiind fundamentală în teoria relativităţii).

(Informaţii preluate din cartea "Dicţionar de matematici generale", Vasile Bobancu şi colaboratorii, Editura enciclopedică română, Bucureşti, 1974).

♦ *Spaţiul şi timpul complex*

Această idee ţine cont de o multitudine de domenii ştiinţifice:

Spaţiul şi timpul fizico-chimic (spaţiu şi timp clasic, relativist, termodinamic, molecular, atomic, cuantic); spaţiul şi timpul cosmic şi geologic; spaţiul şi timpul ecologic şi biologic; spaţiul şi timpul uman (social, psihologic, istoric sau antropic); spaţiul şi timpul paranormal.

2. Sunt unele aspecte particulare impuse de călătoria în spaţiu şi în special de călătoria în timp.

→ **Călătoriile în spaţiu** sunt limitate de faptul că viteza luminii este finită (este o constantă fizică; obiectele din acest Univers nu se pot deplasa cu viteze mai mari de 300000 km/s; sunt de amintit şi efectele relativiste – dilatarea timpului şi a masei, contracţia lungimii cosmonavelor, atunci când acestea se mişcă cu viteze apropiate de 300000 km/s). Călătoriile în spaţiu mai sunt limitate evident şi de posibilităţile tehnice, de tehnologiile utilizate în realizarea vehiculelor de transport cosmic şi de eventualul contact, fie cu obiecte cosmice exotice (găuri negre, pulsari, quasari), fie cu diverse civilizaţii extraterestre sau cu diferite fiinţe stranii...

Comunicarea în spaţiu este şi ea limitată (ca şi călătoria în spaţiu), de viteza finită de propagare a suportului informaţional (care este viteza undelor electromagnetice)... Există mai multe modalităţi de a comunica în spaţiu, variind în funcţie de suportul informaţional (suportul informaţional înseamnă purtătorul fizic al informaţiei, care poate fi unda electromagnetică, unda sonoră, etc.)... Astfel, pot fi semnale electromagnetice, în particular semnale luminoase; semnale mecanice, în particular semnale sonore; semnale chimice; semnale biochimice... Din punct de vedere paranormal, călătoria în spațiu, și respectiv comunicarea, se realizează, conform cu relatările diverșilor autori, prin mai multe metode: levitația (plutirea corpului la o anumită înălțime), bilocația (a fi în două locuri deodată), teleportarea (transportul instantaneu), telepatia (comunicarea sau transmiterea instantanee a gândului sau a sentimentelor sau, în general a unei informații anumite, de la un creier la altul)...

→ **Despre călătoria în timp (temponautica sau cronoportarea)**

Aceasta se confruntă cu mai multe probleme. Una dintre aceste probleme este aceea a posibilității practice a efectuării, respectiv a vehiculului de transport temporal. O întrebare interesantă ar fi aceasta: ce s-ar întâmpla dacă un individ sau un obiect, călătorind prin timp, la sfârșitul călătoriei sale s-ar întrepătrunde sau s-ar intersecta cu alt obiect ? Este un mod de a pune altfel problema... Se știe că există un principiu, în general neglijat și anume principiul nepătrunderii: un obiect oarecare nu poate ocupa în același moment de timp, un același loc. Altfel spus, un obiect oarecare își păstrează individualitatea spațio-temporală. Dacă mai multe obiecte ar ocupa același loc în același timp, atunci i-ar dispărea individualitatea... Așa încât, dacă un obiect ar fi transportat prin timp și ar ajunge în alt timp, acesta ar trebui să ocupe un anumit loc... Dar în acel loc se poate afla un alt obiect... Și atunci, ar fi încălcat acest principiu al nepătrunderii. În consecință se pun câteva întrebări... Ce se întâmplă cu obiectul transportat prin timp ? Ce se întâmplă cu obiectul aflat într-un anumit loc și la un anumit moment în timp și care s-ar intersecta cu un alt obiect venit din alt timp ? Ar dispărea ? Ar fi o ciocnire ? Ar fi o întrepătrundere ? Mi se pare că singura soluție ar fi aceea că obiectul venit din timp ar ocupa locul obiectului peste care a nimerit, iar acesta ar călători în timp și ar lua locul obiectului respectiv în alt timp. Cu alte cuvinte în orice călătorie în timp ar trebui să fie de fapt un schimb de obiecte. Adică, să zicem că un obiect ar fi transprtat dintr-un anumit viitor, într-un anumit trecut și ar ajunge la destinație într-un loc în care se află un alt obiect. Acest obiect din trecut, ar fi transportat în viitor și ar ocupa locul acelui obiect venit din viitor. Ar fi de fapt un transfer de obiecte: obiectul din viitor ar lua locul obiectului din trecut, iar obiectul din trecut ar lua locul obiectului din viitor, fiind vorba de fapt de o dublă călătorie în timp. Cred că așa s-ar putea rezolva problema. Aşadar, bănuiesc că în orice călătorie în timp ar trebui să existe de fapt un schimb de obiecte (mai general vorbind de substanţe, de energii, de informaţii): un obiect vine, un alt obiect pleacă... Numai astfel s-ar putea respecta principiul nepătrunderii. Pe de altă parte este de subliniat că sunt anumite evenimente importante (şiruri sau mulţimi de evenimente), iar altele nu. Perturbarea indusă prin distrugerea unui obiect aparţinând unui şir principal de evenimente, poate conduce mai departe la alte perturbări sau la modificări ale succesiunii de evenimente. Pe altă parte, distrugerea unor obiecte neimportante, nu va avea decât urmări neimportante sau esenţiale pentru şirul de evenimente. Cred că există un principiu în acest context, cred că modificările produse în trecut se supun principiului convergenţai sau al evoluţiei:

Un eveniment din prezent (sau din viitor) poate să nu fie modificat, dacă în trecut a fost modificat un eveniment, cu condiţia ca această modificare din trecut să fie compensată sau echivalată de un şir de alte evenimente astfel încât rezultanta să fie nulă.

Este oarecum analog cu compunerea forţelor in mecanică: dacă două forţe acţionează asupra unui obiect oarecare, este posibil ca aceste forţe să nu aibe nici un efect asupra obiectului, cu condiţia ca aceste forţe să fie egale dar de direcţii şi de sensuri opuse.

Spre exemplu să considerăm succesiunea de evenimente următoare:

... al doilea război mondial → primul om pe Lună → războiul din Irak...

Există o anumită înlănţuire de evenimente pornind de la al doilea război mondial şi terminând cu ceea ce s-a numit războiul din Irak. Se poate interveni în trecut, respectiv în sensul de a se împiedica producerea celui de-al doilea război mondial, fără ca acestea să implice în mod necesar modificarea situaţiei ulterioare (adică "războiul din Irak"), dar succesiunea de evenimente de după "evitarea celui de-al doilea război mondial" va fi diferită şi va compensa în intensitate evenimentele care au urmat celui de-al doilea război mondial. Este posibil ca evenimentul denumit "primul om pe Lună" să nu se mai producă, dar să se producă totuşi, în final evenimentul denumit "războiul din Irak" ...

Există, pe de altă parte, o anumită perturbare temporală admisibilă, perturbare care poate implica modificări ale unor evenimente minore, fără ca totuşi, evenimentele majore (istorice, sociale, economice, ecologice, etc.) să fie modificate.

În altă ordine de idei, ar fi de subliniat că modalitățile de călătorie în timp pot fi diverse: fizice (folosind mașini sau nave de transport temporal, inclusiv așa numitele porți stelare sau portaluri); cosmice (folosind găurile negre sau hiperspațiul), psihice (din punct de vedere parapsihologic, călătoria în timp se poate face printr-o concentrare psihică extremă sau prin niște efecte exotice insuficient studiate, poate avea loc așa-numita telecronare paranormală - transport instantaneu în timp cu suport paranormal - care este analogul teleportării paranormale - deplasare instantanee în spațiu); genetice (folosind reîncarnarea ca modalitate de transport temporal, cu ajutorul unor tehnici de inginerie genetică, sau alte tehnici de conservare, cum ar fi criogenia...

Se pare că transportul sau călătoria în timp este cu atât mai posibilă, cu cât are loc într-un trecut sau un viitor cât mai îndepărtat (deoarece se pot face compensări, echivalări, reorganizări ale evenimentelor.

Pe de altă parte mai trebuie spus ceva. Orice obiect este caracterizat prin anumite informații stocate în strucura sa, prin enumite energii și prin anumite substanțe care îl alcătuiesc; atunci când are loc un transport temporal al obiectului, din trecut în viitor spre exmplu, trebuie avut în vedere că în locul obiectului trebuie transportată o cantitate echivalentă de informații, de energii și de substanță din viitor în trecut ! Este așadar vorba de fapt de un transfer (de informații, de energie, de substanțe), care are loc pentru a nu se perturba echilibrul temporal ! Așadar, atât cât se transportă din trecut spre viitor, tot atât trebuie să se transporte din viitor spre trecut, altfel pot avea loc dereglări majore ale succesiunii evenimentelor...

Aceasta este echivalența temporală. Pe de altă parte, mai este ceva... TIMPUL se opune schimbării ordinii inițiale, altfel spus, tinde să conserve ordinea. Dacă un călător temporal intenționează să producă o modificare temporală, trebuie să știe că TIMPUL va declanșa o serie de evenimente care vor avea ca finalitate restabilirea ordinii, sau altfel spus, TIMPUL VA TINDE SĂ ANULEZE MODIFICAREA (sau cronoplastia)... Aceasta este inerția temporală... Dacă însă nici inerția temporală, nici echivalența temporală nu pot conserva ordinea temporală, atunci se declanșează generarea UNIVERSURILOR ALTERNATIVE, generare care este precedată de producerea undelor temporale - un eveniment care produce o modificare temporală va declanşa o succesiune de alte evenimente care vor înlocui succesiunea iniţială şi care se propagă prin TIMP ca şi cum ar fi o undă... Aceste unde temporale de fapt generează UNIVERSUL ALTERNATIV...

S-ar părea că numai luarea în considerare a acestor modalităţi şi corelarea lor, poate să permită o anumită înţelegere a dinamicii timpului, dar nu şi consideraea lor separată... Un exemplu ar putea să contribuie la o anumiaă înţelegere a acestei dinamici temporale. Să presupunem că cineva, un savant oarecare, construieşte maşina timpului; apoi trimite un obiect sau chiar poate efectua chiar el călătoria în timp. Ce se poate întâmpla ? Iată ce... Poate avea loc echivalenţa temporală, adică dacă individul călătoreşte în timp, respectiv vine din viitor şi ajunge cândva într-un anumit trecut, atunci, simultan şi instantaneu, din trecut vine un alt individ sau un alt obiect, care să fie echivalent sau asemănător cu persoana care călătoreşte în timp. Prin acest schimb, nu se va perturba echilibrul temporal, respectiv succesiunea evenimentelor (orice obiect, orice persoană care călătoreşte în timp, lasă un gol în urmă şi dimpotrivă produce un surplus de substanţă, de energie, de informaţie acolo unde ajunge, provoacă, altfel spus, un dezechilibru, care poate fi însă compensat de un alt obiect sau de către o altă persoană)... Dacă acest schimb nu se poate realiza din diferite cauze, atunci se poate declanşa inerţia temporală - adică se pot genera tot felul de evenimente care să restabilească situaţia iniţială, (adică revenirea individului în epoca din care a venit)... Dacă nici acest lucru nu se poate realiza, atunci se declanşează generarea UNIVERSURILOR ALTERNATIVE, sau ramificarea temporală - într-un UNIVERS, evenimentele decurg ca şi cum individul nu a călătorit în timp (maşina timpului se defectează, au loc alte evenimente care îl împiedică să efectueze călătoria), dar în ALT UNIVERS ALTERNATIV, chiar efectuează călătoria, cu consecitele care decurg de aici, în ALT UNIVERS ALTERNATIV poate să supravieţuiască, dar în ALT UNIVERS ALTERNATIV poate exista şi eventualitatea ca acel călător să dispară... Unde sunt UNIVESURILE ALTERNATIVE ? Trebuie subliniat aşadar că acestea sunt varietăţi de UNIVERSURI CU PATRU DIMENSIUNI (mai mult sau mai puţin asemănătoare cu Universul nostru) care sunt incluse în UNIVERSUL CU CINCI DIMENSIUNI; cred că nu este prea greu să se înţeleagă asta - după cum nu este greu să se înţeleagă

că în spaţiul tridimensional există nenumărate spaţii bidimensionale...
După cum spaţiul tridimensional este mai complex decât spaţiul
bidimensional, tot aşa şi spaţiul cu cinci dimesniuni este mai complex
decât spaţiul cu patru dimendiuni, de aceea dificultăţile de a înţelege
UNIVERSUL CU CINCI DIMESIUNI sunt foarte mari (trebuie
subliniat că UNIVERSUL CU CINCI DIMENSIUNI este ceva mai
mult decât abstracţiile matematice referitoare la spaţiile cu dimensiuni
mari)... Dar cine vrea să cunoască TIMPUL, într-o anumită măsură
cel puţin, va trebui să aibe o GÂNDIRE LIBERĂ, să îndrăznească să
viseze, să ignore toate criticile din lume, critici care, cel puţin într-o
anumită măsură, ucid visul, ucid creativitatea şi constrânge gândirea şi
care nu reflectă, în ultimă instanţă, decât limitele şi neputinţele celui
ce critică... Orice critic nu este altceva decât un om cu o imaginaţie
limitată, un om care nu se înţelege nici pe sine şi nici pe alţii, un om
care se teme de necunoscut... Nu va rămâne, în cele din urmă, decât
cu critica lui, neaducât nimic nou în ceea ce priveşte cunoaşterea
acestei lumi stranii... Astfel încât, CINE NU ÎNDRĂZNEŞTE
MULT, SĂ NU SE AŞTEPTE LA MULT...

Pe de altă parte, mai este ceva... Este foarte posibil ca în orice
proces cantităţile de informaţie, de energie, de substanţă să se
conserve şi chiar mai mult, informaţiile, energiile, substanţele şi chiar
intervalele spaţio-temporale să se transforme, într-un anumit mod, tot
aşa cum, spre exemplu energia se poate transforma în masă, în
anumite condiţii şi invers (aceste transformări se pot numi
transformări fundamentale)... Dacă este aşa, atunci călătoriile
temporale ca şi comunicările temporale ar putea să se desfăşoare prin
intermediul acestor transformări fundamentale...

În sfârşit, să mai semnalez ceva... Un individ care călătoreşte în
timp (respectiv în trecut sau în viitor), ar trebui să aibe în vedere
următorul aspect şi anume problema adaptabilităţii sale la mediul de
viaţă în care se află (în care a ajuns), pentru că s-ar putea să aibă
surprize neplăcute (ar putea exista spre exemplu microorganisme
pentru care nu dispune de mijloace de apărare, sau ar putea exista alţi
factori agresivi)... Dacă va fi incapabil să se adapteze, atunci, evident
că nu numai că va avea de suferit, dar s-ar putea ca acea călătorie în
timp să se sfârşească tragic...

Sunt unii indivizi care nici nu vor să se gândească la călătoria în
timp, zicând că acest lucru este imposibil... Trebuie însă spus că ideea

aceasta denumită "călătorie în timp" este imposibilă pentru ei, pentru cunoştinţele lor limitate, pentru posibilităţile ştiinţifice de ACUM şi de AICI... Dar poate că va veni o vreme când călătoria în timp va fi posibilă... În definitiv poate avea loc chiar ACUM călătoria în timp, numai că noi nu ştim !

Pe de altă parte, s-ar părea că, în ceea ce priveşte comunicarea în timp, aceasta nu se poate face decât unilatareal sau unidirecţional: din trecut spre viitor, nu şi invers... Dacă ar avea loc invers, s-ar încălca prin asta, ar spune un conservator dogmatic, principiul entropiei, ar putea spune că adică toate procese din natură sunt ireversibile, inclusiv comunicările... Cu toate acestea, nu tebuie uitat că acest principiu este ceea ce ştim ACUM, dar nu poate garanta nimeni că nu mai sunt şi alte principii pe care nici nu le bănuim actualmente (după cum nici principiul entropiei nu era nici măcar bănuit în evul mediu)... L-aş întreba pe un sceptic: oare chiar credeţi că este imposibilă călătoria în timp şi comunicarea temporală ?

Uitaţi-vă în interiorul dumneavoastră, în fiinţa dumneavoastră cu bunăvoinţă... Oare nu simţiţi chiar nimic ? Un freamăt, un dor, o nelinişte care să treacă dincolo de incredulitate şi care să vă şoptească: da, este posibil, poate că şi eu pot comunica, orice, cu cineva din trecutul sau din viitorul meu... Înainte de a critica furibund, poate că ar fi bine să acordaţi o şansă acestei idei... Iar dacă nu veţi simţi nimic, dacă sunteţi chiar atât de sceptic, vă rog să aveţi bunătatea de a lăsa altora libertatea de a crede şi de a gândi liber, iar dumneavoatstră nu aveţi decât să vă închideţi în propria dumneavoastră lume a certitudinilor absolute... În felul acesta nu va avea nimeni de pierdut...

NOTE

* Întrucât o călătorie în timp presupune echivalenţa temporală (atunci când are loc un transport temporal al unui obiect, din trecut în viitor spre exmplu, trebuie avut în vedere că în locul obiectului trebuie transportată o cantitate echivalentă de informaţii, de energii şi de substanţă din viitor în trecut; aşadar, atât cât se transportă din trecut spre viitor, tot atât trebuie să se transporte din viitor spre trecut, altfel pot avea loc dereglări majore ale succesiunii evenimentelor; are loc de fapt un transfer temporal)... Se poate deci presupune că atunci când au avut loc diverse dispariţii „misterioase"

ale unor obiecte sau ale altor entități (și sunt cunoscute astfel de dispariții, cum ar fi dispariția echipajului de pe nava Mary Celeste, sau dispariția batalionului Norfolk sau dispariția avioanelor Grumman), ei bine pot să presupun că a vut loc de fapt un transfer temporal; în locul obiectelor dipărute a apărut alte obiecte din viitor sau trecut !... În locul avioanelor Grumman spre exmplu trebuie să fi apărut altceva... Ce anume ?... Poate că cineva știe deja ce anume a apărut !...

* Sunt unele indicii care susțin că au fost deja efectuate tot felul de experimente pentru a se demonstra posibilitatea călătoriei în timp. Este, în acest sens, cunoscut publicului larg, EXPERIMENTUL PHILADELPHIA, din 1943 (experimentul Philadelphia este un presupus experiment militar în care nava USS Eldridge DE-173 ar fi trebuit să fie făcută invizibilă, conform celor prezentate în Wikipedia; în cardul acestui experiment, conform altor surse, respectiv http://www.esoterism.ro/ro/montaukk.php, ar fi avut loc, accidental și călătorii temporale...) și EXPERIMENTUL MONTAUK de la sfârșitul anilor 1960... Iată un fragment dintr-un articol: *„Proiectul Montauk si Experimentul Philadelphia"* — *sursa:* *http://www.esoterism.ro/ro/montaukk.php*

„De-a lungul anilor, cercetătorii de la Montauk s-au adâncit în perfecționarea tehnicilor de control mental și au continuat explorarea potențialului uman. Dezvoltând capacități psihice în personalul folosit, s-a ajuns în momentul în care gândurile unei persoane puteau fi amplificate cu ajutorul aparatelor, astfel că iluziile mentale puteau fi manifestate atât subiectiv cât și obiectiv ! Aceasta includea crearea virtuală a materiei. Toate acestea au fost cu totul noi pentru "experiența umană obișnuită" dar cei care conduceau Proiectul Montauk nu aveau de gând să se oprească aici. Odată cu descoperirea faptului că o ființă umană putea manifesta (crea) materie prin simpla gândire, ce s-ar fi întâmplat dacă subiectul uman crea o carte dar nu în prezent ci în trecut ? În acest fel a apărut ideea de a distorsiona timpul. După ani de cercetări empirice, au fost deschise astfel porți ale timpului în care se realizau experimente de neconceput. Proiectul Montauk a ajuns astfel sa redeschidă un vortex temporal înapoi, în 1943, când se realizase Experimentul Philadelphia."

Pe de altă parte, un incident care a provocat multă zarvă a fost „incidentul OZN Roswell".

„În incidentul OZN de la Roswell se presupune că s-au recuperat resturi extraterestre, inclusiv cadavre străine, de la un obiect neidentificat care s-a prăbușit în apropiere de Roswell, sediul comitatului Chaves, statul New Mexico,

SUA, în iunie sau iulie 1947. De la sfârșitul anilor 1970, incidentul a fost obiectul unor controverse intense și obiectul unor teorii ale conspirației cu privire la natura reală a obiectului care s-a prăbușit.

Armata Statelor Unite ale Americii, United States Army, susține că ceea ce s-a întâmplat a fost doar recuperarea resturilor unui balon experimental de supraveghere la mare altitudine care aparținea unui program secret numit Mogul [1]; cu toate acestea, mulți susținători ai OZN-urilor spun că, de fapt, o navă extraterestră s-a prăbușit și câteva cadavre au fost recuperate și că apoi militarii au început o operațiune de mușamalizare. Incidentul s-a transformat într-un fenomen foarte cunoscut în cultura populară, ceea ce face ca numele Roswell să fie sinonim cu OZN-urile."

(https://ro.wikipedia.org/wiki/Incidentul_OZN_de_la_Roswell)

Iată întrebarea care mă frământă de ceva vreme: poate fi o legătură între cele două evenimente ? Aparent nu ar fi nici o legătură... Și totuși... Mă pot gândi la o posibilitate... Așadar, experimetul Philadelphia a vut loc în anul 1943, iar incidentul OZN de la Roswell, a avut loc în anul 1947... O diferență de patru ani... Mă pot gândi așadar la următoarea posibilitate... Experimentul Philadelphia a urmărit să găsească a posibilitate de a face inuzibile navele maritime, numai că, la un moment dat, a fost, se pare o scăpare sau o scurgere de energie, un flux energetic, care s-a propagat în spațiu dar și în timp și care fost recepționat de către o navă extraerestră... Acest flux energetic se pare că a destabilizat nava extraterestră... care s-a prăbușit... la Roswell... Pare neverosimil, nu este așa ? Dar cu ce este mai verosimil atunci că acea navă extraterestră care s-a prăbuși nu a fost decât un experimet cu baloane meteologice, sau că experimentul Philadelphia, nu a fost decât o invenție a unor jurmaliști ?...

* O știre care a surprins pe mulți oameni a fost aceea referitoare la un călător temporal, numit John Titor. Acesta ar fi călătorit în timp, respectiv ar fi venit din anul 2036, cu o mașină temporală, pe care o descrie în felul următor...

<< Conform lui John Titor, prima mașină a timpului a fost construită în anul 2034 de compania General Electric, bazându-se pe descoperirile de la Acceleratorul de Particule CERN din Geneva (Elveția). Iată din ce ar fi formată o asemenea mașină a timpului:
1. Unități magnetice pentru microsingularități duale.

2. Colector de injecţie cu electroni, pentru a modifica în masă şi gravitaţia microsingularităţilor.

3. Sistem de răcire şi de ventilare cu raze X.

4. Senzori de gravitaţie (sistem VGL).

5. Ceasuri principale (4 unităţi de cesiu).

6. Unităţi de calculator principale (3).

"Maşina mea a timpului este o masă staţionară, o unitate temporală fabricată de General Electric. Unitatea este alimentată de două singularităţi dual-pozitive, care produc un sinusoid Tipler standard", declara John Titor pe un forum pe 27 ianuarie 2001. >>

4. Într-un articol, deja citat - *(ROBERT TRIF - "Mistere socante ale timpului. Calatoria in timp, teorii si fapte"*, 12/04/2009, *http://dezvatatorul.blogspot.com/2009/12/mistere-socante-ale-timpului-calatoria.html,* Sursa: all4rent*)*, sunt consemnate mai multe modalităţi de a se călătorii în timp... Iată un câteva fragmente, pentru edificare:

" În afară de găurile de vierme, au mai fost studiate alte două tipuri de maşini ale timpului. În 1937, matematicianul van Stockhum a demonstrat teoretic că, dacă un cilindru de dimensiuni gigantice s-ar învârti în jurul axei sale, el ar răsuci spaţiu-timpul ca într-un vortex, permiţând astfel aparatului spaţio-temporal ce navighează în cilindru să se întoarcă în trecut (vortex – mişcare circulară care formează vid în centrul cercului pe care îl trasează şi atrage către acest vid corpurile cu care intră în acţiune).

Cealaltă metodă implică aşa-zisele sfori cosmice. Aceste legături subţiri de energie se presupune că sunt un fel de urme îndepartate ale Big Bang-ului. Ele ar avea o greutate enormă şi ar produce efecte gravitaţionale puternice. Matematicianul american J. Richard Gott al III-lea a făcut următorul calcul: o pereche de sfori cosmice drepte mişcându-se una lângă cealaltă cu o viteza foarte mare, pe căi paralele, ar permite scurte salturi în timp. Un astronaut care „înfăşoară" sforile pe o traiectorie selectată s-ar putea întoarce în timp. Calculul lui Gott este însă unul idealist, întrucât presupune că sforile au o lungime infinită şi sunt perfect drepte."

„CALATORIA ÎN VIITOR

Într-un anumit sens, călătorim în viitor – dar secundă cu secundă, pe masură ce trece timpul. Teoria relativităţii spune, însă, că am putea ajunge mult mai repede într-un anumit moment din viitor, dacă am călători cu viteza luminii. De exemplu, dacă am dispune de un aparat care ar atinge 300.000 km/s, am ajunge în anul 3000 într-un singur an. Teoretic este posibil, practic e încă imposibil.

CALATORIA IN TRECUT

Gândul, maşină a timpului care se află la dispoziţia fiecăruia dintre noi, ne transportă zilnic în trecut, prin intermediul amintirilor. Totuşi, călătoria în trecut este diferită de cea în viitor şi e mult mai greu de realizat. Pentru a reuşi, ar trebui să facem un salt în spaţiu-timp, iar apoi ar trebui să ştim să ţinem sub control şi să exploatăm bizarele deformări ale gravitaţiei — întrucât totul s-ar petrece pe dos."

9. DIVERSE ASPECTE REFERITOARE LA COMUNICAREA TEMPORALĂ

Aspecte generale

Modalitatea de realizare a unei comunicări temporale este, desigur, diferită de modalitatea de realizare a unei căltorii în timp, oricine înțelege aceasta (tot așa cum modalitatea de realizare a unei comunicări spațiale este diferită de modalitatea de realizare a unei comunicări spațiale).

Comunicarea temporală se poate face printr-o modalitate analoagă telepatiei, modalitate numită cronopatie sau cronotelepatie. De asemeni alte efecte sunt viziunile din trecut, fenomenul déjà vu (deja văzut)... În definitiv, telepatia, cronopatia și fenomenele de tip PK (psihokinetice) alcătuisec un complex de fenomene paranormale legat de comunicarea și acțiunea în spațiu și timp, complex numit HOLOPATIE. Întrebarea fundamentală care se poate pune, pe de altă parte, este: pe ce treaptă a evoluției vieții și la ce nivel de complexitate au început să apară fenomenele paranormale ?

Iată o întrebare la care va trebui să se răspundă

Așadar, referitor la comunicarea temporală, se impune să vedem ce legătură există între aceasta și călătoria în timp. În frumoasa și învolburata noastră epocă, sunt unii "savanți" care contestă însăși posibilitatea călătoriei în timp... Este opinia lor, opțiunea lor, gândirea lor și îi privește... Nu au decât să trăiască și să judece așa cum cred de cuviință, atâta timp cât nu obligă și pe alții să le împărtășească opinia, fiindcă atunci ar fi odioşi... Eu nu le împărtăşesc opinia, cu alte cuvinte cred că este posibil să călătoreşti în timp... Din moment ce este posibil să călătoreşti în spaţiu, de ce nu ar fi posibil să călătoreşti în timp ?... Acceptând aşadar că se poate călători în timp - numai că nu ştim deocamdată cum să efectuăm o astfel de călătorie - putem presupune că, în prealabil, este necesar să se efectueze o comunicare temporală realizată între anumiţi indivizi care trăiesc în diferite epoci. Această comunicare temporală poate avea loc, în aşa-numitul "timp antropic", aşadar în perioada de timp în care a existat omenirea... Pe de altă parte, o călătorie în timp care ar fi efectuată în decursul erelor geologice s-ar putea înfăptui, dar în prealabil este necesară o anumită explorare...

Să mai precizez ceva... Pentru minţile neobişnuite cu tipul de gândire neconvenţional, totul poate să fie absurd, naiv sau fantastic... Dar eu nu mă adresez unor astfel de minţi !... Aş fi fericit dacă voi trece neobservat de astfel de indivizi, care au astfel de minţi, pentru că şi eu îi voi ignora pe ei... Aşadar, pentru a călători în timp, este necesar să se exploreze mai întâi epoca şi locul în care se va realiza călătoria în timp... Dacă o astfel de călătorie se va realiza în cadrul timpului antropic (istoric), atunci se poate explora epoca şi locul prin comunicare temporală (contact telepatic sau cronotelepatic mai exact), iar dacă se va realiza în cadrul timpului geologic, atunci explorarea se poate face prin clarviziune temporală sau prin contact interspecific (un fel de comunicare telepatică între specii diferite). Cu cât intervalul de timp este mai mare, (aşadar dacă o călătorie în timp se realizează în decursul erelor geologice) cu atât este mai mare posibilitatea de compensare a efectelor cronoplastice (adică modificările temporale vor fi mult atenuate). Altfel spus, dacă are loc o călătorie în timp efectuată într-o eră geologică îndepărtată (în mezozoic, să zicem), iar acolo se produc câteva modificări, spre exemplu distrugerea unor organisme, acele modificări nu vor avea repercursiuni asupra desfăşurării unor evenimente care se vor produce mult mai târziu (spre exemplu în evul mediu)...

Altfel ar sta lucrurile dacă ar avea loc o călătorie în aşa numitul timp antropic sau istoric (mai simplu spus, în istorie) şi s-ar produce modificări ale evenimentelor istorice (spre exemplu ar fi evitată desfăşurarea bătăliei de la Waterloo – în această situaţie, s-ar produce o LUME POSIBILĂ – s-ar genera o bifurcare a timpului), iar indivizii care efectuează călătoria temporală şi care produc modificarea evenimentelor respective, vor intra și se vor pierde, implicit, în LUMEA POSIBILĂ, produsă instantaneu...

Câteva aspecte referitoare la timp și la sesizarea obiectelor

Să observăm mai întâi că trecerea de la o dimensiune la alta, se face printr-o translație și apoi printr-o rotație... Spre exemplu, trecerea de la dimensiunea zero (punctul), la dimensiunea unu (dreapta sau curba), se poate face prin translația punctului... Trecerea de la dimensiunea unu (dreapta sau curba) la dimensiunea doi (planul) se poate face fie prin translația dreptei, fie prin rotația dreptei sau curbei...

Trecerea de la dimensiunea doi (planul) la dimensiunea trei (volumul), se poate face de asemenea fie prin translație, fie prin rotația unui plan...

Pentru a " vedea" figurile de pe un plan oarecare, ar trebui ca un observator să se plaseze undeva, la o anumită înălțime – deci să existe o dimensiune suplimentară, așadar, a treia dimensiune...

(Această constatare se prezintă schematic în figura 8).

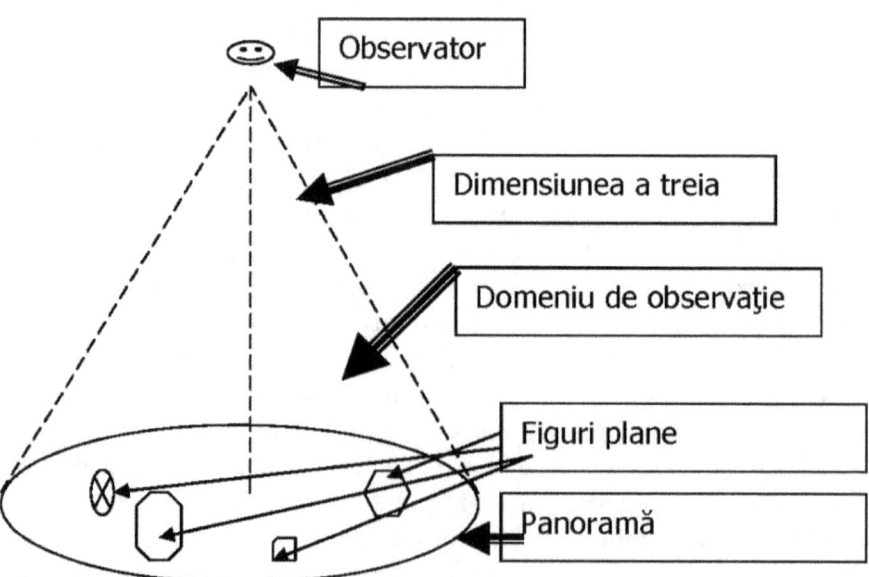

Figura 8 Pentru a avea o viziune de ansamblu asupra unui plan care conține o multitudine de figuri bidimensionale, un observator oarecare trebuie să se plaseze într-o dimensiune superioară (în acest caz, dimensiunea a treia)

Trecerea de la dimensiunea a treia la dimensiunea a patra se face prin translaţie sau prin rotaţie, precum şi prin mobilitate... (De fapt, mobilitatea este implicită şi în cazurile precedente de trecere de la o dimensiune la alta).

Deşi este foarte dificil de reprezentat grafic un corp cvadridimensional (adică având patru dimensiuni), am încercat totuşi să fac o reprezentare grafică a unor astfel de corpuri... (A se vedea figura 9).

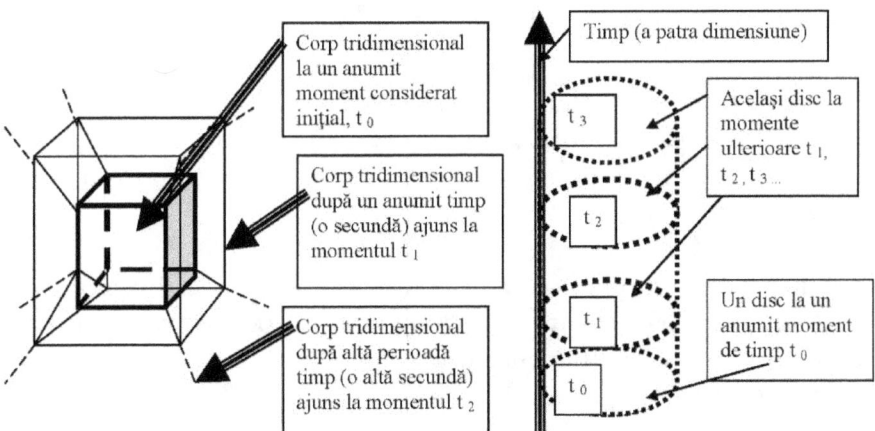

Figura 9 Reprezentare schematică a unor corpuri cvadridimensionale

Pentru a "vedea" corpurile tridimensionale situate într-un anumit loc, un observator ar trebui să se plaseze în dimensiunea a patra – pentru a putea distinge acele

obiecte ! (Ilustraţie în figura 10).

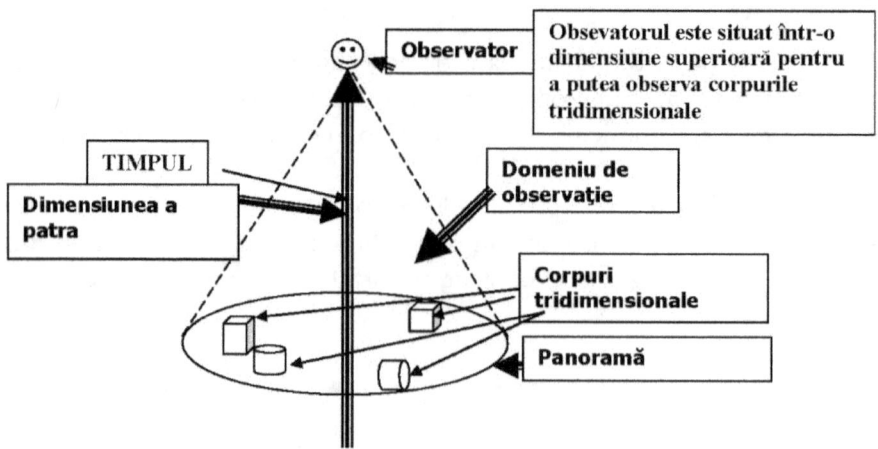

Figura 10 Pentru a avea o viziune de ansamblu asupra unui spaţiu tridimensional (conţine o multitudine de corpuri tridimensionale), un observator oarecare trebuie să se plaseze într-o dimensiune superioară (în acest caz, dimensiunea a patra)

Putem presupune că pentru a "vedea" corpurile cvadridimensionale situate într-un anumit loc, un observator ar trebui să se plaseze în dimensiunea a cincea – pentru a putea distinge acele obiecte !

Ar trebui să existe o modalitate de a trece de la dimensiunea a patra la dimensiunea a cincea (translaţia, rotaţia, mobilitatea sau durata şi... încă CEVA)...

Aşadar, pentru a avea o imagine de ansamblu asupra unor obiecte din spaţiul cu patru dimensiuni (de fapt aşa-numitul "spaţio-timp"), ar trebui ca un observator oarecare să se plaseze undeva, într-un spaţiu cu cinci dimensiuni (să existe eventual ceva, un fel de... "durată a duratei", o hiperdurată, ar trebui să existe ceva, un fel structură a timpului, iar timpul simplu, să se ramifice, să devină reversibil !)... Putem să ne imaginăm că, în cadrul UNIVERSULUI cu cinci dimensiuni, TIMPUL SE RAMIFICĂ ŞI DEVINE REVERSIBIL ! Astfel se poate înţelege existenţa LUMILOR POSIBILE care nu sunt altceva decât manifestarea TIMPULUI RAMIFICAT (SAU, CU O ALTĂ DENUMIRE, A HIPERTIMPULUI) ! Este ceva poate exagerat de abstract, dar nu imposibil de înţeles !...

Remarcă

Ar trebui menţionat faptul că există şi posibilitatea de a trece de la o dimensiune superioară la o dimensiune inferioară. Trecerea aceasta se poate face, după cum se ştie, prin INTERSECŢIE. Astfel:

- prin intersecţia a două drepte (dimensiunea unu), rezultă un punct (dimensiunea zero);

- prin intersecţia a două plane (dimensiunea doi), rezultă o dreaptă (dimensiunea unu);

- prin intersecţia a două volume (dimensiunea trei), rezultă un plan (dimensiunea doi)

- prin intersecţia a două hipervolume (dimensiunea a patra), rezultă un volum (dimensiunea trei);

- prin intersecţia a două ultravolume (dimensiunea a cincea), ar trebui să rezulte un hipervolum (dimensiunea a patra).

Această remarcă este utilă, întrucât arată că există, în principiu, pe lângă posibilitatea de a trece de la o dimensiune inferioară la o dimensiune superioară, există aşadar şi posibilitatea inversă, cu alte cuvinte trecerile de la o dimensiune la alta sunt REVERSIBILE... De reţinut !

Chiar mă gândesc la o posibilitate... Oare nu ar fi posibil ca UNIVERSUL NOSTRU CVADRIDIMENSIONAL, acest Univers în care trăim şi pe care încercăm să îl cunoaştem, să fie rezultatul unei intersecţii între două sau mai multe UNIVERSURI ?   S-ar putea !...

*

O ultimă întrebare: se pot efectua călătorii în... LUMILE POSIBILE ? Cred că da,   se pot efectua călătorii în LUMILE POSIBILE !...   Aceasta se bazează pe următoarea idee: o anumită conştiinţă sau o anumită entitate, care era inclusă la un moment dat într-o REALITATE anumită, poate ajunge într-o anumită LUME POSIBILĂ - derivată din LUMEA REALĂ - şi care devine ea însăşi REALITATEA pentru entitatea sau conştiinţa respectivă, iar de aici, poate trece în altă LUME POSIBILĂ care devine acum LUMEA REALĂ ! Trecerile pot avea loc fie spontan, fie stimulat sau forţat... Singurul inconvenient este că, în general, NU SE CONŞTIENTIZEAZĂ aceasta !

Ce rămâne în urmă ? În cel mai bun caz, ceva... ca un vis...

O ilustraţie este prezentată în figura 11 în care cred că se poate înţelege mai bine ceea ce am dorit să exprim prin HIPERTIMP (timp ramificat sau dimensiunea a cincea) şi timpul denumit liniar; HIPERTIMPUL (sau LABIRINTUL TEMPORAL) cuprinde o multitudine de timpuri liniare, aşadar mai multe prezenturi, mai multe trecuturi, mai multe viitoruri...

Pentru înţelegerea schemei este necesară ceva mai multă imaginaţie...

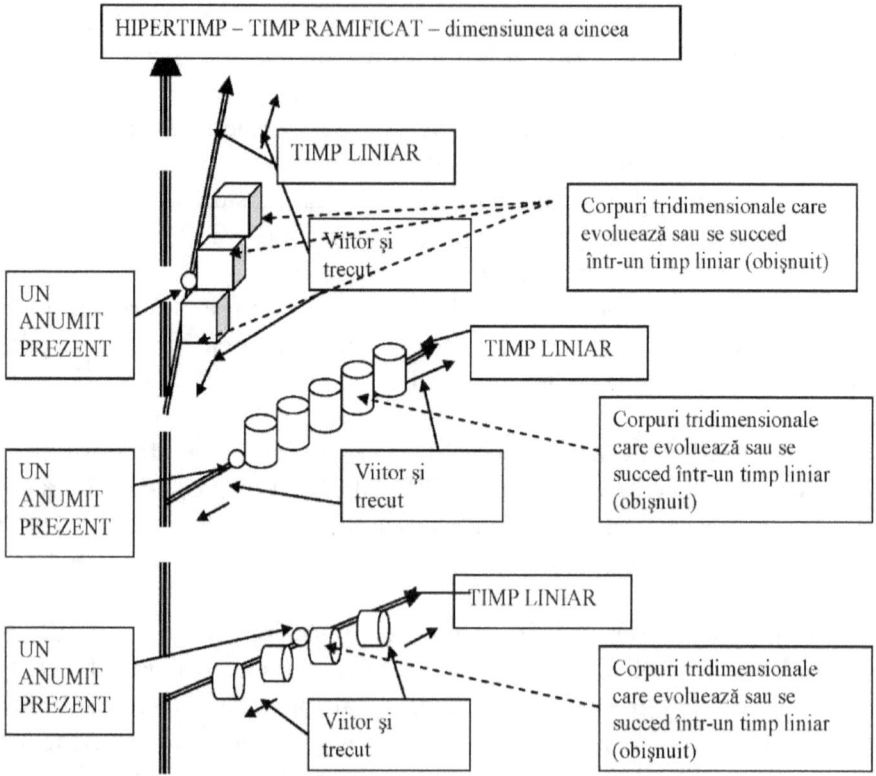

Figura 11 HIPERTIMPUL şi TIMPURILE LINIARE

NOTE

1. Sunt întrebări care se pot pune, cum ar fi:
- Există posibilitatea de a comunica între indivizi aflaţi în diferite LUMI POSIBILE ?
- Cum ar putea fi descrisă o astfel de comunicare ?
- Ca pe un fel de vis ?
- Se poate călători în... LUMILE POSIBILE ?
Se pare că este posibilă comunicarea şi călătoria în LUMILE

POSIBILE !...

Singurul inconvenient este că, în general, NU se conştientizează asta !...

Şi nu numai atât... Dar odată plecat dintr-o LUME, în general nu te mai poţi întoarce în aceeaşi LUME !... Te poţi pierde într-un fel de LABIRINT AL LUMILOR POSIBILE !

Pleci dintr-o LUME, intri în alta, pleci şi de aici şi te duci în alta...

Ce rămâne în urmă ?...   În cel mai bun caz, ceva ca un vis... Poate...

2. Comunicarea integrală - înseamnă, în definitiv, o comunicare completă: în spaţiu şi în timp (în trecut, în viitor), precum şi în LUMILE POSIBILE, şi la fel, o comunicare cu alte fiinţe vii (de oriunde, de oricând)...

Ar fi posibilă o astfel de comunicare... integrală ? Poate că da... Dar, oare ce   s-ar putea comunica ?...

3. Se poate întreba cineva: dar unde sunt aceste LUMI POSIBILE ? Cum se ramifică timpul ? Ei bine, trebuie spus că nu avem de-a face cu... O LUME ÎNTR-O ALTĂ LUME ! Aşadar nu este indicat să ne întrebăm: unde sunt aceste LUMI POSIBILE ?...   Nu avem de-a face cu un spaţiu într-un alt spaţiu (numai în acest caz ne putem întreba: UNDE sunt LUMILE POSIBILE ?)... În definitiv, avem de-a face cu LUMI POSIBILE ÎN SINE, la fel de valabile ca şi LUMEA REALĂ (respectiv ca şi lumea din care a provenit LUMEA POSIBILĂ). În ceea ce priveşte ramificarea timpului, aceasta este o nedeterminare... Este ceva analog cu principiul de nedeterminare din mecanica cuantică... După cum se ştie, din mecanica cuantică, în orice experiment (din domeniul cuantic), va trebui să se aleagă: dacă se doreşte să se cunoască sau să se măsoare impulsul unei particule, atunci nu se va putea să se cunoască poziţia particulei, sau dacă se doreşte să se cunoască energia particulei, nu se va putea determina timpul (MOMENTUL când particula a avut energia respectivă)... Ceva asemănător se întâmplă şi aici... Nu se va putea determina ramificarea timpului, pur şi simplu pentru că în acele momente în care se urmăreşte determinarea ramificării timpului, totul se împarte, se multiplică... Atunci când se determină poziţia particulei nu se va şti nimic despre impulsul sau viteza acesteia; există însă o LUME POSIBILĂ în care s-a determinat viteza particulei (sau impulsul), dar

nu şi poziţia (şi nu se ştie nimic despre poziţia respectivă) !... Fiecare dintre aceste LUMI POSIBILE (aceea în care s-a determinat poziţia şi aceea în care nu s-a determinat poziţia) EXISTĂ SIMULTAN ! ESTE REALĂ ACEA LUME PE CARE UN OBSERVATOR A DORIT SĂ O ALEAGĂ !... Şi, în plus, pentru a determina ramificarea timpului (sau în particular, bifurcarea timpului) trebuie să existe un sistem de referinţă faţă de care să se raporteze acea ramificare sau bifurcare...

Cel puţin deocamdată, cu tehnologiile şi concepţiile filozofice şi matematice actuale, determinarea se poate face numai... ipotetic...

Aşadar, dacă ne gândim mai profund, chiar principiul de nedeterminare din mecanica cuantică impune existenţa LUMILOR POSIBILE (şi implicit impune existenţa unei noi dimensiuni a UNIVERSULUI)... Iată, să presupunem că, într-un experiment oarecare, se măsoară impulsul unei particule elementare oarecare... În conformitate cu principiul de nedeterminare, nu se poate determina simultan impulsul şi poziţia particulei... Ce înseamnă asta ?

Înseamnă că pot exista mai multe posibilităţi în privinţa poziţiei acelei particule ! Putem spune că există mai multe LUMI POSIBILE pentru acea particulă (respectiv în care se poate găsi acea particulă)... Altfel spus, timpul se ramifică, în această situaţie... Dar ramificarea timpului implică cea de-a cincea dimensiune a Universului... Imposibilitatea de a determina simultan poziţia şi impulsul particulei este cauzată de existenţa vitezei limită a luminii...

Dacă ar exista viteze superioare (adică mai mari decât viteza luminii, cum se presupune că ar avea nişte particule ipotetice, numite tahioni, care s-ar deplasa cu viteze mult mai mari decât viteza luminii), atunci s-ar putea determina simultan atât poziţia cât şi impulsul particulei, aşadar, s-ar putea anula principiul nedeterminării (ilustrativ se prezintă această situaţie în figura 12).

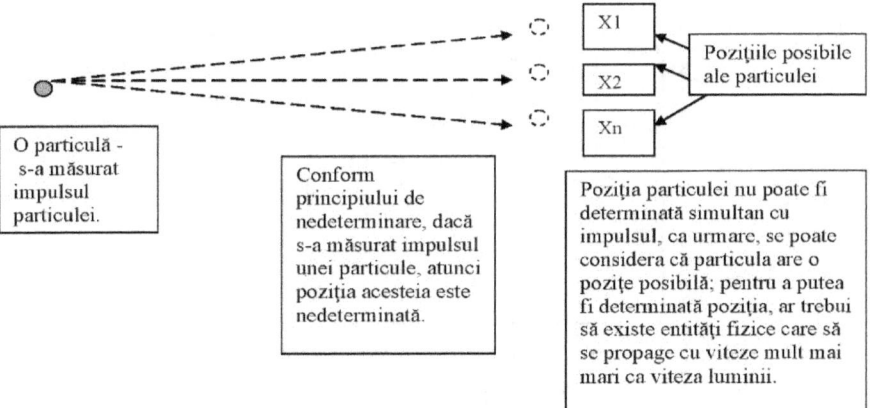

Figura 12 Există mai multe posibilități în privința poziției unei particule

Se poate conchide că ramificarea timpului (adică trecerea la dimensiunea a cincea   a Universului), respectiv faptul că dacă în dimensiunea a patra, timpul, (considerat ca fiind o a patra dimensiune) este liniar, în dimensiunea a cincea, timpul devine... plan, respectiv se poate vorbi de mai multe... trecuturi, de mai multe prezenturi, de mai multe viitoruri, are loc la un nivel mai profund decât nivelul cuantic... Dimensiunea a cincea o denumesc, așadar, HIPERTIMP... Dimensiunea a patra este timpul normal, obișnuit (definit prin aceea că este liniar adică, altfel spus, este caracterizat printr-un singur prezent, printr-un singur trecut, printr-un singur viitor)...

Să mai subliniez că orice creștere a dimensiunilor spațiului, implică   o creștere a complexității Universului și implică de asemenea generarea unor informații esențiale referitoare la Univers...

Ilustrativ se prezintă în figurile 13 și 14 deosebirea dintre timpul monoton sau liniar și timpul ramificat sau multiliniar sau multiplicat - HIPERTIMPUL.

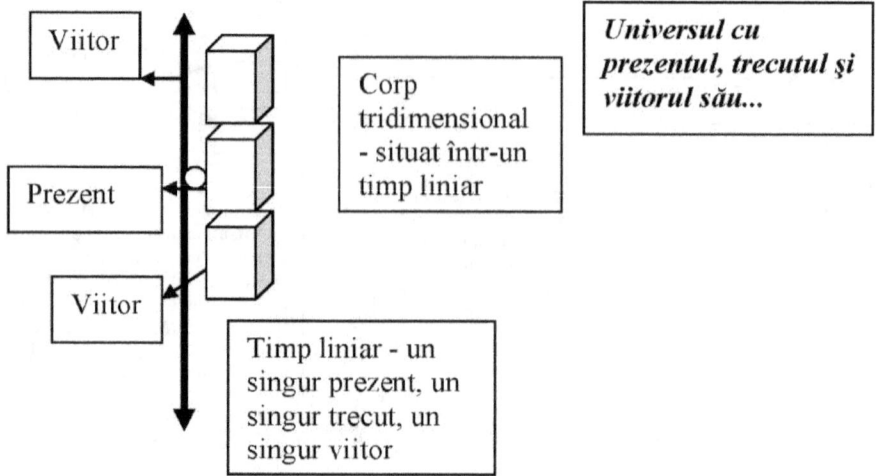

Figura 13 Timpul monoton sau liniar

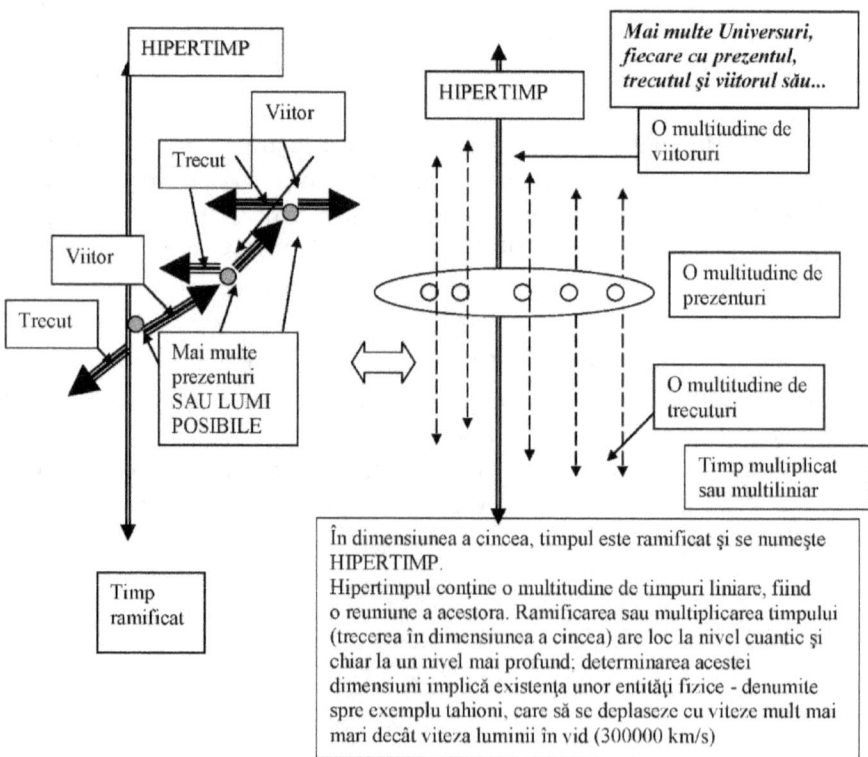

Figura 14 Timpul ramificat sau multiliniar sau multiplicat –
HIPERTIMPUL *(sau LABIRINTUL TEMPORAL)*

4. Principiul reciprocităţii. În cadrul oricărei comunicări temporale sau în cadrul unei călătorii în timp se aplică principiul reciprocităţii: pentru ca o comunicare temporală să se producă trebuie să existe UN SCHIMB DE INFORMAŢII ECHIVALENT (cu alte cuvinte, atât cât primeşti, tot atât trebuie să dai); în cazul călătoriei în timp, pentru ca aceasta să se producă, întreaga cantitate de informaţie, substanţă şi energie transportată în timp - în trecut sau în viitor - trebuie să fie echivalentă cu altă cantitate de informaţie, substanţă şi energie provenită din locul şi timpul în care se transportă acea cantitate de informaţie, energie şi substanţă. La fel şi aici: cât se transportă, atât va trebui să se preia din epoca respectivă, din locul respectiv... Mai simplu spus, atât cât iei, atât trebuie să dai şi invers, atât cât dai, tot atât vei primi... În definitiv este ceva analog principiului acţiunii şi reacţiunii (oricărei forţe aplicate asupra unui corp îi corespunde o altă forţă egală şi de sens contrar)...

Toate acestea au loc pentru realizarea unui anumit echilibru...

Ar mai trebui spus însă, următorul lucru...

Există, unele cunoştinţe şi unele tehnici uimitoare în antichitate, cum ar fi spre exemplu... ''construcţii uriaşe, terasa de la Baalbek, desene în care apar vehicule spaţiale, (descrieri ale unor astfel de nave se găsesc în capodopera indiană ''Ramayana''), desenele rupestre, marile statui din Insula Paştelui, piramidele vechi de 4500 de ani atât din Egipt cât şi din Mexic, apoi trepanaţii craniene, apoi cunoştinţe astronomice, matematice şi terapeutice uimitoare... ''

(Conform articolului din Wikipedia – ''Ipoteze şi argumente privind prezenţa extratereştrilor pe Terra''– wikipedia.org, 2010-02-03)...

Faptul că există astfel de ''enigme'', arată, după opinia mea, că s-a intervenit în... trecut ! Cred că au fost modificări determinate de comunicări temporale sau de călătorii în timp !... Dar, principiul reciprocităţii arată că, atât cât se ia dintr-un anumit loc şi dintr-o anumită epocă, în cazul unei comunicări temporale sau în cazul unei călătorii temporale, tot atât trebuie să se dea (adică, există o cantitate de informaţii, de energie şi de substanţă care trebuie să se ia sau să se dea).

În acest caz, după cum se pare, ceva s-a luat în schimbul acelor cunoştinţe avansate, cu alte cuvinte, s-au luat informaţii din trecut, iar în locul lor, s-au transferat alte informaţii – care nu sunt altceva de fapt decât cunoştinţele şi tehnicile uimitoare din antichitate !... Mă pot gândi că... trăiesc într-o lume... modificată, sau altfel spus, că trăiesc de fapt, într-o LUME POSIBILĂ !...

Cum a arătat LUMEA REALĂ, de fapt... fosta LUME REALĂ ? Îmi este greu să spun ! Da, îmi este greu să îmi imaginez, cum ar fi arătat lumea fără Piramide, fără terasa de la Baalbek, fără Sfinx, fără marile statui din Insula Paştelui, fără Poarta Soarelui, fără drumurile incaşe... fiindcă toate acestea şi încă multe altele, le consider ca fiind intervenţii în trecut, făcute fie prin comunicări temporale, fie prin călătorii temporale ale unor indivizi din viitor...

Nu au fost... extratereştrii, au fost... nişte oameni, pur şi simplu !...

5. <u>Problema credibilităţii.</u> În ce măsură cele prezentate până acum, pot fi credibile ? Înainte de a răspunde la întrebare, trebuie să lămuresc ce este credibilitatea (sau credinţa). În opinia mea, credibilitatea (sau credinţa) reprezintă o conexiune între un subiect cunoscător (adică, altfel spus, o fiinţă care poate cunoaşte, un om oarecare, spre exemplu) şi obiectul de cunoscut (sau o entitate oarecare) sau, mai exact, reprezintă o acceptare a conexiunii... Când spui: "cred că Universul este infinit" , de fapt realizezi o legătură între tine şi Univers... Dimpotrivă, când spui: "NU cred că Universul este infinit", acea legătură nu se realizează... În afară de aceasta, credibilitatea (sau credinţa) mai înseamnă şi accesibilitatea cunoaşterii...

Dacă vei crede, atunci realizarea conexiunii implică şi accesibilitatea cunoaşterii   şi invers, necredinţa, implică inaccesibilitatea cunoaşterii...

În consecinţă, consideraţiile prezentate asupra comunicării temporale, asupra HIPERTIMPULUI (ca fiind dimensiunea a cincea a Universului) pot fi credibile numai   în măsura în care se doreşte realizarea unei conexiuni între "<u>cel ce cunoaşte</u>" şi "<u>ceea ce se cunoaşte</u>"...

6. A afirma că LUMILE POSIBILE sunt deja create este echivalent cu a afirma că LUMILE POSIBILE sunt generate instantaneu... Depinde de <u>referenţial</u>: pentru cineva care participă la desfăşurarea evenimentelor (sau este prins în fluxul evenimentelor), LUMILE POSIBILE sunt GENERATE instantaneu, dar pentru cineva care <u>observă evenimentele</u>, respectiv observă desfăşurarea evenimentelor, LUMILE POSIBILE, <u>par a fi create şi par a fi eterne</u>...

Un exemplu simplu - să zicem că are loc un eveniment deosebit (o catastrofă ecologică)... În principiu pot exista două LUMI POSIBILE - una în care are loc evenimentul deosebit şi una în care nu are loc... Se poate considera fie că aceste LUMI POSIBILE au fost generate *instantaneu*, la un moment dat, fie că aceste LUMI POSIBILE există şi vor exista în veci ! Însă în oricare dintre LUMILE POSIBILE, nu va exista decât o singură conştiinţă şi numai una corespunzătoare unei singure LUMI POSIBILE: o conştiinţă pentru o LUME POSIBILĂ, o conştiinţă care observă evenimentul deosebit şi o conştiinţă pentru cealaltă lume, o conştiinţă care nu va sesiza evenimentul deosebit !... Ar trebui să existe o CONŞTIINŢĂ INTEGRATOARE care să reunească cele două conştiinţe şi care să evidenţieze cele două LUMI POSIBILE... Pentru această CONŞTIINŢĂ INTEGRATOARE, cele două LUMI POSIBILE sunt ETERNE. Altfel, individul dintr-o LUME POSIBILĂ, nu va şti de existenţa celuilalt individ din cealaltă LUME POSIBILĂ...

Este vorba, în definitiv, de credibilitate sau credinţă: credinţa sau credibilitatea înseamnă în ultimă instanţă acceptarea unei conexiuni - între cel ce crede şi între ceea ce crede...

Dacă nu vrea să creadă, atunci, evident că acea conexiune nu se va realiza, obiectul credinţei va deveni inaccesibil... Altfel spus, cred în ceva - se va realiza conexiunea,   nu cred în ceva, desigur că acea conexiune nu se va realiza... În acest context, dacă nimeni nu va crede în... LUMILE POSIBILE, acestea vor deveni inaccesibile cunoaşterii...

7. Un alt aspect care mi se pare foarte interesant este posibilitatea de a exista...   mai multe fizici... Să mă gândesc aşadar... Dacă presupun că în dimensiunea a cincea pot exita mai multe Universuri cu patru dimensiuni (tot aşa cum în dimensiunea a patra pot exista mai multe Universuri cu trei dimensiuni), atunci ce m-ar împiedica să mă gândesc că, pot exista Universuri în care legile fizicii din Universul nostru cvadridimensional să fie altele ?

Să nu uităm că legile fizicii pe care le cunoaştem ACUM sunt valabile pentru ANUMITE REALITĂŢI, (pentru... REALITATEA NOASTRĂ de acum), sunt valabile pentru ANUMIŢI OAMENI, pentru ANUMITE EPOCI şi pentru ANUMITE CONDIŢII...

Să nu uităm că în antichitate, deşi se bănuia existenţa atomilor (a se vedea concepţia filozofică a lui Democrit), cu toate acestea nu se știa nimic despre legile care se aplicau în lumea cuantică !... Peste o mie de ani, sunt sigur că vor fi oameni care vor râde de concepțiile, de dogmele unor savanți din epoca actuală, care nu îndrăznesc să vadă mai mult, să gândească mai mult, să viseze mai mult...

Spre exemplu... ce-ar fi dacă, într-o LUME POSIBILĂ, într-un alt UNIVERS, legile mecanicii și ale termodinamicii, ar fi altele ? Adică, spre exemplu să mă refer la... Principiul întâi al mecanicii:

"Orice corp își menține starea de repaus sau de mișcare rectilinie uniformă atât timp cât asupra sa nu acționează alte forțe sau suma forțelor care acționează asupra sa este nulă." (http://ro.wikipedia.org/wiki/Legile_lui_Newton)

Negarea acestui principiu, ar fi:

"Orice corp își menține starea de repaus sau de mișcare rectilinie uniformă atât timp cât asupra sa acționează alte forțe sau suma forțelor care acționează asupra sa nu este nulă, în caz contrar, corpul nu își menține starea de repaus sau mișcare rectiline uniformă."

Ce consecințe ar avea dacă într-un alt Univers ar fi valabil acest "principiu" ? Rămâne de văzut...

Alt exemplu, în ceea ce privește noțiunea de forță, care este definită ca fiind $F = m * a$, în care F este forța, m este masa și a este accelerația.

Dar dacă, în alte Universuri, poate fi valabilă o altă formulare a forței, de pildă $F = (m*a)^{-1}$? sau $F > m *a$ sau $F < m* a$?

În Universul nostru principiul acțiunii și reacțiunii este definit astfel:

"Când un corp acționează asupra altui corp cu o forță (numită forță de acțiune cel de-al doilea corp acționează și el asupra primului cu o forță (numită forță de reacțiune) de aceeași mărime și de aceeași direcție, dar de sens contrar."

Dar dacă, în alt Univers, acest principiu ar avea altă formulare ? Spre exemplu:

"Când un corp acționează asupra altui corp cu o forță (numită forță de acțiune), cel de-al doilea corp NU acționează asupra primului cu o altă forță ."

Sau, cu o altă formulare:

"Când un corp acționează asupra altui corp cu o forță (numită forță de acțiune), cel de-al doilea corp acționează și el asupra primului cu o forță (numită forță de reacțiune) dar având o altă mărime și o altă direcție."

Pe de altă parte, trebuie spus că acțiunea și reacțiunea apar simultan; așadar forța de reacțiune apare instantaneu odată cu forța de acțiune.

Ei bine, pot fi Universuri în care forţa de reacţiune nu apare instantaneu, ci după un anumit interval de timp şi poate avea o altă intensitate decât forţa de acţiune !...

În sfârşit, un alt exemplu se referă la entropie - Entropia este o <u>funcţie termodinamică de stare</u>, cu proprietatea remarcabilă că într-un <u>sistem izolat</u> nici un <u>proces</u> nu poate duce la scăderea ei.

(*http://ro.wikipedia.org/wiki/Entropia_termodinamica_(dupa_Caratheodo ry)*)

Dar dacă în alte Universuri, entropia ar avea proprietatea că într-un sistem izolat nici un proces nu poate duce la... creşterea ei ?

Entropia (în general, cu înţeles de mărime ce măsoară dezorganizarea unui sistem), în Universul nostru... creşte, dar în alte Universuri, în loc să crească, scade !... De asemenea, ar putea exista Universuri în care temperatura absolută să fie alta decât este în Universul nostru şi chiar să nu existe vreo temperatură absolută !... Ar putea fi posibil aşa ceva ? Bineînţeles că aproape toţi oamenii luminaţi din lumea asta ar fi... consternaţi, asta în cel mai bun caz... Totuşi, repet, dimensiunea a cincea implică şi existenţa Universurilor cu patru dimensiuni, în care legile fizicii POT FI ALTELE... În sfârşit, să mai notez ceva şi anume că toate constantele fizice, precum şi legile fizico-chimice, reprezintă, în ultimă instanţă, nişte CONSTRÂNGERI, IMPUSE UNIVERSULUI de CEVA ANUME... Ce anume constrânge UNIVERSUL ? Putem presupune că Universul fiind integrat într-o structură sau într-un ansamblu inimaginabil de complex, este supus unor constrângeri de către acesta, la fel cum orice subsistem este constrâns de către alte subsisteme ce alcătuiesc un sistem anumit, să respecte anumite reguli (fireşte nu este decât un exemplu poate prea simplu, dar care are avantajul că permite o anumită înţelegere a problemei)...

În definitiv, legile fizicii care asigură funcţionarea Universului nostru nu sunt singulare. Sunt alte legi care sunt valabile în alte Universuri, nefiind valabile, bineînţeles, în Universul nostru...

8. Mai este de făcut o remarcă. În lumea noastră REALĂ, există o demarcaţie clară între interior şi exterior... Oricine poate să facă această distincţie, oricine poate să spună că un obiect se află în interiorul unui sistem oarecare, iar alt obiect se află în exteriorul sistemului... Pot exista însă şi LUMI POSIBILE în care NU EXISTĂ o asemenea demarcaţie, aşadar, în care nu se poate

face delimitarea aceasta între INTERIOR și EXTERIOR; acele LUMI POSIBILE sunt atât de compacte, încât NU se poate face o asemenea delimitare ! De asemenea, oricine poate face o distincție între început și sfârșit... Așadar, oricine poate să sesizeze care este începutul unui proces și care este sfârșitul acestuia... Oricine poate să înțeleagă ce înseamnă, să zicem... începutul omenirii și ce înseamnă sfârșitul tuturor lucrurilor... Dar, în anumite LUMI POSIBILE, o asemenea distincție NU EXISTĂ !... Pe de altă parte, în asemenea LUMI POSIBILE, ar fi valabile ALTE LOGICI, respectiv alte principii ale gândirii...

Precum se știe, logica obișnuită sau clasică, se bazează pe anumite principii...

* Principiul identității: orice expresie își păstrează sensul pe parcursul unui anumit proces de gândire; altfel spus, există o stabilitate a gândirii și a lucrurilor...

* Principiul noncontradicției: două enunțuri, dintre care unul afirmă și celălalt neagă același predicat despre același subiect, nu pot fi ambele adevărate în același timp și sub același raport; altfel spus, există o consistență a gândirii și a lucrurilor...

* Principiul terțiului exclus: impune distincția netă între acceptarea unei propoziții (în cadrul unui sistem de propoziții), și inacceptarea ei, a treia posibilitate fiind exclusă; altfel spus, există o delimitare a gândirii și a lucrurilor...

* Principiul rațiunii suficiente: orice enunț, are un temei sau orice afirmație trebuie justificată; altfel spus, există o interdependență între diverse gânduri și diverse lucruri.

(Dicționar de Filozofie, Editura Politică, București, 1978, pag. 341, 500, 579, 702)

Dar, în alte LUMI POSIBILE, pot exista ALTE LOGICI și ALTE PRINCIPII ALE GÂNDIRII... Spre exemplu:

* Principiul neidentității: pe parcursul unui anumit proces de gândire, orice expresie are nenumărate sensuri; arată instabilitatea extremă a lucrurilor...

* Principiul contradicției: atât afirmația cât și negația pot fi ambele adevărate în același timp și sub același raport, sau ambele false; (arată inconsistența lucrurilor).

* Principiul terțiului inclus: nu există o distincție netă între acceptarea unei propoziții și neacceptarea acesteia, poate exista o altă

variantă, în afară de acceptarea sau neacceptarea propoziţiei; arată că nu există o delimitare a lucrurilor...

* Principiul raţiunii insuficiente: nu orice enunţ are un temei; nu orice afirmaţie trebuie justificată; arată că nu toate lucrurile pot fi conectate (sau legate) într-un fel anume...

În alte LUMI POSIBILE principiile logicii sunt altele şi ca urmare este foarte greu ca acestea să fie înţelese cu ajutorul logicii clasice, adică aceea pe care o folosim şi care este valabilă în aşa numita LUME REALĂ (de fapt noi o denumim ca fiind reală, altfel spus ESTE REALĂ PENTRU NOI)... În consecinţă, neînţelegând astfel de LUMI POSIBILE, ne va fi foarte uşor să le considerăm ca fiind... inexistente... Să nu se uite însă că şi noi, la rândul nostru, vom fi... inexistenţi pentru acele LUMI POSIBILE, (în care... logica este cu totul alta decât logica clasică)...

Depinde la ce sistem de referinţă te raportezi...

9. Ar mai trebui spus ceva, şi anume despre consistenţa LUMILOR POSIBILE... Acestea nu sunt numai simple imagini sau gânduri sau abstracţii; sunt, în ultimă instanţă, de fapt, ALTE REALITĂŢI ! Altfel spus, sunt tot atât de consistente ca şi realitatea obişnuită, numai că SUNT REALE PENTRU ALTE CONŞTIINŢE, PENTRU ALŢI OBSERVATORI (sau pentru alte subiecte cunoscătoare) !...

LUMILE POSIBILE nu există, nu se reprezintă şi nu se manifestă pentru toate conştiinţele care percep o anumită realitate ! Determinarea acestora se poate face, dar pentru aceasta trebuie o anumită procedură, o anumită tehnică, tot aşa cum determinarea unor realităţi, cum ar fi, spre exemplu, determinarea sau observarea particulelor elementare se poate face numai utilizând o anumită procedură, o anumită concepţie, un anumit aparat matematic, o anumită tehnică, fără de care particulele elementare nu se pot evidenţia !...

10. Neuronii şi sensibilitatea. Formarea neuronilor... " *începe din timpul vieţii fetale; organismul produce, cu o viteză fantastică, 250000 neuroni pe minut, (neuronul este o celulă formată dintr-o "ramură" centrală, axonul, pe care se află dendritele, prin intermediul cărora se realizează legăturile cu ceilalţi neuroni); apoi, cu 15-30 de zile înainte de naştere, întregul proces se opreşte brusc; se intră într-o a doua fază, care va dura toată viaţa: realizarea*

conexiunilor între celulele proaspăt create; cele care nu reușesc sunt eliminate; numărul neuronilor începe, din acest moment, să scadă; la început la aproape jumătate, la naștere, apoi scade tot timpul; după vârsta de 30-40 de ani, neuronii încep să moară cu mare viteză – cam 100000 pe zi, adică unul pe secundă !"

("Cele 3 creiere ale omului!", Revista Magazin, joi, 06 septembrie 2001, http://www.revistamagazin.ro/content/view/1611/20/).

Așadar, după naștere, circa jumătate din numărul neuronilor sunt distruși... Numai că... este foarte posibil ca la naștere, la unii indivizi, să nu fie distruși jumătate din numărul de neuroni, ci mai puțin, să zicem, un sfert... Ce implicații ar avea ? S-ar putea astfel realiza un număr mult mai mare de conexiuni între neuroni, așadar s-ar realiza o complexitate mult mai mare a creierului, ceea ce înseamnă o mai mare sensibilitate a acestuia și apoi o mai mare compatibilitate pentru perceperea dimensiunii a cincea a Universului, admițând că această dimensiune este mult mai complexă decât dimensiunea a patra, aceea în care trăim... Este de asemenea posibil să implice și posibilitatea de generare a unor fenomene paranormale (care cred că sunt, într-un fel, legate de dimensiunea a cincea a Universului...).

Pe de altă parte, stau și mă întreb: ce sens are evoluția umană ? Pentru ce evoluează specia umană ? Răspunsul cred că este următorul: pentru a se dezvolta, pentru a crește complexitatea fiecărui individ !... Aceasta se realizează, în ultimă instanță, prin creșterea numărului de neuroni și implicit prin creșterea numărului de conexiuni dintre neuroni... Bănuiesc că, tocmai aceasta, înseamnă de fapt sporirea populației sau "explozia demografică"... Prin aceasta s-ar părea că se urmărește provocarea unei mutații genetice care să implice tocmai capacitatea de a crește numărul neuronilor !... Mutația aceasta nu ar putea fi însă provocată artificial, după cum se pare... Cu cât vor fi mai mulți indivizi, cu atât va crește probabilitatea să se producă o mutație genetică și deci se vor putea naște indivizi cu un număr mai mare de neuroni... Este o ipoteză naivă ? Să nu uităm că soarta unei ipoteze "naive" este să devină... cât se poate de serioasă, după un anumit timp...

În altă ordine de idei, să mai notez un aspect și anume: Malthus arată că există o corelație între creșterea sau scăderea populației și mijloacele de subzistență - resursele alimentare, spre exemplu; numai că la aceasta ar mai trebui adăugat și resursele intelectuale ale populației; dacă resursele alimentare, să zicem, scad, atunci se pare că vor crește resursele intelectuale (invențiile, tehnica, știința, cunoașterea, în general...).

11. <u>Despre cronovizor.</u> Iată o știre apărută pe internet (http://dezvatatorul.blogspot.com/2010/10/cronovizorul-uluitorul-aparat-de filmat.html - ***Cronovizorul – uluitorul aparat de filmat trecutul***
10/12/2010 ROBERT-OVIDIU TRIF, IN DEZVATATORUL):
"Acum 58 de ani, pe 15 septembrie, Padre Ernetti a inventat un dispozitiv care fotografia trecutul omenirii, el a fost denumit cronovizor - un aparat extrem de interesant, care vede și chiar face poze ale unor evenimente din trecut."
Este oare adevărat ? De ce nu ? Cred că este de fapt, un exemplu de comunicare temporală - este posibil să se fi contactat o anumită conștiință, care a transmis anumite mesaje, reprezentate apoi sub forma unor imagini... Imaginile acelea de fapt au fost văzute mai întâi de către cine știe ce persoană din trecut și apoi trasmise în spațiu și timp și apoi au fost receptate inițial de către conștiințele celor care se foloseau de aparat și apoi proiectate și înregistrate de către respectivul aparat... Explicația mi se pare plauzibilă...

12. <u>Despre comunicarea cu ființele extraterestre...</u> Posibilitatea oamenilor de a comunica, într-un fel oarecare cu diferite ființe, este destul de controversată... Tot ceea ce pot să spun, deocamdată, legat de acest aspect este următorul lucru... Sunt trei posibilități:
- Dacă ființele extaterestre sunt mai puțin evoluate decât oamenii (să presupunem că vor avea loc călătorii interplanetare cândva și se vor descoperi pe unele planete ființe vii), atunci probabilitatea de a comunica, într-un anumit fel cu acele ființe, va fi destul de redusă, dar nu exclusă...
- Dacă ființele extraterestre sunt la fel de evoluate ca și oamenii, atunci există o mare probabilitate de a comunica într-un anumit fel cu acestea...
- Dacă ființele extraterestre vor fi mult mai evoluate decât oamenii (sau mai complexe), atunci probabilitatea de a comunica, într-un fel oarecare cu oamenii va fi destul de redusă, dar nu exclusă...

13. <u>Despre dificultatea de realizare a comunicării temporale.</u> Referitor la comunicările temporale, ar mai trebui notat că, în funcție de intervalul de timp la care au loc aceste comunicări, putem avea comunicări temporale care se desfășoară între indivizi care se găsesc

situați la intervale de timp scurte (ore, zile, săptămâni, sau luni), la intervale de timp medii (ani sau decenii), la intervale de timp lungi (sute sau mii de ani) și la intervale de timp foarte lungi (zeci de mii de ani și poate mai mult). Dificultatea de a iniția și de a întreține o comunicare temporală crește odată cu creșterea intervalului de timp.

Este cu atât mai ușor să se inițieze o comunicare temporală cu un om aflat în trecut sau în viitor, dacă acest om se găsește cândva într-un trecut sau într-un viitor apropiat sau relativ apropiat (acum o oră sau peste o oră, acum o zi sau peste o zi, săptămâna trecută sau peste o săptămână, acum un an sau peste un an sau chiar acum zece ani sau peste zece ani), dar este mai dificil să se inițieze o comunicare temporală cu un om aflat cândva într-un trecut sau într-un viitor mai îndepărtat (acum o sută de ani sau peste o sută de ani, acum o mie de ani sau peste o mie de ani). Îmi pot imagina următoarea situație... Fie o comunicare temporală realizată la un interval de timp scurt. În acest caz cineva aflat într-un anumit loc de pe planeta Pământ, transmite un mesaj altui om de pe planeta Pământ, dar aflat undeva, cândva, în trecutul apropiat sau în viitorul apropiat, (presupun că se poate afla, cândva, acum o lună sau peste o lună); trebuie avut în vedere că, în acest timp, planeta Pământ, s-a mișcat (sau se va mișca) pe orbită în jurul Soarelui și a parcurs (sau va parcurge) un anumit spațiu; comunicarea temporală se va realiza mai ușor...

O schemă intuitivă este prezentată în figura 15.

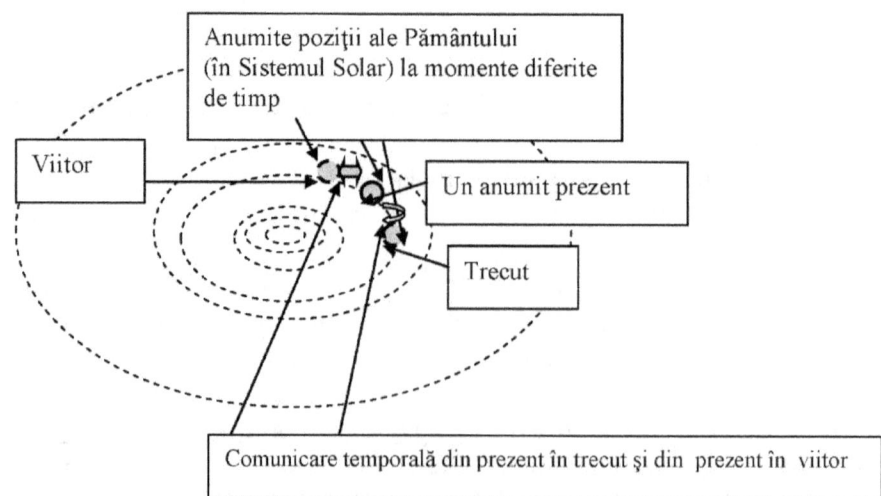

Figura 15   *Comunicarea temporală efectuată la intervale scurte sau relativ scurte   de timp (ore, zile, săptămâni, luni, ani sau decenii)*

Să presupunem însă că, la un moment dat, cineva dintr-un anumit prezent, stabilește succesiv, mai întâi un contact temporal cu un individ situat în trecutul lui, să zicem, cu 1000 de ani în urmă, și apoi, stabilește un contact temporal cu alt individ, situat de astă dată în viitor, peste 1000 de ani... Dar, mai înainte de a stabili contactul, acesta ar trebui să stabilească precis locul de pe planeta Pământ unde se găsesc cei doi indivizi și momentele de timp (unde și când se găsesc cei doi indivizi cu care ar urma să schimbe niște mesaje). Ce s-ar putea constata ?

Se poate constata că, între cele două momente de timp (acum o mie de ani și peste o mie de ani), poziția planetei Pământ diferă atât în sistemul solar cât și în galaxie ! O astfel de comunicare temporală va fi mai dificil de inițiat și de întreținut...

(O schemă intuitivă este prezentată în figura 16.)

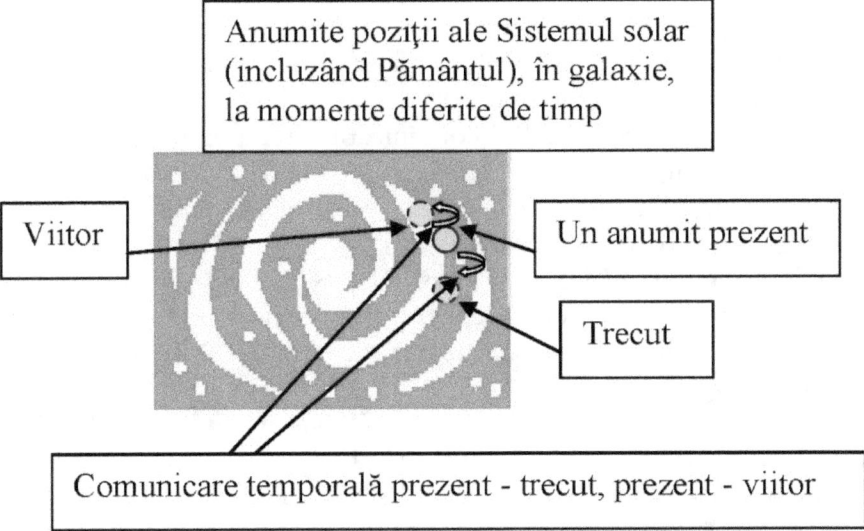

Figura 16   Comunicarea temporală efectuată la intervale lungi sau foarte lungi de timp (sute, mii sau zeci de mii de ani)

O schemă echivalentă este prezentată în figura 17.

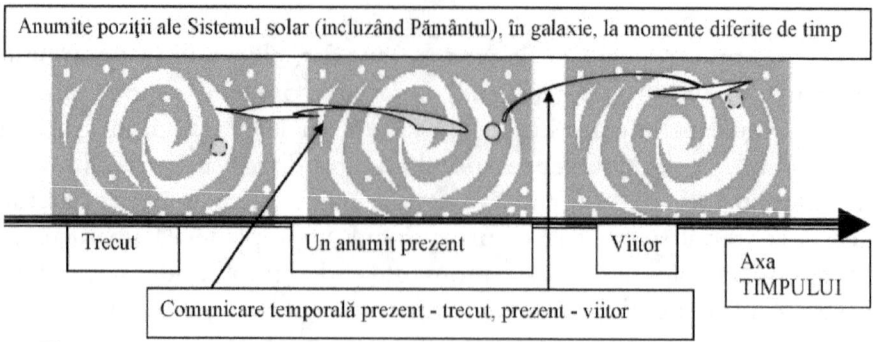

Anumite poziţii ale Sistemul solar (incluzând Pământul), în galaxie, la momente diferite de timp

Trecut

Un anumit prezent

Viitor

Axa TIMPULUI

Comunicare temporală prezent - trecut, prezent - viitor

Figura 17 Comunicarea temporală efectuată la intervale lungi sau foarte lungi de timp (sute, mii sau zeci de mii de ani)- variantă

Cum are loc comunicarea temporală ? Probabil prin intermediul unor semnale care se propagă cu o viteză mult mai mare decât viteza luminii în vid...

14. Echivalenţe. În definitiv, problema comunicării, a influenţei temporale, a călătoriilor în timp şi a LUMILOR POSIBILE, poate fi cercetată în două moduri:

- fie presupun că în cadrul comunicărilor temporale sau în cadrul influenţelor temporale, se GENEREAZĂ LUMI POSIBILE (ca şi în cazul producerii unor evenimente - orice eveniment important poate genera o LUME POSIBILĂ);

- fie presupun că LUMILE POSIBILE SUNT PREEXISTENTE, iar prin realizarea comunicărilor temporale, prin producerea influenţelor temporale, se realizează de fapt CONEXIUNI între LUMILE POSIBILE !

Presupun că există două UNIVERSURI CU PATRU DIMENSIUNI incluse într-un UNIVERS CU CINCI DIMENSIUNI. Cele două UNIVERSURI CU PATRU DIMENSIUNI au două AXE TEMPORALE T_1 şi T_2. În cadrul unui timp T_1, cineva comunică temporal, în trecut; dar, trecutul din axa temporală T_1, poate fi PREZENT pentru axa temporală T_2, aşa încât comunicarea temporală se produce de fapt între două... PREZENTURI (care însă aparţin unor axe temporale diferite !).

Aşa încât SAU presupun că o comunicare temporală (sau o influenţă temporală) poate avea loc într-un UNIVERS CU PATRU DIMENSIUNI spre exemplu dintr-un anumit prezent, într-un anumit trecut şi ca urmare SE POATE genera O LUME POSIBILĂ

(DEFINITĂ CA AVÂND PATRU DIMENSIUNI) sau presupun că acea comunicare temporală sau influență temporală poate avea loc între o LUME socotită ca fiind REALĂ și o LUME POSIBILĂ care PREEXISTĂ și atunci, prin comunicarea temporală sau influența temporală, se realizează o anumită CONEXIUNE ÎNTRE O LUME (considerată REALĂ) și o LUME POSIBILĂ ! Aceste două modalități de a cerceta comunicarea temporală sau influența temporală și LUMILE POSIBILE sunt echivalente !... Este neclar sau contradictoriu ? Ei bine nu, aparent este neclar !

Trebuie să mai spun că, la un moment dat, ar trebui să fim capabili să acceptăm ca fiind valabil și ceea ce este contradictoriu ! (Și, în definitiv, nici măcar nu este contradictoriu, este COMPLEMENTAR !)

În figura 18 este sugerat ceea ce am afirmat.

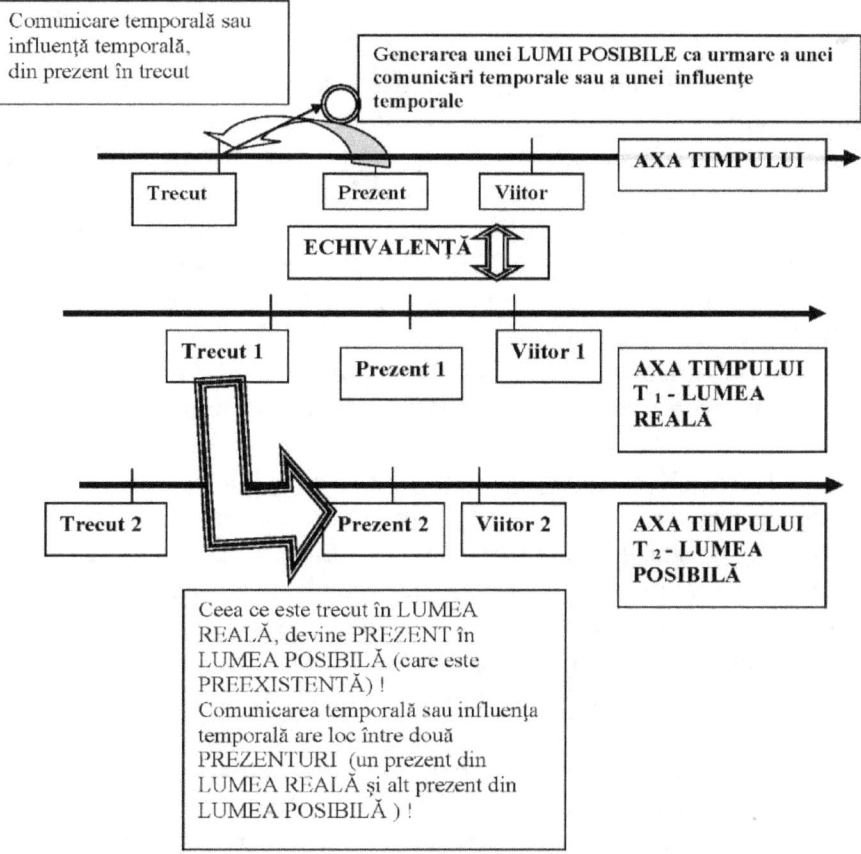

Figura 18 Comunicarea temporală (sau influența temporală) și LUMILE

POSIBILE

Exemplificare. Presupun că un individ dintr-un anumit prezent (de pildă din anul 2012) realizează o comunicare temporală cu altcineva din trecutul său, acum 1000 de ani (cu un individ din anul 1012). Îi transmite acestuia un anumit mesaj care îl influențează atât de mult încât poate să modifice anumite evenimente. Sunt două posibilități echivalente de a cerceta, și anume: fie în urma modificării evenimentelor, se generează o LUME POSIBILĂ (în UNIVERSUL CU CINCI DIMENSIUNI), dar comunicarea are loc ÎN LUMEA REALĂ, în timpul din LUMEA REALĂ, fie LUMEA POSIBILĂ este PREEXISTENTĂ (ÎN UNIVERSUL CU CINCI DIMENSIUNI), adică există deja ! Ceea ce este <u>trecut</u> în LUMEA REALĂ (anul 1012), este de fapt PREZENT (în LUMEA POSIBILĂ), astfel încât comunicarea (și influența temporală) are loc în PREZENTUL celor două LUMI (REALĂ și respectiv POSIBILĂ) !

S-a realizat o anumită legătură între cele două LUMI !... În prima modalitate de cercetare se poate pune problema conexiunilor dintre LUMEA REALĂ ȘI LUMILE POSIBILE, în a doua modalitate de cercetare, se pune problema GENERĂRII acestora (într-adevăr, dacă admit că LUMILE POSIBILE sunt preexistente, atunci mă pot întreba: totuși CUM AU APĂRUT ?)... Însă mă pot gândi că sunt unele LUMI POSIBILE care sunt GENERATE, iar altele care sunt PREEXISTENTE ! Dar care sunt acestea, nu pot să precizez... Tot ce pot să afirm, deocamdată, este următorul lucru: cele două modalități de cercetare sunt echivalente ! Atât și nimic mai mult...

15. Despre demonstrarea comunicării temporale.

Și totuși, cum s-ar putea demonstra că există comunicarea temporală ? Iată cum... Dacă s-ar găsi un text sau un desen sau o hartă din vechime și apoi s-ar compara cu un text sau cu un desen sau cu o hartă din epoca modernă sau contemporană și s-ar constata că sunt identice sau asemănătoare, atunci aceasta ar putea constitui o dovadă a existenței neîndoielnice a comunicării temporale, cu mențiunea că textul, desenul sau harta din vechime să fi fost descoperite după ce textul, desenul sau harta din epoca modernă sau contemporană au fost publicate undeva - într-o revistă sau într-o carte... Să presupunem că un text oarecare, scris pe un papirus sau pe o tăbliță de lut, a fost decoperit în anul 1970. Dacă același text, sau un text asemănător s-ar găsi într-o revistă sau într-o carte apărută mai înainte de anul 1970 - să zicem în anul 1960 - atunci cred că aceasta ar constitui o dovadă pentru existența comunicării temporale... Cum s-ar putea explica altfel similitudinea dintre acele texte ? Simpla afirmație că ar fi vorba de o coincidență, nu este îndeajuns... Spre exemplu, fie următoarea propoziție:

"A scapat vreunul dintre muritori ?! Nici unul nu trebuia să supraviețuiască potopului !"

(Din *"Povestirea lui Ghilgameș"*, preluat din cartea *"Tăblițele de argilă. Scrieri din orientul antic"*, traducere C. Daniel și I. Acsan, BPT, Editura Minerva, 1981, București, pag.118).

De menționat că... *"Epopeea lui Ghilgameș este un poem epic din Mesopotamia antică. Este cea mai veche scriere literară a umanității, datând de la începutul mileniului al III-lea î.Hr. aparținând culturii sumero-babiloniene. S-a păstrat, lacunar, pe 12 tăblițe de lut, în biblioteca regelui asirian Assurbanipal, de la Ninive și povestește faptele eroice ale legendarului rege al cetății Uruk. Poemul a fost descoperit abia în secolul al XIX-lea. "*
(http://ro.wikipedia.org/wiki/Epopeea_lui_Ghilgame%C8%99)

Ei bine, ce-ar fi dacă s-ar descoperi o carte apărută înainte de secolul al XIX-lea, în care să apară o propoziție asemănătoare ?

(O propoziție asemănătoare, de pildă:

"Vreunul dintre muritori a scăpat ? Nimeni nu trebuie să supraviețuiască potopului !")

Cred că, dacă ar fi așa, existența comunicării temporale ar fi pe deplin demonstrată ! Oricum este o temă de cercetare...

10. DINCOLO DE APARENŢE - SUGESTII ŞI REFLECŢII

10.1. COSMOLOGIA ŞI LUMILE POSIBILE

Dacă au loc ramificări ale timpului, altfel spus, dacă timpul monoton sau liniar (timpul normal, obișnuit) în permanenţă se multiplică sau se ramifică, generând astfel Lumi Posibile (sau Universuri Alternative), atunci, mă pot întreba cum are loc această multiplicare ? Evident că în această situaţie, modelele de Univers, acceptate actualmente, se modifică inevitabil !... Există o multitudine de modele cosmologice. Spre exemplu: <u>modelul stării staţionare</u> în care se presupune că Universul este infinit în spaţiu şi timp, aşadar, nu a existat un început şi nu va exista un sfârşit al său, iar materia se generează neîncetat...; <u>modelul stării nestaţionare sau Big Bang</u> presupune că a existat un început al Universului, altfel spus, Universul a rezultat dintr-o stare primordială, nestaţionară (o aşa-numită singularitate), după care a evoluat; acest model a generat multe alte modele cosmologice; <u>modelul cibernetic</u> presupune că Universul este de fapt extrem de complex, toate componentele acestuia având un rol funcţional, (la fel cum celulele, ţesuturile, sistemele care alcătuiesc un organism au un rol funcţional în existenţa acelui organism).

În toate aceste modele însă, se consideră TIMPUL ca fiind monoton, liniar, ca fiind o dimensiune a Universului... Atunci, oricine se poate întreba: cum s-ar putea înţelege, în cadrul unui model cosmologic, ideea de... timp multilateral (sau ramificat), aşadar, ideea de LUME POSIBILĂ (sau Univers Alternativ) ?

Iată o idee pe care o prezint în cele ce urmează... Putem presupune că există UNIVERSUL PRIMORDIAL (denumit și HIPERUNIVERS), aflat într-o stare staționară nedefinită. În cadrul Hiperuniversului, există însă o infinitate de UNIVERSURI, aflate în evoluție sau care au o infinitate de structuri mai mult sau mai puțin asemănătoare între ele... Pe de altă parte, Lumile Posibile reprezintă de fapt DIMENSIUNEA A CINCEA A HIPERUNIVERSULUI (sau a UNIVERSULUI PRIMORDIAL)... Pentru a înțelege aceasta, se poate exemplifica astfel... Dimensiunea a treia cuprinde nenumărate entități (sau figuri) bidimensionale – un cub conține pătrate, o sferă conține cercuri, etc., ei bine, tot așa și corpurile cu dimensiunea cinci, conțin, la rândul lor corpuri cu dimensiunea patru și, în general, UNIVERSURILE CARE AU DIMENSIUNEA CINCI vor conține nenumărate alte UNIVERSURI CU DIMENSIUNEA PATRU, tot așa cum UNIVERSURILE CU DIMENSIUNEA PATRU CONȚIN UNIVERSURI TRIDIMENSIONALE...

Diferența este că, dacă în UNIVERSUL CU PATRU DIMENSIUNI, TIMPUL se consideră că este liniar (așa-numita "săgeată a timpului" – timp definit printr-un singur prezent, un singur trecut, un singur viitor), în UNIVERSUL CU CINCI DIMENSIUNI, TIMPUL devine un fel de plan sau altfel spus, devine multiliniar, se ramifică, în acest caz TIMPUL are mai multe prezenturi, mai multe trecuturi și mai multe viitoruri... Mai este de notat și faptul că între dimensiuni (între dimensiunea doi și trei spre exemplu) există o infinitate de alte subdimensiuni, trecerea de la o dimensiune la alta se face fie brusc (prin saluri), fie treptat...

✸

O întrebare interesantă ar fi următoarea... Cum se poate ști sau cum se poate determina existența LUMILOR POSIBILE, respectiv cum se poate detecta existența celei de-a cincea dimensiuni a HIPERUNIVERSULUI ?

Noi, ființele din acest UNIVERS CU PATRU DIMENSIUNI, ne dăm seama ușor de UNIVERSURILE CU DOUĂ DIMENSIUNI, sau CU O DIMENSIUNE sau cu TREI DIMENSIUNI, dar când este vorba de a înțelege dimensiunile superioare (respectiv Universurile cu cinci dimensiuni, cu șase dimensiuni, cu șapte dimensiuni, etc.), ne va fi mai greu de a le percepe, poate chiar imposibil – cu cât crește numărul dimensiunilor, cu atât crește dificultatea percepției sau a înțelegerii acestor Universuri... Desigur aici este vorba de altceva decât de abstracțiile matematice... Logicienii și matematicienii știu deja că există spații cu mai multe dimensiuni, știu chiar că există spații cu o infinitate de dimensiuni, numai că de aici și până la o reprezentare și o înțelegere fizică este o cale lungă...

În sfârșit, mai este de amintit aici că existența LUMILOR POSIBILE se supune în ultimă instanță, PRINCIPIULUI INTEGRĂRII FUNCȚIONALE INFINITE – orice entitate (sau sistem sau Univers) este integrat (sau inclus) într-o altă entitate (sau sistem sau Univers), iar integrarea este realizată în mod funcțional, astfel încât ANSAMBLUL SĂ EXISTE !

(Spre exemplu: quarcii sunt integrați în particule, particulele sunt integrate în atomi, atomii sunt integrați în molecule și așa mai departe...). Așadar este fie imposibil, fie foarte greu de determinat LUMILE POSIBILE (sau UNIVERSURILE ALTERNATIVE)... De ce ? Pentru că nu există un sistem de referință la care să ne raportăm atunci când dorim să determinăm o anumită LUME POSIBILĂ. Ei bine fără sistemul de referință, nu vom ști niciodată că am părăsit lumea reală și am trecut într-o LUME POSIBILĂ ! NU VOM REMARCA NICI O DIFERENȚĂ între vechea lume – aceea pe care o consideram ca fiind reală și noua LUME, respectiv LUMEA POSIBILĂ care a devenit... REALĂ !... Tot așa cum atunci când nu ai un sistem de referință, un reper la care să te raportezi, este imposibil să stabilești dacă te afli în mișcare sau în repaus atunci când te găsești spre exemplu într-un tren și privești pe fereastra vagonului la un alt tren; la un moment dat, unul din trenuri se mișcă, numai că, dacă nu vei avea un anumit reper, nu vei ști care dintre trenuri se mișcă, respectiv acela în care te afli, sau acela pe care îl privești... Ceva asemănător se întâmplă și în cazul LUMILOR POSIBILE – dacă nu ai un reper, așadar, nu vei ști în ce LUME TE AFLI – în cea REALĂ sau în cea POSIBILĂ... Deci problema fundamentală și extrem de dificilă este DE A STABILI REPERUL !...

Unde este posibil să se genereze LUMILE POSIBILE ? Iată următorul exercițiu de imaginație (care nu este deloc simplu).

Mai întâi ar fi de presupus că în procesele cuantice, au loc și generări de cuante de spațiu și de timp cuplate sau necuplate, care se generează instantaneu. Aceste cuante generează mai departe,

UNIVERSURI ALTERNATIVE ȘI PARALELE / VARIETĂȚI DE UNIVERSURI SAU LUMI POSIBILE; tot la nivel cuantic, subcuantic (infracuantic) și subcuantic profund (microcuantic) există fie o dualitate spațiu - timp (în care caz se formează dimensiunea Universului, deci o continuitate; cuantele de spațiu se pot transforma în cuante de timp), fie o separație netă, non-dimensională, în care cuantele de spațiu și timp sunt independente. În primul caz gavitația rezultă din deformări ale continuului spațiu-timp, în al doilea caz, gravitația este diferită de aceea cunoscută actualmente. Din nefericire, o exprimare mai simplă și mai inteligibilă nu este posibilă acum...

Există, pe de altă parte și un gen de relații de nedeterminare de felul următor:

$$\Delta I \times \Delta L \geq l\,p \quad (1,616\ 199(97) \times 10^{-35}\ \text{m})$$

ΔI - cantitatea de informație (câtă informație există într-un anumit loc din Univers, exprimată într-o anumită unitate de măsură, poate fi spre exemplu, Bit);

ΔL - localizarea (reprezintă repartizarea informației în spațiu, exprimată în m/Bit); l p - lungimea Plank.

Această relație arată:

Dacă ΔL tinde la infinit, cantitatea de informație este nedeterminată (deci pentru un Univers infinit, nu se pot determina informațiile care există în acel Univers).

Dacă ΔL tinde la zero, cantitatea de informație este de asemenea nedeterminată (deci în cazul unui Univers cu dimensiune zero, dincolo de lungimea Plank, informațiile nu sunt determinate).

$$\Delta C \times \Delta T \geq t\,p\ (5,391\ 06(32) \times 10^{-44}\ \text{s})$$

- ΔC - conservarea informației (reprezintă repartizarea informației în timp, exprimată printr-o unitate de măsură, spre exemplu Bit/s);
ΔT - temporalitatea (reprezintă, inversul variației conservării informației în timp, exprimată prin s^2/Bit);

t p - timpul Plank.

Această relație arată:

Dacă ΔT tinde la infinit, conservarea informației este nedeterminată (deci informația, într-un Univers etern, nu poate fi precizată).

Dacă Δ T tinde la zero, conservarea informației este de asemenea nedeterminată (deci într-un Univers atemporal, așadar în care timpul nu există, conservarea informației nu se poate preciza).

(Dacă timpul ar fi chiar egal cu zero, atunci Universul devine tridimensional; însă între timpul zero și timpul Plank, există o infinitate de valori, astfel încât, de fapt se poate afirma că între timpul Plank și timpul zero, se manifestă așa-numitul timp transfinit, adică, sub limita Plank , de 10^{-44} s , pot fi și nenumărate alte limite ale timpului, cum ar fi: 10^{-94} s, 10^{-544} s, 10^{-4400} s, etc., fiecare dintre aceste timpuri transfinite avâd tot felul de particularități)...

Așadar atât în cazul unui Univers infinit spațial și etern temporal, cât și în cazul unui Univers cu dimensiunea zero și atemporal (dincolo de lungimea Plank și timpul Plank), informațiile sunt nedeterminate...

Aceasta sugerează că pot exista două cazuri.

Fie că Universurile Alternative/Paralele sau Varitățile de Universuri (Lumile posibile) se generează într-un HIPERUNIVERS infinit spațio-temporal.

A doua presupunere este următoarea.

Generarea de Universuri Alternative /Paralele sau a Varietăților de Universuri (LUMI POSIBILE) are loc dincolo de lungimea Plank și timpul Plank (în cazul în care cantitatea de informație tinde la infinit, conform cu echivalența generalizată - cantitățile de informație, substanță, energie și intervalele spațio-temporale sunt echivalente și se pot transforma; așadar, atunci informația se poate transforma în intervale spațio-temporale, energie, substanță, adică alte Universuri, totalitatea lor, determinând în final DIMENSIUNEA A CINCEA a unui ansamblu mai complex, denumit MULTIVERS, sau MARELE UNIVERS sau HIPERUNIVERSUL).

Ar mai fi de semnalat și altceva... Denumesc nivel Plank sau primordial, nivelul cuantic corespunzător lungimii Plank și timpului Plank – este o realitate profundă, o limită a lumii cuantice. Mai trebuie adăugat că sub nivelul Plank, legile fizicii cuantice se modifică; sub acest nivel, se generează instantaneu așa numitele INFRAUNIVERSURI PLANK, care sunt într-o continuă fluctuație – apar și dispar continuu... Pe de altă parte, mai trebuie să semnalez că orice interacțiune, orice schimbare generează informație, iar informația este transmisă aproape instantaneu (cu viteze inimaginabil de mari), în tot Universul, ajungând inclusiv la nivelul Plank... Informația transmisă poate fi preluată, mai departe, de către Infrauniversurile Plank care se pot stabiliza și pot "crește" , dezvoltând un Univers Alternativ sau Paralel sau alt tip de Univers sau o LUME POSIBILĂ. Cum are loc și de ce au loc aceste procese, este greu de explicat în cuvinte potrivite și pe înțelesul nostru, dat fiind faptul că există o complexitate extremă, iar a simplifica, a încerca să reduci complexitatea aceasta copleșitoare, este imposibil...

Matematica implicată în descrierea acestor procese ar trebui să fie deosebit de... abstractă, cea actuală nefiind adecvată; este ca și cum s-ar aplica spre examplu matematica clasică, în domeniul cuantic... Va trebui probabil să fie o combinație între matematica aplicată în știința complexității și aceea aplicată în domeniul cuantic... Rămâne de văzut...

Ce legătură ar exista între LUMILE POSIBILE provocate spre exemplu de către oameni sau de către diverse evenimente naturale, cum anume se generează acestea și de ce ? Iată întrebări la care dacă nu se poate răspunde, măcar aproximativ sau chiar oricât de vag, atunci ar exista riscul ca ipoteza prezentată să fie lipsită de perspectivă... Și totuși ar exista ceva, o posibilă explicație, dar destul de aproximativă; oricum este mai bine decât nimic... Să luăm în considerare, spre exemplu, un eveniment istoric generat de către un anumit personaj istoric (un conducător, un comandant de oști sau poate un mare inventator); acest personaj mai înainte de a lua o decizie, care să fie apoi transmisă mulțimii și aplicată în... practică, mai înainte de asta au fost... gândurile din mintea lui, gânduri care în ultimă instanță, se pot converti de fapt în... semnalele bioelectrice din creierul lui; aceste semnale bioelectrice, sunt de fapt niște modificări ale stării cuantice, să zicem ale electronilor... Dar aceste modificări, înseamnă de fapt... generarea de informație care este transmisă aproape instantaneu și ajunge la nivelul Plank, care va începe, mai departe generarea de Universuri Alternative... După ce decizia a fost luată, aceasta a fost transmisă prin diferite canale de comunicare, mulțimii care a reacționat, într-un fel sau altul (s-au generat gânduri în mințile oamenilor, care au implicat așadar modificări ale stării cuantice, apoi a fost generarea de informație, apoi a fost transmisia instantanee și recepționarea acesteia la nivelul Plank... Analog stau lucrurile și în cazul altor evenimente care au loc la nivel macroscopic și chiar cosmic... Ceea ce pare neclar, este de ce și cum se propagă informația aproape instantaneu, când se știe că actualmente, limita de viteză este aceea a luminii   (în vid)... Se poate răspunde că limita aceasta de viteză, este impusă tocmai pentru a permite informației să se propage cu viteze mult superioare (aproape instantaneu). Pentru că se pare că informația este de două feluri: informația legată (aceea care se propagă cu ajutorul unui anumit suport, care poate fi spre exemplu undele elctromagnetice – acestea nu se pot propaga cu viteze mai mari decât viteza luminii) și informația liberă, care nu este deci legată de un anumit suport și care se poate propaga cu orice viteză, aproape instantaneu... Mai greu de înțeles pentru unii oameni este cum poate exista informația liberă... Ei bine poate exista o modalitate... În definiv tot așa cum a existat *singularitatea* de la care s-a generat MARELE EVENIMENT, denumit BING BANG, sau așa cum există, se pare, MATERIA ÎNTUNECATĂ, tot așa poate că există o modalitate prin care informația liberă se propagă aproape instantaneu...

Ar mai trebui semnalat ceva, în treacăt, și anume că... *"exista o proprietate stranie de "ne-localizare" cuantică. Aceasta înseamnă că particule aflate la distanțe microscopice unele de altele (de exemplu mii de kilometri) pot să interacționeze unele cu altele într-un mod ciudat, ca și cum ar fi inter-conectate, însă legătura dintre ele este necunoscută. Este ca și cum ar exista un "întreg" care coordonează prin metode necunoscute fiecare părticică din Univers."*

(http://www.almeea.com/fizica-cuantica-principiile-sale-si-spiritualitatea/, Fizica cuantica, principiile sale si spiritualitatea, 2009)".

De fapt cred că reprezintă un exemplu în care se manifestă informația liberă care, așa cum specificam, se propagă aproape instantaneu...

În definitiv orice gând, orice sentiment, orice senzație se poate reduce în ultimă instanță la o modificare a unor stări cuantice... Un gând spre exemplu este însoțit sau poate reprezenta de fapt de o modificare a stării unor neuroni... În rețeaua de neuroni apare în definitiv acel gând... Dar, această modificare, se repercutează mai departe, în ultimă instanță, asupra stării cuantice a agregatelor cuantice din care sunt constituiți neuronii înșiși. Dar conform cu nelocalizarea cuantică, schimbarea stării cuantice se repercutează asupra altor agregate cuantice aflate la distanțe poate inimaginabil de mari... Așa încât, nu ar fi deloc imposibil ca un gând oarecare să modifice stările altor agregate aflate undeva, departe...

Pentru unii indivizi acest proces pare să fie halucinant, dar cu ce este el mai halucinant decât, să zicem... efectul tunel sau dualitatea undă – corpuscul ?...   (La începuturile sale însăşi teoria cuantică părea stranie, imposibilă şi totuşi s-a dovedit exact contrariul)... Aşa încât îi rog pe cei dornici să critice, care găsesc în critică un minunat mijloc de a se bucura şi de a-şi satisface anumite plăceri, să nu se pripească... Există o măsută în toate, chiar şi în ceea ce priveşte critica, în special în critica nefondată şi nefolositoare...

Aşadar ar putea exista o explicaţie, chiar dacă este foarte abstractă şi deocamdată oarecum vagă, poate incorectă, nici nu este de mirare, la acest nivel de complexitate nu se poate cere mai mult, acum...

□

Ideea referitoare la LUMILE POSIBILE, nu este nouă... Mai demult s-a propus ipoteza UNIVERSURILOR PARALELE... În definitiv, pot spune că, într-o anumită măsură, LUMILE POSIBILE reprezintă cam acelaşi lucru cu UNIVERURILE PARALELE ! (Să mai precizez că UNIVERSURILE ALTERNATIVE reprezintă o categorie sau un tip de UNIVERS PARALEL...)

Iată câteva exemple, în acest sens...
"Universul nostru poate să fie unul dintre multele universuri din infinitul "multivers", în care se poate întâmpla orice."
(Prin Multivers se înţelege o multitudine de lumi sau de universuri...)
"Înseamnă de asemenea, că există universuri în care orice eventualitate imaginabilă poate avea loc – universuri în care tu scrii această carte şi eu sunt cel care o citesc; universuri în care sudiştii au câştigat Războiul Civil din America şi universuri în care dinozaurii nu au dispărut niciodată. "
("Teorii ştiinţifice în 30 de secunde", coordonator Paul Parsons, traducere Alexandru Suter, editura Litera, Bucureşti, 2009, pag. 128)

Hugh Everett propune în 1957 ipoteza "lumilor multiple"...
"Asta înseamnă că există o vastă proliferare sau ramificare de universuri paralele de fiecare dată când se produce un eveniment cuantic. Orice univers care poate exista, face acest lucru. Cu cât un univers este mai bizar, cu atât este mai puţin probabil, dar cu toate acestea, asemenea universuri există. Rezultă de aici că există o lume paralelă în care naziştii au învins în cel de-al Doilea Război Mondial sau o lume în care Armada spaniolă n-a fost niciodată înfrântă şi toată lumea vorbeşte spaniola."
"Aplicarea principiului de incertitudine la întregul univers duce în mod

natural la un multivers."

(Michio Kaku – *"Fizica imposibilului"*, editura Trei, Bucureşti, 2009, traducere Constantin Dumitru – Palcus, pag. 393, 394, 395).

David Lewis, în foarte intersanta sa carte „*Despre pluralitatea lumilor*" (Editura Tehnică, Bucureşti, 2006, traducere Oana Gabor Şoimu), scria:

"De fapt, există atât de multe lumi, încât absolut orice mod de existenţă posibil al unei lumi constituie un mod de existenţă al unei anumite lumi. La fel ca în cazul lumilor posibile, tot aşa se întâmplă în cazul părţilor lor. Există atât de multe moduri de existenţă ale unei părţi de lume, şi atât de multe şi de variate pot fi celelalte lumi, încât absolut orice mod de existenţă posibil al unei părţi de lume constituie un mod de existenţă al unei anumite părţi de lume. Celelalte lumi au aceeaşi natură cu lumea din care facem parte. Cu siguranţă, există diferenţe principale între entităţile ce constituie părţi ale unor lumi diferite – o lume conţine electroni, pe când alta nu, o lume cuprinde entităţi spirituale, pe când alta nu – însă aceste diferenţe de natură nu sunt mai importante decât diferenţele care apar în cazul entităţilor care aparţin uneia şi aceleiaşi lumi, de exemplu unei lumi în care electronii şi entităţile apirituale coexistă. Diferenţa dintre aceste lumi posibile nu este o diferenţă categorică. " (Pag. 24, 25)

*

Având în vedere aceste consideraţii, pot să definesc LUMEA POSIBILĂ astfel.   O LUME POSIBILĂ este un UNIVERS PARALEL cvadridimensional (cu patru dimensiuni), univers integrat (sau inclus) într-un MULTIVERS (adică într-un ansamblu complex, în care spaţiul are cinci sau mai multe dimensiuni).

*

Ar mai fi încă ceva şi anume ar mai fi următoarea întrebare: ce anume face ca LUMILE POSIBILE sau UNIVERSURIEL ALTERNATIVE să nu se suprapună ?

Un posibil răspuns ar fi acesta... Materia întunecată şi energia întunecată, descoperite în ultima vreme de către astronomi, s-ar putea să aibe tocmai acest rol: de a împiedica interacţiunea dintre UNIVERSURILE ALTERNATIVE. Dacă gravitaţia stabilizează UNIVERSUL, împiedicând destrămarea acestuia, MATERIA ÎNTUNECATĂ şi ENERGIA ÎNTUNECATĂ, dimpotrivă, au ca efect respingerea altor UNIVESURI atunci când acestea sunt în situaţia de a interacţiona...

Referitor la materia întunecată şi energia întunecată iată un citat (http://ro.wikipedia.org/wiki/Materie_%C3%AEntunecat%C4%83,

2014)...

„În <u>*astronomie*</u> *şi* <u>*cosmologie*</u>, **materia întunecată** *este în prezent un tip necunoscut de materie despre care se consideră că ar conţine o mare parte din masa totală a universului. Materia întunecată nu emite şi nici nu absoarbe lumina sau radiaţiile electromagnetice sau de altă natură, şi deci nu poate fi observată direct cu telescoapele. Se estimează că materia întunecată constituie 83% din materia din univers şi 23% din* <u>*masa-energia*</u> *sa. Existenţa ei încă nu a putut fi dovedită pe cale experimentală din cauză că ea nu emite radiaţii.*

Pentru completitudine, conform teoriilor actuale (2010) restul materiei universului este format din:

* energie întunecată: circa 73% din totalul de <u>*masă-energie*</u> *al universului; aceasta este tot o substanţă, o materie, foarte puţin cunoscută, doar că numele ei de „energie" este impropriu;*

* barioni: circa 5 % - aceştia constituie lumea materială obişnuită pe care o percepem direct, inclusiv stelele, planetele, galaxiile etc.

* neutrini: circa 0,1 %;

* radiaţia de fond: echivalează cu circa 0,01 % din materia universului.

(date cf. revistei germane "Spektrum der Wissenschaft" nr. 11/2008 p.38)"

Unele teorii afirmă însă că materia întunecată ar fi responsabilă de expansiunea accelerată a Universului... (http://ro.wikipedia.org/wiki/Materie_%C3%AEntunecat%C4%83)

Problematica rămâne desigur deschisă...

10.2. PARADOXUL CATASTROFELOR ŞI DEZACORDUL UNIVERSAL...

Cred că orice om ar vrea să ştie dacă va avea loc o catastrofă, cândva, în viitor... Un om oarecare, ştiind că va avea loc o catastrofă, ştiind precis când va avea loc, ştiind cum va fi, ar putea să se salveze... Şi ar putea să se salveze, împreună cu el, mulţi, foarte mulţi oameni... Dar dacă toţi s-ar salva, atunci nu ar mai avea sens să se vorbească de... catastrofă... Catastrofă, înseamnă... un eveniment în care mor foarte mulţi oameni, foarte multe animale, în care sunt distruse clădiri şi monumente, un eveniment care lasă în urmă, moarte, ruine, nenumărate pagube...

Dar, dacă cineva ar fi avertizat - ar şti dinainte că va avea loc un astfel de eveniment distrugător (ar afla, spre exemplu printr-o comunicare temporală – cineva din viitor ar comunica altcuiva din trecut despre producerea unei catastrofe), atunci ar putea să se salveze și ar putea salva mulți oameni... Ei bine dacă ar fi așa, atunci nu ar mai putea fi vorba de o... catastrofă !... Dar, nefiind o catastrofă, atunci ar rezulta că... nu are loc nici comunicarea temporală !...

Iată, acesta este... paradoxul catastrofelor !...

În istoria omenirii au existat mereu catastrofe... Catastrofele acestea au lăsat în urmă nenumărate... cadavre... Dacă ar fi existat... comunicarea temporală, atunci cineva ar fi putut să îi avertizeze, pe unii prieteni sau pe unele rude, și astfel, poate că mulți oameni ar fi supraviețuit... Și totuși, așa cum s-a constatat, mulți oameni nu au știut... Alți oameni au știut dar nu au putut evita catastrofa...

DAR, au existat și cazuri în care unii oameni AU EVITAT catastrofa (a fost ceva care a făcut ca acei oameni să supraviețuiască)... Dincolo de șansă sau neșansă, dincolo de destin, acei oameni au fost avertizați, într-un fel sau altul și au supraviețuit !... S-ar părea că acei oameni au evitat catastrofa, primind un mesaj deosebit, un mesaj care a venit de undeva din viitor... A existat o... comunicare temporală... Cu toate că, în principiu, oricine poate comunica orice, oriunde, oricum, oricând, oricui, ei bine se pare că totuși există unele restricții... Se pare că, în ceea ce privește... "comunicarea temporală"... sunt anumite legi de care aceasta depinde... Va trebui să descoperim acele legi și să le aplicăm...

În acest context, s-ar părea că una dintre aceste legi ar putea fi... " legea dezacordului universal" și ar putea fi exprimată astfel: " întotdeauna vor exista oameni (sau un grup de oameni) care nu vor fi de acord cu ceilalți"... Adică unii oameni nu vor accepta nimic din ceea ce acceptă alți oameni, nu vor înțelege nimic din ceea ce înțeleg alți oameni. Așadar, unii oameni vor fi într-un dezacord mai mare sau mai mic cu alți oameni... Altfel spus, nu a existat, nu există și nici nu va exista vreodată un consens absolut între oameni !... Pare absurd ? Câtuși de puțin... Dacă accepți faptul că există legea dezacordului universal, atunci înseamnă că de fapt nu ești de acord în mod implicit: sunt de acord că există dezacord, deci ești în dezacord... Dacă dimpotrivă nu ești de acord că există... legea dezacordului universal, atunci, tocamai ai confirmat-o, fiind în dezacord !... De altfel sunt nenumărate exemple în acest sens... Iată un exemplu... Unii oameni au fost de acord că Soarele este o... zeitate, dar alți oameni consideră că este un astru fierbinte... Iată un alt exemplu... Unii oameni au fost de acord că viața este un miracol, un dar divin, dar alți oameni consideră că viața este un proces natural, fără legătură cu divinitatea !... Așa încât, după cum se pare, dezacordul este suveran în lume... Cu toate astea, existența unui dezacord total sau extrem, de genul... "nimeni nu este de acord cu nimeni" este rar întâlnit în istorie, cel mai adesea existând un dezacord moderat, de genul " unii nu sunt de acord cu alții", adică există și posibilitatea existenței unor colaborări, a unor cooperări care au loc chiar și în cazul unor dezacorduri majore, de genul concurenței sau a unor conflicte...

Ei bine, legea aceasta a dezacordului universal, se pare că este una care guvernează comunicarea temporală... Dacă nu ar exista dezacordul dintre oameni și dimpotrivă   ar fi numai acord, atunci, pur și simplu nu ar mai exista nici un motiv să se comunice... Să se transmită un mesaj cu care toți să fie de acord, ar fi inutil...

Atunci, s-ar bloca orice comunicare prin lipsă de mesaj... Acordul universal, ar implica automat, o uniformizare a informației, o aplatizare a informației și în final o anulare a acesteia... Așa se pare că este... Poate că mă înșel... Pe de altă parte, bănuiesc că vor exista diverși oameni care nu vor fi de acord... Nu au decât...   Nu vor face altceva decât să... confirme legea dezacordului universal...

Poate că tocmai de aceea au și existat atât de multe victime ale catastrofelor... Poate că, deși au fost avertizați de iminența producerii unei catastrofe, printr-un mesaj venit din viitor, NU AU CREZUT, au fost în dezacord cu acel mesaj și nu au reacționat, crezând că este numai o iluzie... Și fiind în dezacord cu mesajul, nereacționând, au fost... "victimele dezacordului, victimele scepticismului" și au murit... Uneori, scepticismul exagerat și naiv poate fi fatal !... Și, în aceeași măsură și credulitatea exagerată și puerilă poate fi nefastă !... În definitiv, un individ care crede în ceva anume, este de fapt în dezacord cu indivizii care cred în altceva !...

10.3. ENERGIA PĂMÂNTULUI

Este cu atât mai probabil să se producă o comunicare temporală, cu cât există în anumite regiuni de pe planeta Pământ, concentrări deosebite de energie... Pentru că există, după cum se pare, o legătură între comunicarea temporală și concentrările de energie de pe Pământ ! Pe de altă parte să ne amintim că există locuri pe Pământ în care se produc unele evenimente stranii – au loc vindecări miraculoase, dispar tot felul de obiecte, au loc tot felul de turbulenţe atmosferice, descărcări de energie... Ar fi poate suficient să amintesc de... "Triunghiul Bermudelor"... o zonă în care dispar inexplicabil nave, avioane, oameni... Un alt exemplu ar putea fi următorul: aşa-numitul fenomen denumit... "combustie spontană". Ce este combustia spontană ? Cum s-ar putea desfăşura acest fenomen ? Iată cum poate avea loc combustia spontană... Un individ se aşează pe un fotoliu şi intenţionează să citescă ziarul...

Un minut mai târziu, fără nimic prevestitor, începe să... ardă şi arde ca şi cum ar fi o torţă ! Nimic altceva nu mai arde, arde numai acel individ !...

Sunt tot felul de ipoteze care încearcă să explice acest fenomen straniu... Iată una dintre ipoteze... Cred că acest fenomen este datorat energiilor Pământului... Individul care... "arde dintr-o dată" a fost un... om nepotrivit, aflat la locul nepotrivit şi la un moment nepotrivit ! Este posibil să fi existat în acel loc şi în acel moment, o acumulare de energie care să fi declanşat fenomenul de combustie spontană !

Ar fi ceva asemănător... rezonanţei... Organismul omului a intrat în rezonanţă, la un moment dat, cu energiile locului în care se află... Energiile locului fiind însă deosebite, organismul omului nu mai poate să le controleze şi astfel... este pur şi simplu distrus, ars, dezintegrat... Cred că astfel de energii sunt responsabile şi de comunicările temporale spontane (cronotelepatia) dar şi de comunicările spaţiale spontane (telepatia)...

În general cred că multe fenomene paranormale sunt declanşate şi întreţinute de către energiile extraordinare generate de planeta Pământ... Deocamdată aceste energii sunt destul de puţin cercetate, dar sunt totuşi cunoscute de către anumiţi oameni, sau de către anumite societăţi secrete...

Aşadar, comunicarea temporală, se poate datora SAU poate fi declanşată şi întreţinută de către ENERGIILE PĂMÂNTULUI — sunt anumite locuri de pe Pământ unde, în anumite momente, POT FI FAVORIZATE contactele temporale sau telepatice...

NOTĂ - **Inteligenta planetara şi conştiinţa timpului** — câteva idei expuse succint:

Majoritatea fenomenelor paranormale (inclusiv comunicările

telepatice şi cronotelepatice şi influenţele exotice, de genul telekineziei) au loc în mediul terestru, ceea ce sugerează că au ca suport fizic - energia Pământului.

Evoluţia biosferei terestre a inclus o anumită coordonare, o anumită direcţie de evoluţie, ceea ce poate sugera existenţa unei forme de inteligenţă fundamentală (inteligenţa planetară – inteligenţa Pamântului).

Problema impusă este următoarea: poate un sistem considerat simplu (cum ar fi cazul planetei Pamânt) să genereze sisteme complexe (cum ar fi cazul civilizaţiei umane) ? Care ar fi diferenţa de complexitate în acest caz (adică între sistemul simplu şi cel complex) ? Cred că numai o inteligenţă complexă poate genera o altă inteligenţă complexă !

Există o inteligenţă planetară (respectiv a planetei Pamânt); aceasta există, pentru că altfel, nu s-ar putea explica organizarea şi autoreglarea unor componente ale planetei; mai mult decât atât, aceasta implică şi geneza conştiinţei, a unei anumite conştiinţe, anume a conştiinţei timpului...

10.4. DRUMUL SPRE PROFUNZIME - ÎNSEMNĂRI DIVERSE

→ Iată o întrebare interesantă: *"De ce inteligenţa creativă şi spiritul artistic au apărut odată cu omul de Cro-Magnon de-a lungul numai a câtorva mii de ani, pe câtă vreme peste două milioane de ani de evoluţie i-au adus omului numai suliţa şi bâta ?"*

(Citat din cartea lui Renato Zamfir, *"Ipoteza paleoastronautică (Terra incognita)"*, Editura SAECULUM I.O., Bucureşti, 2001, pag. 85).

Un posibil răspuns ar fi următorul: inteligenţa creativă şi spiritul artistic au apărut datorită aptitudinii de a comunica în timp pe care o avea omul de Cro-Magnon... Acesta a fost capabil să recepţioneze *mesaje din viitor*, ceea ce a făcut ca istoria să se modifice... Este absurd ? Este neverosimil ?... Poate că nu, totuşi... Ei bine, presupun că ISTORIA a fost alta !... Presupun că iniţial, omenirea a evoluat lent, exasperant de lent... Au trebuit să treacă sute de mii de ani, sau milioane de ani, până când au fost descoperite... energia atomică, antibioticele, computerele... Au trebuit apoi să treacă alte sute de mii de ani sau milioane de ani până când au fost descoperite alte legi ale fizicii, alte tehnologii... Şi, la un moment dat, s-a descoperit şi modul de a transmite mesaje prin timp (comunicarea temporală)... Dar, poate că a mai apărut ceva... O primejdie... Civilizația umană poate că urma să dispară... Poate că era o catastrofă ecologică sau poate un conflict cu o civilizație extraterestră... Și atunci, unii oameni s-au gândit: ce-ar fi dacă s-ar transmite cunoștințe avansate în trecut ? Nu s-ar putea oare accelera evoluția civilizației umane ? Și ca urmare, nu s-ar putea SALVA CIVILIZAȚIA UMANĂ ? Ei bine, este ceea ce pare că s-a și întâmplat ! Dar, conform cu principiul echivalenței (în cadrul unei comunicări temporale sau a unei influențe temporale, există o echivalență între informațiile transmise și informațiile primite, între energiile transmise și energiile primite) a trebuit ca, în schimbul informațiilor sau a energiilor transmise în TRECUT de către cei din VIITOR (și care au modificat trecutul), să se primească alte informații sau energii... Poate că au avut loc tot felul de cataclisme ca urmare a acestui proces sau a acestui schimb de informații și de energii, din viitor către trecut și invers... Și astfel istoria a fost modificată ! Trăim, de fapt, într-o LUME POSIBILĂ ?...

□

→ Dar mai este ceva... Și anume, mă pot întreba: ce impact ar putea avea asupra unei societăți oarecare, o călătorie în timp, o comunicare temporală sau o influență temporală ?... Să vedem...

Sunt cele două situații: o călătorie, o comunicare, o influență în trecut și respectiv   în viitor. (A se vedea o reprezentare simbolică în figura 19).

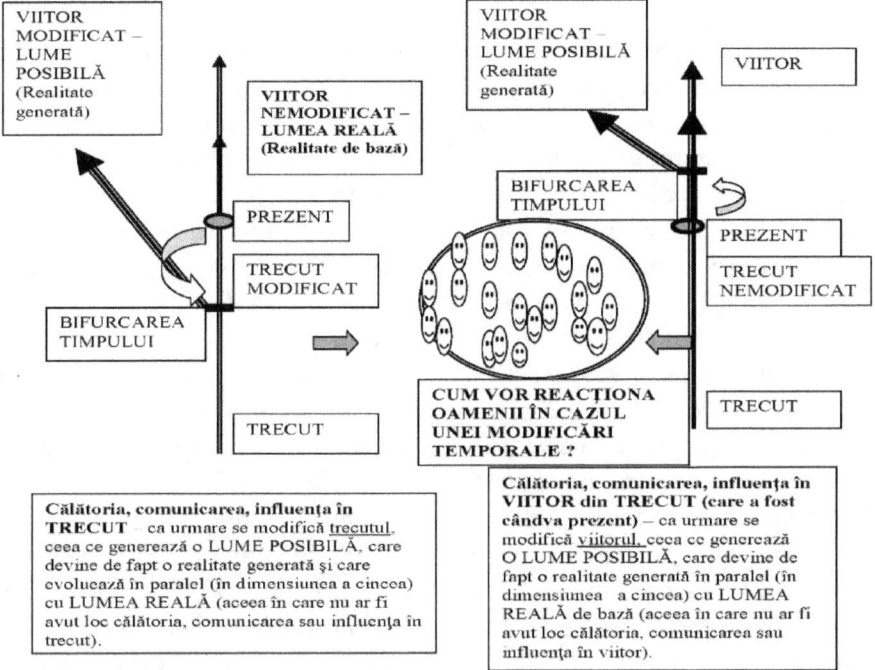

Figura 19 Călătoria, comunicarea sau influenţa în trecut sau în viitor; reacţia unei societăţi la o modificare temporală...

Aşadar, ce impact ar avea asupra oamenilor care alcătuiesc o societate oarecare, o călătorie în timp, o comunicare temporală sau o influenţă temporală ? Cum ar reacţiona acei oameni ?... Cred că ar exista următoarele posibilităţi, în ceea ce priveşte reacţia acestora:

* oamenii ar fi pur şi simplu indiferenţi;
* nimeni nu ar şti nimic (ignoră totul);
* mulţi oameni ar fi sceptici;
* dimpotrivă, ar putea exista oameni care să creadă totul;
* multor oameni le-ar fi frică şi chiar unii oameni ar intra în panică;
* unii oameni poate că ar cerceta, şi-ar pune întrebări şi ar încerca să răspundă;
* unii oameni ar fi interesaţi într-un anumit fel;
* pot fi oameni care fie că ar intra în conflict cu alţi oameni, fie ar coopera;
* alţi oameni ar încerca să controleze situaţia într-un anumit fel.

☐

→ În sfârșit, mă întreb, care ar putea fi cele mai simple modalități de comunicare temporală ? Să încerc să răspund... În primul rând, detașarea de prezent. Cine dorește să transmită un mesaj altui om aflat într-o anumită epocă istorică, ar trebui, în primul rând să încerce să se detașeze de prezent, de cotidian, nimic din ceea ce înseamnă viața lui dintr-o anumită zi să nu îl mai preocupe. În al doilea rând, transpunerea. Dacă vrei să comunici cu cineva din trecut, va trebui să încerci să îți impui o anumită stare psihică, să fi relaxat, să simți atmosfera vremurilor trecute, să fi... cuprins de nostalgie... Dacă vrei să comunici cu cineva din viitor, va trebui, să îți impui o stare psihică adecvată, se te relaxezi, să simți atmosfera vremurilor ce vor veni, să încerci să îți închipui și să aștepți ceea ce se va întâmpla... În ambele situații (când vrei să comunici ceva, în trecut sau în viitor), trebuie să îți reprezinți un loc și un moment anumit - respectiv trebuie să stabilești unde și când dorești să comunici... Și în special, trebuie să șți cu cine vrei să comunici... Va trebui să îți imaginezi OMUL cu care vrei să comunici, și în special să te străduiești să stabilești o relație de simpatie sau chiar de empatie cu omul cu care vrei să comunici... Va trebui să ai o imagine a acelui om... Și va mai trebui ca, atunci când ai detectat omul, să ceri permisiunea de a comunica... Apoi, urmează transmiterea mesajului și apoi, eventual, recepționarea altor mesaje... Mesajele ar trebui să fie succinte, clare, lente... Trebuie avut în vedere însă că, nu vei primi nimic dacă nu vei da nimic... Cu alte cuvinte dacă vei solicita informații, va trebui să îi oferi alte informații echivalente... În domeniul acesta al comunicărilor temporale, nimic nu se obține gratis !... Trebuie să știi să dai și să primești ! Chiar și solicitarea unui ajutor, presupune ceva, presupune un schimb de informații !... Poți transmite imagini, gânduri, sentimente, orice altceva, dar ceea ce transmiți trebuie să aibe un sens și o semnificație, atât pentru tine cât și pentru cel cu care comunici... Cel din trecut, poate transmite celui din viitor tot felul de mesaje care l-ar putea interesa... Probabil date istorice, imagini, sentimente, eventual anumite trăiri... Dar nu numai... Cel din viitor, poate transmite celui din trecut, mesaje diverse care l-ar putea interesa... Probabil informații referitoare la lumea viitorului, ceva asemănător unor viziuni...

Iată un citat din cartea lui Ernest Meckelburg – *"Șocul timpului. Invazia din viitor"* (Editura Lucman, București, 1993, traducere Radu Pontbriand, pag. 47, 48):

"*La 20 mai 1969, doi bărbaţi rulau cu automobilul pe o şosea mai izolată din Louisiana (SUA), când din faţă au văzut apărând o maşină mai mult decât ciudată. Numărul de înmatriculare arăta ca acelea ale modelelor din anii 1940. Înăuntru erau o femeie şi o tânără fată, îmbrăcate ca pe vremuri. Dând şi ele cu ochii de acel autoturism supermodern, pe chipurile celor două s-a zugrăvit o uimire fără margini. Crezând că au nevoie de ajutor, le-au făcut semn să oprească la marginea drumului.*

Însă, când cei doi buni samariteni au coborât din maşină, au avut parte de o surpriză pe care nu aveau s-o uite niciodată: automobilul cu cele două femei dispăruse, ca şi cum nu existase nicicând! Zadarnic au cercetat şoseaua în ambele sensuri. Din automobilul de altădată nu mai rămăsese nici o urmă. Se pune deci întrebarea: cele două femei din 1940 fuseseră oare victimele unei anomalii neaşteptate spaţio-temporale? Iar după şocul acelei teleportări, fuseseră aruncate înapoi în timpul lor real sau călătoresc şi acum pe acea şosea, pierdute într-un prezent fără sfârşit?"

Ei bine, cred că a fost, în ultimă instanţă, o comunicare temporală spontană: s-au transmis nişte imagini – cele două femei din trecut (din anul 1940) au transmis nişte imagini ale... lor şi ale automobilului lor şi au recepţionat în schimb alte imagini provenite din viitorul lor (din anul 1969), emise de către cei doi bărbaţi... Mi se pare evident!... În general, atunci când vrei să recepţionezi un mesaj, ar trebui să te detaşezi de prezent şi, în acelaşi timp, să încerci să nu te gândeşti la... nimic... Mintea trebuie să fie liberă, netulburată de nimic, de nici un gând! În această stare, vei începe să percepi mesajul – care poate fi un gând, o imagine, un anumit sentiment sau orice altceva...

Cam asta este ceea ce cred... Ce va fi, însă nu ştiu, în acest moment...

Însă trebuie să adaug ceva... Ca în orice domeniu, şi în domeniul acesta al călătoriilor în timp, al comunicărilor temporale şi al influenţelor temporale, îmi place să cred că există o deontologie, o moralitate deosebită care, dacă este încălcată, atunci... urmările vor fi... dincolo de orice închipuire...

□

→ Au existat şi există tot felul de încercări de a construi maşina timpului. Unii chiar pretind că au construit maşina timpului şi chiar pretind că au efectuat călătorii în timp. Iată un exemplu...

(Citat din cartea lui Emil Străinu – "Războiul psihotronic. Câmpul de luptă mental", Editura SOLARIS PRINT, Bucureşti, 2011, pag. 282).

"La început, cercetătorii petreceau 5, 10 și apoi 20 de minute în mașina timpului. Timpul maxim a fost de o jumătate de oră. Cernobrov [...omul care a început construirea de mașini ale timpului încă din 1987...] *spune că oamenii se simțeau ca și când intrau într-o noua lume; ei simțeau viața de aici dar și pe cea de "acolo" în același timp ca și când se deschisese o ușă misterioasă. "Nu pot să explic aceste senzații neobișnuite pe care le-am simțit în acele momente", spune Cernobrov."*

Mă pot gândi că... acea... "nouă lume", este de fapt... O LUME POSIBILĂ !...

☐

→ M-am întrebat de multe ori: atunci când se generează o LUME POSIBILĂ, are loc, implicit și modificarea UNIVERSULUI în totalitate ? Adică, se schimbă și galaxiile și stelele și planetele... și particulele elementare ? M-am gândit la această chestiune   și am ajuns la concluzia că NU, NU SE SCHIMBĂ TOT UNIVERSUL, ci numai o parte, un fragment, o zonă sau o regiune din el (o zonă din UNIVERS, care poate fi considerată o LUME DISTINCTĂ)...

Intuitiv, am încercat să reprezint aceasta în figura 20.

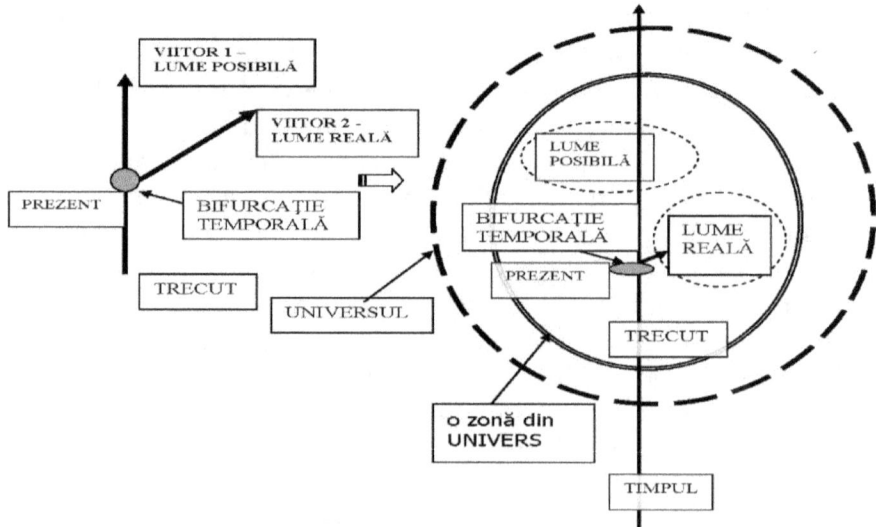

Figura 20   Când se generează o LUME POSIBILĂ (adică un UNIVERS ALTERNATIV), se modifică numai o singură regiune a UNIVERSULUI, nu se modifică UNIVERSUL în întregime !

Altfel spus, într-o LUME POSIBILĂ generată, vor exista galaxii, vor exista stele, planete... Acestea nu vor fi influențate de generarea

LUMILOR POSIBILE...

Într-o lume tridimensională este posibil să existe nenumărate lumi bidimensionale (altfel spus, pot fi create nenumărate lumi bidimensionale cuprinse într-o lume tridimensională)... Este ceva analog cu figurile geometrice plane cuprinse într-o figură geometrică tridimensională. Pentru exemplificare, a se vedea figura 21.

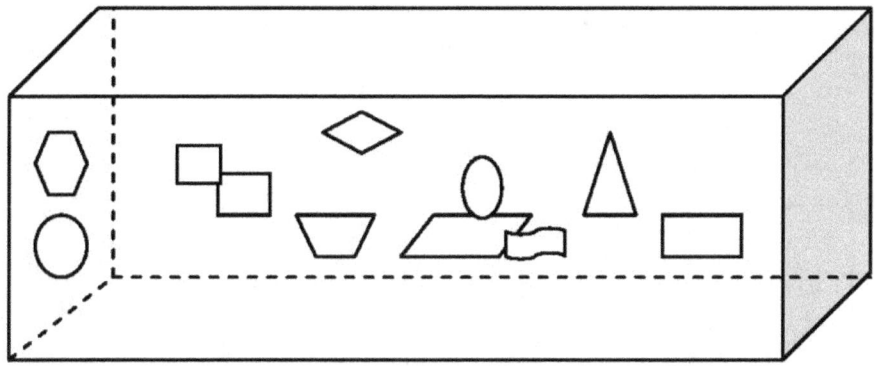

Figura 21 O lume tridimensională poate conţine nenumărate lumi bidimensionale (pentru a înţelege, aceste lumi sunt reprezentate prin figuri geometrice); lumile bidimensionale pot sau nu pot să fie în contact...

O lume cu patru dimensiuni poate să includă nenumărate lumi tridimensionale şi tot astfel, o lume cu cinci dimensiuni, poate să conţină nenumărate lumi cu patru dimensiuni... Toate aceste lumi pot fi în contact sau nu... Iată o analogie, pentru a înţelege mai bine... Să considerăm un dosar care conţine nenumărate documente... Putem să luăm un document din dosar şi să facem o copie... Pe acea copie, apoi, putem să facem adăugiri, corecturi, eliminări şi să introducem acel document în dosar... Prin includerea acelui document în dosar, nu înseamnă că s-a modificat dosarul în întregime... L-am completat !... Ceva analog se întâmplă şi în cazul generării LUMILOR POSIBILE... Prin generarea LUMILOR POSIBILE, UNIVERSUL nu se schimbă, ci se completează !... O fiinţă dintr-un Univers cu şase dimensiuni, ar putea foarte bine să urmărească tot ceea ce se întâmplă în Universul cu cinci dimensiuni (adică UNIVERSUL care include LUMILE POSIBILE), tot aşa cum orice fiinţă din UNIVERSUL cu patru dimensiuni (un om, spre exemplu), poate urmări foarte bine, ceea ce se întâmplă într-un Univers tridimensional...

O schemă în care se reprezintă integrarea dimensiunilor, cred că ar putea fi utilă pentru înțelegere și este redată în figura 22.

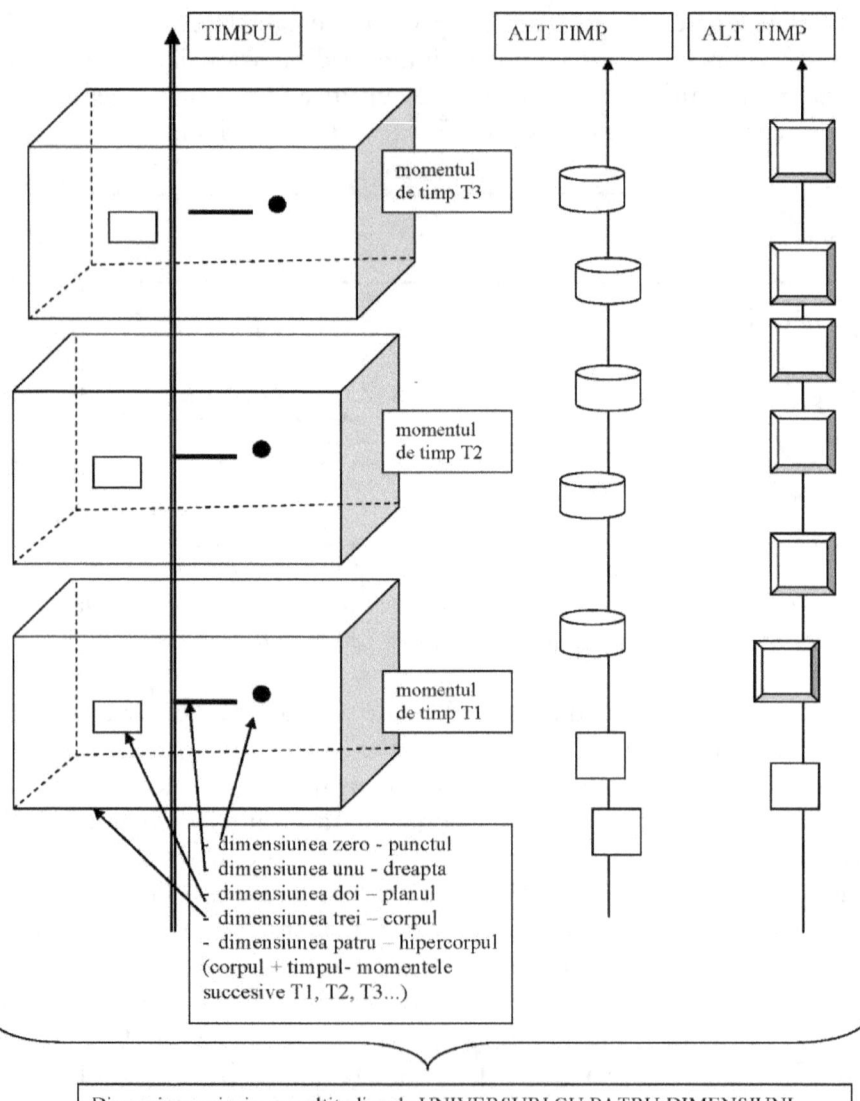

Dimensiunea cinci – o multitudine de UNIVERSURI CU PATRU DIMENSIUNI

Figura 22 Schemă intuitivă privind integrarea (includerea) dimensiunilor – corpurile sau obiectele sau Universurile cu dimensiuni superioare includ o multitudine de corpuri sau obiecte sau Universuri cu dimensiuni inferioare...

În cele ce urmează se prezintă sintetic, varietățile temporale.

VARIETĂȚILE TEMPORALE

Există, după cu reiese din diferite studii și analize, următoarele tipuri sau categorii de timp.

1) *Timpul monoton sau liniar* – se referă la o anumită ordine de desfășurare a evenimentelor, respectiv la succesiunea acestora: trecut, prezent, viitor; timpul monoton sau liniar este considerat ca fiind a patra dimensiune a Universului.

2) *Timpul ramificat* – pentru un același prezent, pot exista: fie mai multe trecuturi, fie mai multe viitoruri; un caz particular, este timpul bifurcat (pentru un același prezent, pot exista două viitoruri posibile sau două trecuturi posibile); timpul ramificat poate fi considerat ca fiind a cincea dimensiune a Universului...

3) *Timpul multiliniar* – există mai multe prezenturi, mai multe trecuturi, mai multe viitoruri; timpul multiliniar, poate fi considerat, ca și timpul ramificat, ca fiind a cincea dimensiune a Universului...

4) *Timpul circular* – coexistența prezentului cu trecutul și viitorul (există interferențe temporale); implică existența celei de a cincea dimensiuni...

5) *Timpul curbiliniu (buclele temporale)* – coexistența fie a prezentului   cu trecutul, fie a prezentului cu viitorul, fie a trecutului cu viitorul (există interferențe temporale); implică existența celei de a cincea dimensiuni (adică a HIPETIMPULUI)...

În general se poate spune că există timp cu interferențe și timp fără interferențe...

Se pot reprezenta grafic aceste... categorii temporale, ceea ce se observă în figura 23 (timp fără interferențe) și figura 24 (timp cu interferențe).

(Sunt imagini simbolice, care necesită un anumit efort pentru a se putea înțelege ceva. Dar, altfel spus, cine va vrea să înțeleagă, va înțelege, cine nu va vrea, va putea să facă orice va dori... Mai simplu nu se poate... Iar pentru a demonstra matematic toate astea, iar nu se poate, pentru că trebuie creată o matematică adecvată, oarecum diferită față de aceea care există acum...).

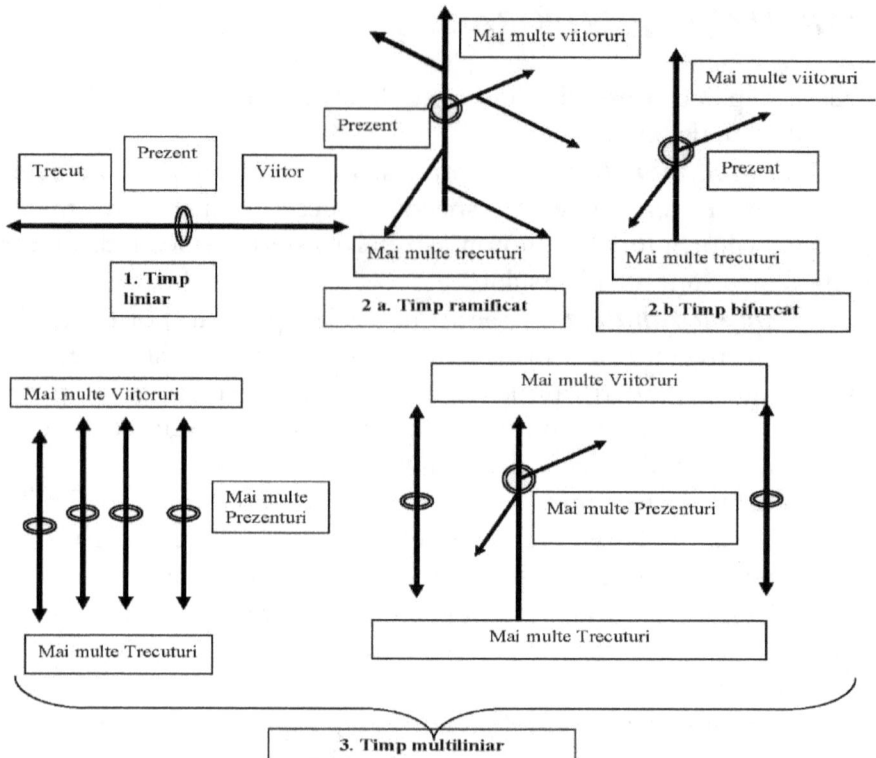

Figura 23 Tipuri de timp fără interferențe

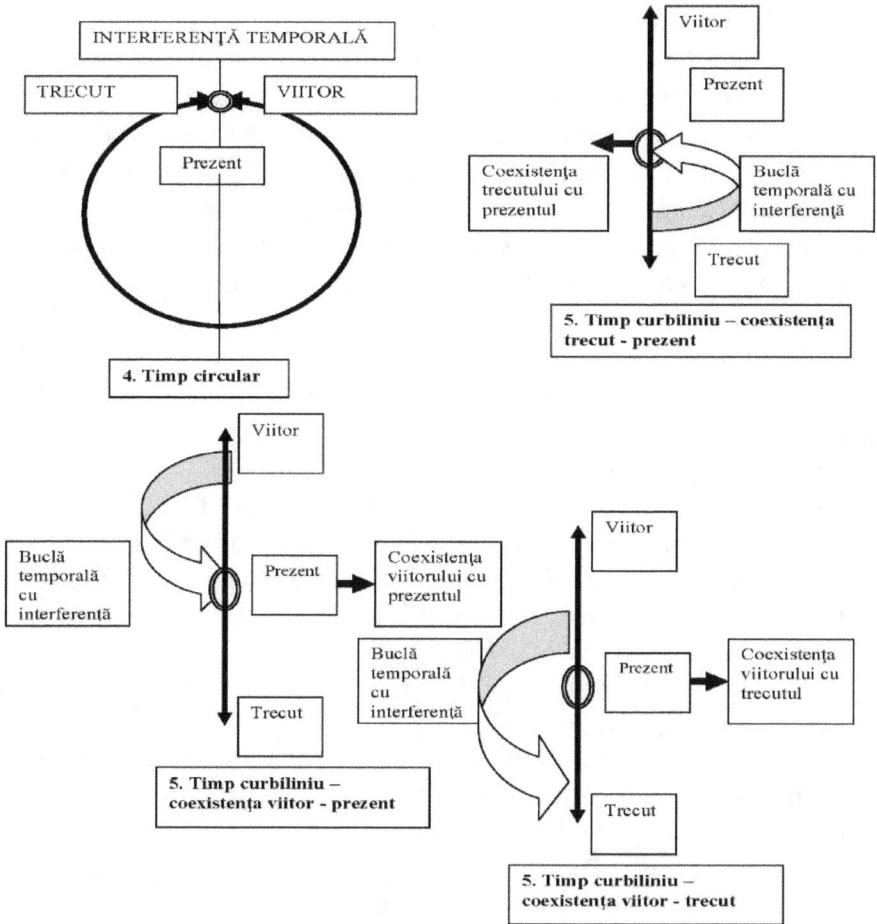

Figura 24 Tipuri de timp cu interferenţe

→ Notă despre paradoxul bunicului

Ar mai fi de menţionat ceva, în legătură cu unele aşa-numite paradoxuri temporale. Iată unul dintre ele (citez din cartea lui Michio Kaku – *"Fizica imposibilului"*, Editura Trei, Bucureşti, 2009, traducere Constantin Dumitru-Palcus, pag. 365).

" Dar probabil că problema cea mai spinoasă o constituie paradoxurile logice pe care le generează călătoria în timp. De exemplu, ce se întâmplă dacă-i ucidem pe părinţii noştri înainte ca noi să ne fi născut ? Aceasta este o imposibilitate logică. "

Acest paradox se mai numeşte şi "paradoxul bunicului".

O altă formulare este următoarea:

*"Paradoxul presupune ipostaza în care un om călătorește înapoi în timp și își ucide bunicul biologic, înainte ca acesta din urmă să o întâlnească pe bunica omului călător. Ca rezultat, unul din părinții călătorului (și prin extensie, călătorul însuși) nu va fi niciodată conceput. Acest fapt implică imposibilitatea ca el să poată călători înapoi în timp, ceea ce la rândul său implică bunicul fiind încă în viață, iar călătorul reușind a fi conceput, permițându-i să se întoarcă în timp ca să își ucidă bunicul. Astfel, fiecare posibilitate **pare** să implice propria sa negare, un tip de paradox logic."*

"Un paradox echivalent este cunoscut (în filozofie) ca „autoinfanticid" - asta fiind mersul înapoi în timp și uciderea propriei persoane când încă era bebeluș..."

(http://ro.wikipedia.org/wiki/Paradoxul_bunicului)

Într-o carte intitulată „Paradoxuri, enigme și dileme", Dan Dumitrescu referindu-se la paradoxul întoarcerii în timp, arată următoarele:

„Ne aflăm în fața unui raționament circular imposibil. Cu alte cuvinte, paradoxul întoarcerii în timp este imposibil. Mai precis, este posibilă întoarcerea în timp, însă nu este posibilă schimbarea acestui trecut."

(Dan Dumitrescu – „Paradoxuri, enigme și dileme", Editura Sanda, București, 2012, pag. 178)

Acest paradox a fost utilizat ca argument de către unii filozofi, savanți și alții oameni pentru a demonstra că nu este posibilă o călătorie în trecut.

Pe lângă faptul că simplifică nepermis de mult problematica aceasta a călătoriilor temporale, acest paradox, în definitv, nu demonstrează nicidecum că ar fi imposibilă realizarea acestora. Într-adevăr, nu toți cei care ar călători în timp ar dori să-și ucidă bunicii sau pe ei înșiși. În ultimă instanță, poate fi o limită - și anume că în cazul în care călătorul temporal intenționează să se sinucidă, să se anihileze - prin uciderea predecesorilor săi, atunci aceast fapt nu se va realiza, este o situație imposibilă sau nepermisă (asemănător cumva cu situația din mecanica cuantică în care există anumite stări cuantice permise și alte stări cuantice care sunt interzise), altfel spus, o atare situație, pur și simplu nu se poate produce !... Va fi imposibil așadar ca un individ să călătorească în trecut și să-și ucidă strămoșii sau să ucidă... pruncul care a fost odată !... De ce ar fi imposibil ? Probabil pentru că, la fel ca în orice călătorie, și în cazul călătoriei în trecut, există anumite restricții... Cum anume ? Probabil că, atunci când se va încerca aceasta, va apare ceva, va fi un fel de barieră care va impiedica realizarea anihilării călătorului temporal... O altă posibilitate ar fi că în momentul în care se produce evenimentul în care nepotul îl ucide pe bunic sau ucide pruncul care a fost odată, se generează instantaneu LUMI POSIBILE (sau UNIVERSURI ALTERNATIVE): un UNIVERS ALTERNATIV în care atât bunicul cât și nepotul există în situația în care nu are loc uciderea bunicului de către nepot, o situație în care are loc uciderea bunicului de către nepot, situație în care atât bunicul cât și nepotul vor dispărea instantaneu și o situație de timp circular (în care se va repeta la infinit stările: uciderea bunicului - dispariția nepotului, altfel spus, bunicul este ucis, apoi dispare nepotul, apoi reapare bunicul care este ucis și așa mai departe).

Așadar, în momentul când urmașul își ucide strămoșii, se generează două LUMI POSIBILE – O LUME POSIBILĂ în care atât urmașul cât și strămoșii acestuia există și O ALTĂ LUME POSIBILĂ, în care strămoșii sunt uciși, dar urmașul... dispare instantaneu !...

Mai este încă o posibilitate și anume aceea a apariției unei discontinuități temporale: în momentul în care este ucis bunicul, se va produce o discontinuitate în timp sau o fracturare a timpului și anume, bunicul va dispărea pentru acel moment, însă va continua să existe pentru momentele ulterioare, altfel spus, bunicul va exista și după ce a fost ucis însă momentul strict al uciderii sale va fi ceva ca un gol în timp, ca o lipsă de timp, în acel moment, timpul nu mai există, deci va fi un paradox, ceea ce ar fi normal - un paradox va genera alt paradox...). Iată încă o posibilitate... Trebuie spus în prealabil că orice călătorie în timp reprezintă de fapt un transfer de substanță, energie, informație dintr-un anumit loc și dintr-un anumit moment, în alt loc și în alt moment. Un obiect sau un individ, conține o anumită cantitate de substanță, energie, informație... Dacă acest obiect sau acest individ va călători în timp (dintr-un anumit prezent, în trecut), în locul acestuia va trebui să fie transferat alt obiect, alt individ din trecut către prezent și care să conțină o cantitate echivalentă de substanță, energie, informație... Ce înseamnă o cantitate echivalentă ? Adică, obiectul sau individul care călătorește prin timp trebuie să fie înlocuit cu un alt obiect sau cu un alt individ care să aibe aceeași valoare, același efect, aceeași semnificație sau același sens cu acesta (cu obiectul sau individul care a călătorit prin timp)... Astfel va fi menținut echilibrul temporal... Chiar simpla prezență în trecut a unui obiect sau a unui individ venit din viitor perturbă desfășurarea evenimentelor sau desfășurarea proceelor naturale (tot așa cum spre exemplu, în mecanica cuantică, orice proces de măsurare perturbă starea obiectului cunatic, după cum reiese din principiul de nedeterminare) provocând dezechilibre, uneori majore... Pentru neutralizarea acestor dezechilibre, are loc acest transfer de substanță, energie, informație, atunci când are loc o călătorie în timp... Așa stând lucrurile, atunci când nepotul va veni din viitor în trecut, în locul lui va trebui transferat altceva sau altcineva... (Acest altcineva, poate fi chiar... bunicul !)... Așa încât când nepotul va ajunge în trecut pentru a-și ucide bunicul, s-ar prea putea să aibe surpriza să nu mai găsească pe nimeni aici... Și atunci, fie că se va întoarce, dacă va putea, în viitor și în acest caz bunicul va reveni în trecut, fie, dacă nu se va putea întoarce în viitor, atunci va rămâne în trecut, în locul bunicului și va continua să trăiască... Se va însura poate, va avea copii, care vor avea și ei copii, iar unul dintre aceștia va putea fi un nepot, posibil... ucigaș... Între timp, bunicul rămâne în viitor și va trăi și probabil că va muri de bătrânețe...

O altă posibilitate de a rezolva acest paradox este de a lua în considerare comunicarea temporală... Se pare că se întâmplă următorul lucru... Atunci când există numai intenția de a-i ucide pe părinți (sau pe oricare dintre strămoși), se transmite instantaneu un mesaj de avertizare, mesaj care face ca părinții să se ferească într-un fel oarecare... Pentru părinți, mesajul poate apare ca o inspirație, ca un instinct care îl va feri de agresiune !... Astfel părinții evită să fie omorâți ! Ori de câte ori apare intenția de a fi ucis un strămoș de către un urmaș din viitor, are loc transmiterea unui mesaj care îl avertizează pe strămoș de agresiune ! Cine emite mesajul ? Ei bine, chiar cel care intenționează să își omoare strămoșii !...

Să mai adaug ceva...

Comunicarea temporală, în general, are loc înaintea călătoriilor în timp !

Sunt unii sceptici care argumentează că nu poate fi posibilă comunicarea temporală pentru că aceasta ar încălca principiul cauzalități – orice efect are o cauză; cauza este precedentă efectului... Și atât... Acești sceptici își închipuie că au justificat astfel imposibilitatea existenței comunicării temporale și se pot întorce, satisfăcuți, la ocupația preferată... Și totuși, poate că nu este așa ! Iată, mă pot gândi la ceea ce în cibernetică se numește ''acțiune inversă'' sau ''retroacțiune'' sau ''feed-back'' (este o relație fundamentală, aflată la baza funcţionării sistemelor cibernetice). O astfel de relaţie se poate reprezenta ca în figura 25.

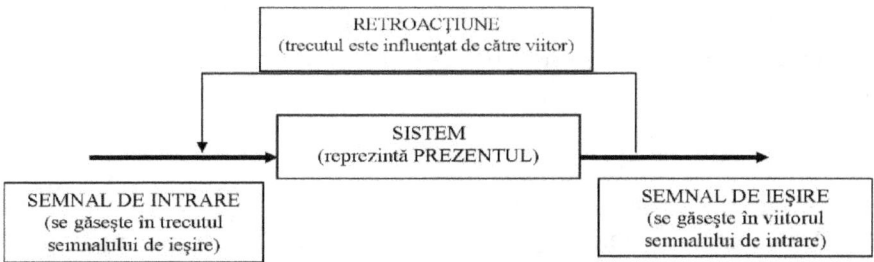

Figura 25 Retroacţiunea – semnalul de intrare într-un sistem este controlat de semnalul de ieşire

Acest tip de acţiune, poate fi aplicat şi în cazul comunicărilor temporale. O astfel de posibilitate este redată în figura 26.

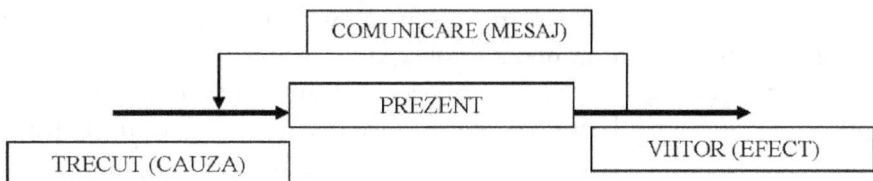

Figura 26 Acţiunea inversă în cazul comunicării temporale din viitor către trecut (efectul poate controla sau influenţa cauza)

Este o posibilitate care nu trebuie neglijată atunci când se încearcă să se explice sau să se înţeleagă modalitatea de realizare a comunicării temporale.

Situaţia obişnuită, în care se produce comunicarea temporală din trecut către viitor dar şi reacţia inversă, este reprezentată în figura 27.

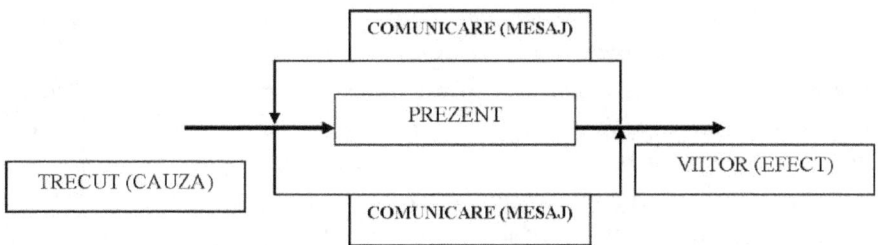

Figura 27 Acţiunea directă şi acţiunea inversă în cazul comunicării

temporale...

Nu ştiu care dintre posibilităţile semnalate succint este cea mai probabilă, însă ceea ce ştiu este că acest paradox al bunicului, nu este convingător în ceea ce priveşte demonstrarea imposibilităţii călătoriei în timp - în trecut mai exact...

□

→ *Despre interferenţele temporale.*

Pot să caracterizez timpul normal sau liniar (obişnuit), prin aceea că există o succesiune a evenimentelor; cu alte cuvinte, prezentul devine trecut, viitorul devine prezent, viitorul devine trecut... Evenimentele nu se abat de la această ordine...

În cazul timpului ramificat, se pare că există o altă ordine a evenimentelor şi anume: prezentul poate implica mai multe trecuturi sau mai multe viitoruri, fiecare trecut sau viitor putând implica la rândul lor, alte trecuturi sau alte viitoruri – este un alt tip de ordine temporală, un tip mai complex, după cum se poate constata...

Însă mai există un caz... S-ar părea că, în anumite condiţii, trecutul, prezentul şi viitorul pot să existe simultan – este cazul timpului circular...

Iar în cazul aşa-numitelor b u c l e temporale, trecutul poate exista simultan cu viitorul, trecutul poate să existe simultan cu prezentul şi în sfârşit, viitorul poate exista simultan cu prezentul... Acestea sunt de fapt alte tipuri de ordine temporală...

Toate acestea se mai numesc şi interferenţe temporale, din cauză că există o suprapunere a diferitelor evenimente (trecute, prezente sau viitoare).

Referitor la interferenţele temporale, iată ce scria Gabriel Avram într-un articol ("FEŢELE TIMPULUI", în revista "Gigantica", nr. 83, f.a., pag. 58):

"Pentru oameni, timpul curge liniar, urmând axa trecut-prezent-viitor, dar, fiindcă la scară universală există doar un singur timp, numit Timp Absolut, uneori şi pe Pământ se produc interferenţe temporale care anulează cauzalitatea. Există o bogată cazuistică ce a fost consemnată în analele vremii şi întărită de mărturii ale multor persoane, unde prezentul se interferează cu trecutul sau viitorul, perturbând curgerea temporală aşa cum o înţelegem noi; astfel, timpul nu mai trece de la trecut spre viitor, ci toate formele temporale coexistă într-un fel de timp unic, timpul sincronicităţii."

Interferenţa temporală generează de fapt, o dimensiune superioară.

Pentru a înţelege aceasta, iată un exemplu. Interferenţa unei curbe cu sine însuşi (curba având dimensiunea unu), generează un plan (care are dimensiunea doi)...

Analog se poate spune că are loc şi interferenţa temporală – aceasta se produce de fapt în dimensiunea a cincea (adică în HIPERTIMP)...

Am încercat să reprezint, în acest sens o astfel de interferenţă temporală, în cazul unui aşa–numit timp circular, în care poate avea loc o interferenţă temporală (o suprapunere a trecutului şi a viitorului cu un anumit prezent), în figura 28.

Trebuie să atrag atenţia – ceea ce este valabil şi pentru multe din figurile precedente - că aceste desene sunt de fapt SIMBOLURI, ele nu sunt numai nişte simple figuri geometrice, acestea au fost reprezentate numai pentru a sugera ideea !

Sper să se înţeleagă aceasta...

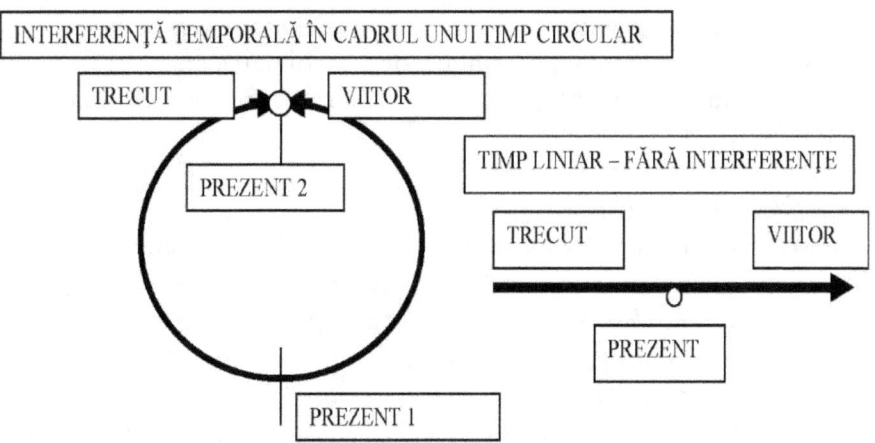

Figura 28 Exemplu simbolic de interferenţă temporală, comparativ cu situaţia în care nu au loc interferenţe temporale...

□

→ *O remarcă referitoare la principiul unicităţii.*

Toate consideraţiile referitoare la timp şi spaţiu s-au făcut ţinându-se cont de acceptarea unui principiu (''principiul unicităţii'') care se poate enunţa astfel: nu pot exista două sau mai multe obiecte în acelaşi moment şi în acelaşi spaţiu; sau altfel spus, un obiect nu se poate găsi la un moment dat decât într-un anumit spațiu.

Dacă un anumit obiect, într-un anumit moment s-ar găsi în mai multe locuri, atunci nu ar mai fi identic cu sine însuși, s-ar multiplica și ar fi vorba, prin urmare, de mai multe obiecte...

Se știe însă că un obiect se poate găsi în mai multe locuri, dar în momente diferite... Se observă că acest principiu este de fapt o restricție impusă de TIMP (de timpul monoton, obișnuit, liniar) !...

Chiar și în cazul bilocației sau în cazul multilocației (fenomene parapsihogice care se definesc astfel: capacitatea unei persoane de a se afla în două sau mai multe locuri în același timp), se aplică totuși principiul unicității, fiindcă, în definitiv, persoana care pretinde că se află în două sau mai multe locuri, se multiplică de fapt – este vorba de o persoană multiplicată, care se găsește în mai multe locuri la un moment dat !...

Se poate conchide că avem următoarele situații în care se poate găsi (sau nu)   un obiect oarecare sau o ființă oarecare:

- un singur moment, un singur loc – identitatea obiectului (sau a ființei);
- un singur moment, mai multe locuri – restricție temporală;
- mai multe momente, un singur loc – stabilitatea spațială;
- mai multe momente, mai multe locuri – mobilitatea obiectului (sau a ființei).

□

→ *Influență și comunicare.*

Conform Dicționarului explicaiv al limbii române, influența înseamnă:*"acțiune exercitată asupra unui lucru sau asupra unei ființe, putând duce la schimbarea lor; înrâurire" sau "acțiune pe care o persoană o exercită asupra alteia (deliberat, pentru a-i schimba caracterul, evoluția, sau involuntar, prin prestigiul, autoritatea, puterea de care se bucură)."*

Altfel spus, infuența poate însemna modificarea stării somatice, psihice (inclusiv a stării de sănătate), a stării sociale, efectuate prin diverse mijloace. Influența se poate face spre exemplu, prin mijloace fizice (atunci când modificarea este produsă prin agenți fizici) sau prin comunicare (de orice tip - limbaj, logică, sugestie simplă ori sigestie hipnotică, etc.)... În ultimă instanță influența reprezintă un anumit tip de interacțiune.

Este foarte important să se sublinieze încă odată problema influenței temporale, întrucât aceasta poate conduce implicit la modificări ale structurii unor evenimente și de aici la modificarea istoriei şi la generarea de LUMI POSIBILE... Cineva din trecut sau din viitor poate influenţa pe altcineva dintr-un anumit prezent (fie prin mijloace fizice, fie mai ales prin comunicare temporală) astfel încât să producă alt şir de evenimente. De aceea comunicările temporale sunt foarte riscante dacă nu se defăşoară conform unui aumit protocol. Odată modificarea produsă, odată ce a avut loc generarea unei LUMI POSIBILE, nu va exista posibilitatea de a anihila LUMEA POSIBILĂ. LUMEA INIŢIALĂ ŞI LUMEA POSIBILĂ generată, vor evolua simultan...

Se poate întreba cineva: ei bine, dacă ar fi aşa, de ce nu s-ar putea ca un individ care joacă spre exemplu la loto să trimită un mesaj în trecut (sau poate ruga pe cineva să-i trimită un mesaj) după ce află numerele câştigătoare... DAR aici este tot "misterul" - prin acest mesaj el influenţează evoluţia sa, prin acest mesaj modifică trecutul; în momentul respectiv, timpul se bifurcă, se generează o LUME POSIBILĂ, un UNIVERS ALTERNATIV; în LUMEA INIŢIALĂ continuă să existe ca şi cum nu s-ar fi întâmplat nimic, dar în LUMEA POSIBILĂ există altfel, viaţa lui va decurge altfel... Astfel de modificări par a nu fi acceptate de către mintea umană, obişnuită, care există în UNIVERSUL CU PATRU DIMENSIUNI, va accepta numai ceea ce este în acord cu acest Univers... Însă în UNIVERSUL CU CINCI DIMENSIUNI generarea de LUMI POSIBILE se pare că este o regulă... Nu sunt însă în măsură, în acest moment să descriu care sunt modalităţile de generare a LUMILOR POSIBILE, după cum se pare sunt destul de complicate... Cineva cu un potenţial intelectual şi creativ deosebit, va rezolva însă aceste probleme care mie mi se par dificile...

→ *Referitor la anomalii.*

Atunci când sunt încălcate legile dintr-un anumit domeniu al realităţii, spunem că a avut loc o anomalie. Pot fi anomalii cosmice sau astronomice, anomalii fizice, chimice, anomalii geologice, biologice, anomalii genetice, anomalii psihice, anomalii sociale, anomalii istorice... Mai pot exista anomalii apaţiale, anomalii temporale, anomalii energetice, anomalii informaţionale, anomalii gravitaţionale...

Există, după cum se pare, o legătură între fenomenele extreme, hazarde, haos, vid şi anomalii... Anomaliile au câteva caracteristici:

- încalcă legile cunoscute (este de fapt posibil să se supună altor legi);

- sunt întâmplătoare (mergînd până la hazard extrem sau haos temporal extrem, fiind aşadar imprevizibile);

- au o durată variabilă;

- pot încălca principiile logicii, fiind considerate în unele cazuri ca fiind aberante sau absurde sau iraţionale;

- pot genera haos cât dar şi complexitate în acelaşi timp...

- cu cât creşte numărul gradelor de constrângere în interiorul unui sistem, cu atât probabilitatea de a avea loc o anomalie creşte – anomalia va destabiliza sistemul.

- cu cât scade numărul gradelor de constrângere în interiorul unui sistem, cu atât probabilitatea de a avea loc o anomalie creşte – anomalia va organiza sistemul.

- dacă numărul gradelor de libertate şi de constrângere este mediu în interiorul unui sistem, existând un anumit echilibru, probabilitatea de a avea loc o anomalie scade.

Anomaliile au un rol fundamental în evoluţia Universului...

Mai este ceva... Mă gîndesc la ceea ce am denumit AXIOMA OMEGA... Pot să o enunţ astfel:

Cu cât un sistem este mai stabil cu atât probabilitatea de a se produce o anomalie care să conducă la destabilizarea sistemului creşte şi invers, cu cât în sistem este mai instabil, cu atât probabilitatea de a se produce o anomalie care să conducă la stabilizarea sistemului creşte...

Sunt aşadar anomalii pozitive şi negative, respectiv anomalii constructive şi distructive...

Anomaliile pot să apară ca urmare a energiei potenţiale fluctuante a sistemului. Altfel spus, un sistem nu poate fi niciodată perfect stabil sau perfect instabil pentru o perioadă nedefinită de timp. Aceasta pentru că, spre exemplu, pentru a fi perfect stabil, trebuie să consume o cantitate nedefinită de energie şi de informaţie – eventual şi de substanţă – ceea ce nu este posibil SAU trebuie să se realizeze o circulaţie sau o reciclare permanentă a energiei, informaţiei şi substanţei. Pentru a fi perfect instabil, ar trebui să se creeze în permanenţă energie, informaţie şi substanţă, ceea ce este iarăşi imposibil, Ca urmare, se realizează o stabilitate sau o instabilitate parţială, pe perioade finite de timp...

Anomaliile par a fi o discontinuitate a cauzalităţii şi apar datorită perturbaţiilor care au loc în cadrul transformărilor dintre informaţie, energie şi substanţă...

→ Ar trebui să fie dezvoltată o matematică deosebită, probabil, pentru a se putea studia UNIVERSURILE ALTERNATIVE...

Mă gândesc la teoria mulțimilor care ar sta la baza acestei matematici deosebite... Ar putea fi vorba de... teoria mulțimilor alternative și mai departe, de teoria probabilităților alternative...

În legătură cu acestea, nu pot să nu mă întreb:

* cine sau cum se delimitează o mulțime ?

* cine compară elementele unei mulțimi ?

* cum și de ce se generează mulțimile ?

* dacă mă refer acum la elementele geometrice, întrebarea este: care este procesul prin care se delimiteză figurile geometrice ?

* legat de probabilități – cine definește un eveniment, cum se separă evenimentele și cine compară evenimentele ?

În acest tip de matematică, (respectiv în matematica actuală), nu se ia în considerare deloc subiectul cunoscător adică PERSOANA sau cel ce operează cu obiectele matematice (fie că sunt numere, mulțimi, figuri, ecuații, etc.), este ca și cum acesta, adică persoana respectivă, în ultimă instanță, ar fi deasupra, ar fi un fel de DUMNEZEU al acestor obiecte matematice ! Acesta nici măcar nu interacționează cu obiectele matematice... Sigur sunt erori, dar sunt niște erori... tot ale obiectelor matematice, sunt erori de calcul și atâta tot... Cred că în matematica viitoare ar trebui să se ia în considerarea și subiectul cunoscător, sau observatorul matematic, ca și în fizică, întrucât acesta poate avea repercursiuni asupra calculelor – acesta este rostul întrebărilor de mai înainte...

Poate că ar fi bine ca alături de conceptul „subiect cunoscător" sau „observator matematic", să se introducă un nou concept în această matematică nouă și anume conceptul „mulțime alternativă" și „eveniment alternativ" .

Spre exemplu, obsrvatorul Ob1 poate concepe sau percepe anumite mulțimi alternative și respectiv anumite evenimente alternative... Alte concepte: mulțimea vidă absolut, mulțimea unică absolut, mulțimea generatoare, mulțimea absolută sau totală, elemente nestricte, mulțimea reală, mulțimile alternative.

Exemplu: fie mulțimea $M = \{1,2,3,4\}$ – este mulțimea generatoare, iar în această mulțime se consideră $R = \{1,2,3\}$ ca fiind mulțimea REALĂ, iar restul, de pildă $A1 = \{1,3,4\}$, $A2 = \{1,2,4\}$, și așa mai departe, sunt , mulțimi alternative, acestea pot fi incluse în mulţimea generatoare sau NU – nu este vorba de o includere strictă, ci de o includere alternativă...

Între mulţimea vidă sau mulţimea fără nici un element şi mulţimea tuturor mulţimilor, poate exista sau nu o infinitate de alte mulţimi.

Operaţiile cu mulţimi (apartenenţa, incluziunea, reuniunea, intersecţia, complementaritatea) se pot nuanţa cum ar fi incluziunea alternativă sau reuniunea alternativă... Un element poate să fie inclus alternativ în mai multe mulţimi sau poate fi reunit în mai multe mulţimi... Se mai poate introduce şi operaţia de excluziune ca fiind operaţia prin care, să zicem, un element care a aparţinut unei mulţimi, nu mai aparţine acesteia după un timp oarecare... Cu alte cuvinte, un element al unei mulţimi nu este insclus în acea mulţime oricât de mult timp, el poate fi exclus la un moment dat... Se mai pot introduce şi alte operaţii, cum ar fi reuniunea parţială, reuniunea integrală, intersecţia parţială şi intersecţia totală... Se pare că o astfel de matematică este destul de complicată, pentru că deja se introduc mai multe concepte şi operaţii care implică dificil dificultatea înţelegerii...

Dar mai este ceva... În Universul nostru, este valabilă următoarea propoziţie:

„ $1 + 2 = 3$" adică, dacă se adună o unitate cu două unităţi, vor rezulta trei unităţi... DAR adunarea este o operaţie, iar egalitatea este o relaţie – ceva ce leagă cele două expresii...

În general, toate fenomenele fizice din Univers se descriu prin ecuaţii, adică nişte expresii matematice formate din elemente cunoscute şi necunoscute...

Revenind la propoziţia „ $1 + 2 = 3$" , ca fiind valabilă în Universul nostru, ei bine, pot să-mi închipui un Univers în care poate exista... o altă operaţie – alta decât adunarea, o operaţie pe care o notez prin simbolul $\oslash$ – pentru care propoziţia să devină astfel: „ $1 \oslash 2 = 9$" Dacă se aplică operatorul $\oslash$ numerelor 1 şi 2 va rezulta numărul 9. Şi în Universul nostru poate fi valabilă o propoziţie ca aceasta:

„ $1 + 2 < 9$" , în care simbolul „<" înseamnă „mai mic"...

Se observă că totul depinde de operaţii şi de relaţii... Pot să generalizez şi să spun că pot exista diverse operaţii – denumite în definitiv, operatori – şi diverse relaţii – denumite în definitiv conectori- între numere sau între entităţile matematice.

Nu este decât un exemplu succint despre ceea ce îmi imaginez că ar putea fi o matematică specială care ar putea fi creată şi utilizată pentru a se cerceta UNIVERSURILE ALTERNATIVE, împreună, desigur, cu alte modalităţi de calcul...

→ Universul nostru, cvadridimensional, poate fi rezultatul unei interferenţe între Universuri cu cinci dimensiuni. Într-adevăr, iniţial două Universuri cu cinci dimensiuni au fost tangente – ceea ce corespunde cu stadiul de singularitate primordială, de atom primordial, corespunde, altfel spus cu momentul BIG BANG. Apoi intersecţia celor două Universuri a continuat – ceea ce corespunde cu crearea şi apoi evoluţia Universului cu patru dimensiuni... Precum se ştie, prin intersecţie se reduc dimeniunile - spre exemplu prin intersecţia a două corpuri tridimensionale (a două cuburi spre exemplu), va rezulta un corp bidimensional, (un pătrat adică)... Aşadar, intersectarea Universurilor cu cinci dimensiuni a continuat din ce în ce mai mult – ceea ce ar corespunde cu expansiunea Universului cu patru dimensiuni. Poate fi o intersecţie maximă – ceea ce implică suprapunerea Universurilor cu cinci dimensiuni; dar poate că după ce are loc intersectarea maximă, urmează apoi ca intersectarea să se micşoreze – şi deci ca expansiunea să înceteze şi să urmeze o etapă de diminuare a Universului, iar în final se revine la situaţia în care Universurile cu cinci dimensiuni au fost tangente, ceea ce corespunde cu o colapsare, respectiv cu revenire la starea de singularitate primordială; urmează separarea Universurilor cu cinci dimensiuni, ceea ce corespunde cu dispariţia Universului cu patru dimensiuni...

Mărturisesc că ipoteza asta mă fascinează, dar mă nelinişteşte foarte mult... Poate fi adevărată, poate fi falsă, poate fi posibilă, cine ştie ?... Rămâne de văzut...

→ Ar mai fi ceva legat de finalitatea vieţii, a civilizaţiilor în general şi a civilizaţiei umane în particular... S-ar putea ca unul dintre scopurile existenţei vieţii, ale civilizaţiilor este acela de a genera... UNIVERSURI ALTERNATIVE... Civilizaţiile în particular şi biosferele în general au capacitatea de a modifica evenimentele din trecut – prin comunicarea temporală spre exemplu – şi deci pot genera prin aceasta UNIVERSURI ALTERNATIVE (SAU LUMI POSIBILE). UNIVERSURILE ALTERNATIVE sunt însă varietăţi de UNIVERSURI cu patru dimensiuni – aşa cum este şi Universul nostru... În definitiv, pentru UNIVERSUL CU CINCI DIMENSIUNI, universurile cvadridimensionale sunt obiecte care îl

„umplu", care îl alcătuiesc, tot aşa cum obiectele tridimensionale „umplu" sau alcătuiesc UNIVERSUL CU PATRU DIMENSIUNI... Aşadar, prin comunicarea în timp, fiinţele din Universul cu patru dimensiuni pot modifica succesiunea evenimentelor şi prin aceasta pot genera UNIVERSURI ALTERNATIVE care vor „umple" astfel UNIVERSUL CVINTADIMENSIONAL !... Este oarecum analog cu procesul de formare al stelelor şi galaxiilor care sunt generate şi care „umplu" Universul nostru... Procesul acesta prin care se generează Universurile Alternative nu este cu nimic mai straniu decât procesul prin care se generează stelele şi galaxiile... Numai că în timp ce generarea stelelor şi galaxiilor este un proces care este studiat din „exterior", (nimeni dintre fiinţele vii nu participă la acest proces), generarea UNIVERSURILOR ALTERNATIVE este un proces la care participă fiinţele vii, un proces care este studiat din „interior"... Acesta pare să fie şi motivul pentru care constantele fundamentale au valorile pe care le au şi nu altele...

„... *de exemplu, constanta lui Plank, h = 6,626176 x 10 $^{- 34}$ J x s. Acest număr este extraordinar de mic, însă chiar şi aşa el este de o importanţă vitală. Se dovedeşte că în cazul în care constanta lui Plank s-ar modifica cu doar câteva procente – să zicem h = 7 x 10 $^{- 34}$ J x s – stelele nu ar mai fi în stare să formeze carbon. Deci noi nu am mai fi aici să ne întrebăm de ce constanta lui Plank are valoarea respectivă.*"

(Citat din cartea „Năruirea haosului: descoperind simplitatea într-o lume complexă", Jack Cohen, Ian Stewart, Pergament, Bucureşti, 2008, trad. Vlentin Stoica, pag. 64)

Aşadar, acesta pare să fie unul dintre rosturile existenţei biosferelor, al civilizaţiilor şi în particular al civilizaţiei omeneşti: acela de a genera UNIVERSURI ALTERNATIVE (printre altele şi prin comunicarea temporală) care să se integreze în UNIVERSUL CU CINCI DIMENSIUNI... Pare greu de înţeles şi greu de crezut, greu de acceptat, însă repet şi subliniez că NOI PARTICIPĂM LA ACEST PROCES şi atunci regulile cunoaşterii se schimbă, nu mai sunt aceleaşi reguli ca atunci când doar observăm un proces DIN EXTERIOR (aşa cum se întâmplă în ştiinţa convenţională)... Una este să fi actor într-o piesă de teatru şi cu totul altceva este să fi doar spectator... Nu poţi să fi şi actor şi spectator în acelaşi timp...

Una este să faci experimente, calcule, observaţii, raţionamente şi să construieşti o teorie pe baza celor observate şi experimentate şi cu totul altceva este să participi tu însuţi la un anumit proces...

În general fiinţele sunt forţate să genereze UNIVERSURI ALTERNATIVE – indiferent dacă conştientizează sau nu aceasta, tot aşa după cum orice fiinţă vie este obligată să crească, să se dezvolte, indiferent dacă vrea sau nu...

În ceea ce priveşte aşa-numitele fenomene paranormale, acestea par a fi rezultatul unei interacţiuni între fiinţele cvadridimensionale (care fac parte din UNIVESRUL CU PATRU DIMENSIUNI) şi UNIVERSUL CVINTADIMENSIONAL ÎN CARE SUNT ÎNGLOBATE (şi în care au loc fenomene şi procese extrem de compexe)...

→ Despre Obiectele Zburătoare Neidentificate. Acestea par să fie nave interdimensionale – în comportamentul lor aceste nave au două componente: o componentă fizică şi o componentă psihică spre deosebire de navele obişnuite... Acestea s-ar putea să provină din dimensiuni superioare, poate din dimensiunea a cincea, o dimensiune complexă, iar psihicul ca atare este singura formaţiune cu o mare complexitate din Universul cu patru dimensiuni; ca urmare există o interacţiune şi la nivel psihic nu numai fizic...

Ca urmare OZN-urile par a face unele incursiuni din Universul cu cinci dimensiuni în Universul cu patru dimensiuni (sau în Universurile cu dimensiuni inferioare)...

S-ar putea explica, într-o anumită măsură, comportamentul uneori paradoxal şi bizar al acestora...

→ S-ar putea călători în... LUMILE POSIBILE (sau cu alte cuvinte în UNIVERSURILE ALTERNATIVE SAU UNIVERSURILE PARALELE) ?

Fred Alan Wolf pare să sugereze un răspuns:

"Se poate să ne trezim în alte lumi în timp ce dormim ? S-ar putea ca, în timp ce dormim, mintea noastră (nefiind ocupată pe deplin cu lumea în care suntem – la urma urmei, visăm) să fie capabilă să perceapă aceste universuri paralele. E doar o speculaţie, dar cheia pentru a călători într-un alt univers s-ar putea să fie simplitatea minţii. S-ar putea ca lumea să aibă prea multe elemente care ne distrag. Poate că ideea este să facem aceste călătorii în alte universuri în vis."

Şi mai departe...

„Universurile paralele au efecte unele asupra altora. Noi ne aflăm în toate universurile, simultan."

(Fred Alan Wolf – „Dr. Quantum şi cărticica marilor idei: unde ştiinţa se contopeşte cu spirirtualitatea", Editura PRESTIGE, 2010, trad. Cristiana Laura, pag. 47, 48).

O posibilitate ar putea fi reprezentată de aşa-numitele „călătorii astrale sau extracorporale" – conştiinţa se poate separa de corpul fizic şi poate fi proiectată dincolo de acesta, putând să exploreze dimensiuni superioare sau Universuri Paralele... Desigur că la prima vedere aceasta nu este decât un basm... Orice om de ştiinţă serios ar strâmba din nas, ar pufni şi apoi s-ar întoarce la microscopul lui sau la telescopul lui sau la ecuaţia lui şi nu s-ar mai gândi la asta... Însă nu este nici o pagubă că nu acordă nici o atenţie acestei probleme... Sunt alţi oameni care îi acordă atenţie şi care chiar experimentează astfel de călătorii astrale, chiar dacă unii renumiţi savanţi, nici nu vor să audă de aşa ceva... Este treaba lor, opţiunea lor, nu au decât să nu creadă, nu au decât să se cufunde în ştiinţa lor limitată... Pentru că, ne place sau nu, ştiinţa este limitată – este de fapt condiţionată de mulţi factori (social-istorici, economici, culturali, ecologici, etc.).

În ceea ce priveşte călătoriile astrale sau extracorporale, William Buhlman, în cartea sa („*Aventuri dincolo de limitele corpului fizic: modalităţi pentru a experimenta călătorii extracorporale*", Editura Infinit, Piteşti, 2011, trad. Iulia Olteanu), descrie la un momend dat „*anatomia unei experienţe extracorporale*". Etapele care se parcurg într-o astfel de experienţă sunt:

„*1. Etapa vibraţională. În acest punct, vibraţiile energetice ne străbat corpul. Senzaţii de bâzâit, huruit sau zumzăit, împreună cu stări ocazionale de ameţeală sau stări cataleptice (incapacitatea de a ne mişca), însoţesc adeseori aceste vibraţii.*

2. Etapa de separare. În momentul în care corpul subtil energetic se separă de corpul fizic, în general apare un sentiment distinct de plutire, ridicare sau de rostogolire din cel fizic.

3. Etapa de explorare. Odată ce ne separăm şi existăm în mod independent de corpul nostru fizic, noi putem începe să explorăm lumea din planul subtil în care ne aflăm.(...) Datorită structurii sale subtile, corpul nostru energetic este foarte receptiv la puetrea gândului.

4. Etapa de revenire. Revenirea (reintegrarea corpului subtil energetic în corpul fizic) apare în mod automat atunci când doar ne gândim la corpul fizic."

(Pag. 148, 149)

Ei bine, se pare că se pot face călătorii în Universurile Alternative folosind această modalitate. De ce ? Trebuie subliniat că Universurile Alternative nu sunt incompatibile între ele, există în definitiv o anumită legătură, o conexiune subtilă între ele, conexiune care permite în principiu o astfel de călătorie dintr-un Univers Alternativ ăn altul... În definitiv, totalitatea Universurilor Alternative şi a Universurilor Paralele, care sunt de fapt varietăţi de Universuri Cuadridimensionle (cu patru dimensiuni), formează, o parte din Universul Cvintadimensional (cu cinci dimensiuni) sau Multiversul... În fine totalitatea Universurilor cu oricâte dimensiuni formează Marele Univers sau Hiperuniversul... Aşa încât, ceea ce pot să afirm în acest moment este că există un mare domeniu de cercetare pentru toţi cei dornici de a elucida unele mistere ale acestei lumi...

Despre presiunea informaţională.

În fiecare clipă, orice individ este supus unei presiuni informaţionale continue, exercitate de tot felul de mesaje pe care individul fie că le primeşte, fie că le emite... Dar aceste mesale (sau semnale sau stimuli) nu provin numai din prezent, pot proveni şi din trecut dar şi din viitor... Aceste mesaje se suprapun peste mesajele interne – acelea rezultate din activitatea organsmului însuşi (figura 29).

Este de subliniat că, foarte rar, pot exista şi mesaje provenite de la indivizi din diverse LUMI POSIBILE...

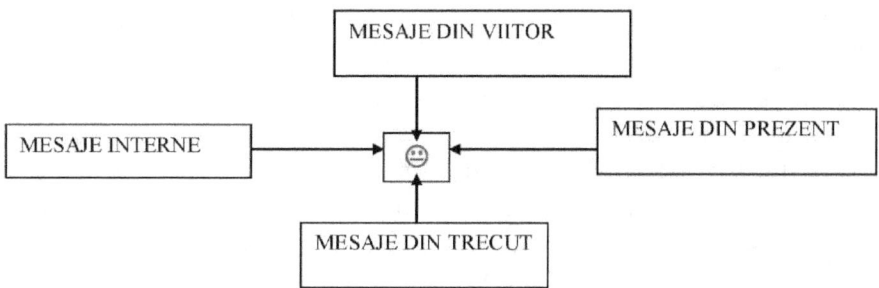

Figura 29 Individul este supus unui continuu flux informaţiona

Pe de altă parte mai trebuie notat că mesajele din trecut, recepţionate de către un individ în decursul vieţii, pot fi favorizate de anumite experienţe ale individului (cum ar fi aminitirile, nostalgiile, anumite lecturi despre evenimente din trecut, excursii în locuri istorice) sau pur şi simplu de anumite caracteristici genetice şi psihologice ale acestuia...

La fel şi în cazul recepţionării unor mesaje din viitor...

În general, se poate considera un raport între cantitatea/calitatea mesajelor din trecut sau viitor și cele din prezent... Acest raport reprezintă de fapt, presiunea informațională...

Astfel, dacă mesajele din viitor vor fi preponderente față de cele din prezent, atunci implicit, presiunea informațională a viitorului va fi mai mare ceea ce implică o trăire în viitor a indivizilor – sunt acei indivizi care au vocație de profeți, de indivizi cu aspirații spre anticipație, vizionari...

Dacă mesajele din trecut vor fi preponderente față de cele din prezent, presiunea informațională a trecutului va fi mai mare, ceea ce implică o trăire în trecut a indivizilor – sunt acei indivizii cu vocație de clarvăzători, de arheologi, paleontologi, istorici...

Dacă însă mesajele din prezent sunt preponderente față de cele din viitor sau trecut, presiunea informațională a prezentului este mai mare, ceea ce implică o trăire în prezent a indivizilor – sunt indivizii „ancorați în realitate, în prezent"...

Dar această presiune informațională, variază de la individ la individ, cât și de-a lungul vieții individului...

Mai este de amintit că, în general, comunicările temporale pot fi stimulate, spontane, aleatorii sau întreținute, în funcție de variabilitatea presiunii informaționale... Cu cât presiunea informațională a trecutului și a viitorului vor fi mai mari, cu atât probabilitatea de a exista o comunicare temporală va fi mai mare; este evident că în cazul în care presiunea informațională a prezentului va fi mai mare, probabilitatea de a se efectua o comunicare temporală va fi mai mică, totuși nu poate fi exclusă, chiar și în acest caz, dacă un esaj provenit din trecut sau viitor va fi persistent și de mare amplitudine, astfel încât să depășească mesajele din prezent... În general însă, se poate spune că toate mesajele sunt mai mult sau mai puțin perturbate... În sfârșit, recepția mesajelor din viitor, trecut sau prezent (sau emiterea acestora) sunt favorizate de starea de veghe sau de relaxare a organismului... În starea de veghe sunt favorizate recepționarea și emiterea mesajelor din prezent... În starea de relaxare – somn, sunt favorizate recepționarea mesajelor din trecut sau viitor (la fel și emiterea acestora); de asemenea, subconștientul pare să fie mai bine adaptat pentru recepționarea mesajelor din trecut sau viitor (sau pentru emiterea de mesaje către viitor sau trecut), în vreme ce conștientul este mai bine adaptat pentru recepția sau emiterea de mesaje din prezent...

Însă nu ar trebui omis nici diversele conjuncturi în care pot avea loc comunicările temporale, unele dintre acestea fiind favorizate sau împiedicate de tot felul de factori, inclusiv de realizarea sau nu a aşa-numitei rezonanţe temporale (adică o anumită afinitate între comunicatorii temporali) – existenţa acesteia, evident, poate favoriza o comunicare temporală...

Dar mai este ceva foarte interesant şi foarte neliniştitor... Iată despre ce este vorba... Jenny Randles, în cartea „*Copiii din stele: extratereştrii sunt printre noi ? (Dincolo de realitatea imediată)*" *(Editura Polimark, Bucureşti, 2000, tred. Alexandra Anchescu, Maria Alexe),* atrăgea atenţia asupra faptului că... „*o formă de viaţă extraterestră este angajată într-un program pe termen lung de încrucişare genetică cu omenirea.*" (Pag.7)

S-ar putea ca unii dintre oamenii cu care interacţionăm zilnic, să nu fie de fapt nişte... semeni, aşa cum am putea fi tentaţi să credem la prima vedere, ci nişte fiinţe diferite de noi, cu toate că aparent... ne asemănăm cu ei... Aşa cum se arată în prezentarea cărţii, s-ar putea ca unii dintre aceşti oameni – care au fost denumiţi „*copiii din stele*" – „*să se fi născut pe alte planete, fiind trimişi aici pentru a ajuta omenirea*", iar alţii „*au fost folosiţi într-un program planetar pentru a produce pe cale genetică, supra-oameni.*"

Ei bine, dacă ar fi aşa, atunci, nimic nu mă împiedică să mă gândesc că aceşti extratereştri, („copii din stele", sau oricum s-ar numi), au capacităţi paranormale deosebite şi pot fi comunicatori temporali foarte buni şi chiar pot controla, pe baza comunicării temporale şi a influenţei temporale, evoluţia omenirii în anasamblu... Este aşadar, posibil ca, de fapt, civilizaţia umană să fi fost invadată demult de către extratreştrii şi apoi controlată destul de strict... Invadatorii, aparent, nu se deosebesc formal, de oamenii obişnuiţi, sunt ca oricare dintre noi... Numai că... dincolo de aparenţe, aceştia dispun de abilităţi remarcabile... Aşa încât, s-ar părea că civilizaţia umană actualmente, este alcătuită din... oameni veritabili, extratereştrii cu aspect uman şi, probabil, hibrizi, adică... nişte oameni de tranziţie, dacă se poate spunea aşa, ceva între oamenii veritabili şi extratereştrii... Caracterul fantastic, incredibil, al acestei ipoteze, este tocmai ceea ce le trebuie acestor entităţi biologice cu aspect uman pentru a fi protejaţi... Nimeni nu va crede asta, aşadar pot să-şi desfăşoare actvitatea fără nici o problemă, nestingheriţi... Invers, ce s-ar întâmpla dacă totuşi această ipoteză ar fi verificată şi ar fi credibilă ? Ei bine, s-ar prea putea să se declanşeze o adevărată „vânătoare de vrăjitoare", sau altfel spus, „copiii din stele" ar fi urmăriți, ar fi poate uciși, torturați, cercetați... La fel și hibrizii... Ar urma, bineînțeles o anumită ripostă... Oricum ar fi, perspectiva ar fi destul de sumbră, iar controlul temporal ar fi serios perturbat, probabil...

Ei bine, poate fi adevărat așa ceva ? Sau este numai o fantezie ? Înainte de a răspunde, ar fi bine să ne gândim la remarca lui Henri Poincare:

„Să te îndoiești de tot sau să crezi totul sunt două soluții la fel de convenabile; amândouă înlătură necesitatea cugetării."

(Preluat din: http://autori.citatepedia.ro/de.php?p=3&a=Henri+Poincare)

Adervărul, ca de obiocei, poate fi, undeva la mijloc...

11. LIBERTATEA FANTEZIEI

În definitiv, ce este această lume, această existență ? De ce există această lume ? De ce trebuie să existe ceva anume ? De ce neantul nu este... absolut ?... Mărturisesc că îmi este foarte greu să răspund, aproape imposibil... Totul este atât de straniu !... Îmi este și teamă, dar sunt și uimit ...

Desigur că fac distincție între existența particulară – a unui obiect, a unei ființe, existența pe care o percepe cineva – și existența generală – existența ca totalitate   a lucrurilor... De asemenea, fac distincție între inexistența particulară – inexistența unui obiect, a unei ființe vii – și inexistența totalității lucrurilor...

Pe de altă parte, conștiința este aceea care percepe existența și dă un sens și o semnificație acesteia...

Gândindu-mă la existența sau la inexistența comunicării temporale, a timpului multilateral, a LUMILOR POSIBILE, am remarcat că trebuie să renunț la multe prejudecăți...

Descartes scria... *"Mă îndoiesc, deci cuget. Cuget, deci exist."* Ar putea urma că, dacă nu mă îndoiesc, nu cuget; dacă nu cuget, nu exist...

Așadar, existența înseamnă cuget sau conștiință, iar inexistența înseamnă lipsa cugetării sau a conștiinței... Cu cât mă îndoiesc mai mult, cu atât cuget mai mult și deci exist mai mult și invers, cu cât mă îndoiesc mai puțin, cu atât cuget mai puțin și deci, cu atât exist mai puțin... Mai trebuie să remarc că, un obiect, o ființă, poate exista pentru cineva, dar nu poate exista pentru altcineva... Atunci, pot oare să am dreptate dacă afirm că... există o lume pentru... fiecare ?... Poate că da, poate că nu... Cu cât încerc să cunosc existența, cu atât

187

parcă mă prăbușesc într-un abis, cu atât parcă neantul se transformă în existență... Și dimpotrivă, dacă nici măcar nu încerc să cunosc existența, atunci, aceasta parcă se transformă în neant...

Ce pot să mai spun ? Doar atât: mi se pare că existența aceasta este bizară, atât de bizară, încât depășește orice închipuire !...

*

O gândire constrânsă înseamnă o limitare impusă de diverși factori, cum ar fi:

- factori proprii – individul are o imaginație foarte limitată, sau este lipsit de curaj, sau pur și simplu nu poate să susțină un efort de gândire mai îndelungat...

- factori sociali și istorici – individul aparținând unei colectivități va accepta concepțiile acelei colectivități, în caz contrar, riscând tot felul de sancțiuni, mergând până la excluderea din acea colectivitate; astfel indibvodul nu va vedea și nu va concepe altceva decât ceea ce vede colectivitatea – indiferent că este vorba de religie, știință, cultură, trehnologie...

Sunt unii care încearcă, să își mascheze propriile limitări, justificând „științific” acestă limitare, spunând cam așa, spre exemplu : „.... *Nu se dovedește științific că există telepatia !...*"

*

Cineva, foarte inspirat, a scris în *Wikipedia, enciclopedia liberă (în articolul "Fantezie")*:

"Enorma mulțime de povești și mituri create cu milenii în urmă și care farmecă spiritul și acum, arată cât de ingenioasă și prezentă este fantezia fiecărui om din fiecare epocă, ea fiind puntea care leagă umanul nemijlocit de umanul viitorului și speranța apariției unui om și unui viitor mai bun."

Georges Renard, referindu-se la libertatea omului a concluzionat:

"Putem răspunde acuma în cîteva vorbe întrebărei puse în fruntea acestei cărți: Este omul liber ? Nu-i vorba, bineînțeles, decât de libertatea morală.

Da, vom spune, omul e liber la intervale și într-o măsură naîncetat variabilă; considerat ca individ, el devine liber de la copilărie la vîrstnicie, exercitându-se să cugete și să voiască, luînd guveranrea lui însuși, stăpînindu-și obiceiurile și ispitele; considerat ca speță, el devine de asemenea liber, pe măsură ce se răspîndesc cunoașterea și iubirea dreptăței și a adevărului.

Dar dacă prin libertate se înțelege în mod abuziv facultatea de a voi fără cuvînt, de a alege fără motiv între două păreri, de a face indiferent, aceleași împrejurări fiind date, un lucru sau opusul său, nu, de o sută de ori nu, omul nu-i, nu a fost și nu va fi niciodată liber. El e determinat în toate actele sale, de la

188

întîiul pînă la cel din urmă, de la cel mai grav la cel mai însemnat, de cause lăuntrice sau exterioare, vădite sau ascunse, cari îl strîng într-o rețea de nedescurcat." (Pag. 176, 177)

(Georges Renard - *"Este omul liber ?"*, carte apărută în anul 1896, Editura Librăriei Socec et. Comp., traducerea fiind realizată de către Marian și Mons)

În sfârșit, Raymond Smullyan, a semnalat foarte bine un fel de principiu :

"În loc să încerci să demonstrezi că adversarul se înșală, încearcă să afli în ce sens ar putea avea dreptate ! " (Pag. 201).

(Raymond Smullyan ."*5000 Î.Hr. și alte fantezii filozofice: probleme, paradoxuri, ghicitori și raționamente"*, Editura ALL, București, 2014, traducere Matin Zick).

În sfârșit, ce să mai spun ? Doar atât:

Dincolo de scepticism, dincolo de dogmatism, dincolo de reguli, legi, principii, dincolo de tot felul de oameni aroganți, sau agasanți, dincolo de tot felul de oameni docți sau ignoranți, mai presus de orice, este GÂNDIREA LIBERĂ, neîngrădită de nimeni și de nimic ! Numai și numai LIBERTATEA GÂNDIRII, LIBERTATEA FANTEZIEI, a făcut posibilă evoluția umanității !... Toate atrocitățile care au avut loc în decursul istoriei au fost posibile tocmai datorită inexistenței unei gândiri libere... Cine vrea să bucure pe deplin de existență, cine vrea să trăiască fericit, trebuie să aibă o gândire liberă, să nu îi lase pe alții să gândească în locul lui !...

Numai printr-o GÂNDIRE LIBERĂ, poate fi cunoscută această existență bizară!...

CONCLUZII

1. Printre misterele timpului, amintesc numai câteva... Misterul existenței timpului... Misterul comunicării temporale și misterul călătoriei în timp... Și mai este un mister: dacă timpul poate fi considerat ca fiind a patra dimensiune a Universului, atunci, care ar putea fi a cincea dimensiune ?... Un alt mister este acela referitor la... UNIVERSURILE ALTERNATIVE (sau LUMILE POSIBILE) și la UNIVERSURILE PARALELE... Se pot elucida aceste mistere ? Cred că da ! De fapt oricine poate să se gândească la aceste mistere ale timpului și poate să își imagineze orice... Numai să vrea asta...

2. Alături de comunicarea ÎN SPAȚIU (care poate avea loc prin

limbaj sau prin telepatie) este posibilă și comunicarea temporală.

3. Există câteva indicii privind comunicarea în timp... Spre exemplu, comunicarea cu spiritele, profețiile, vindecările miraculoase, cunoștiințele tehnice și științifice avansate din antichitate ("minunile din antichitate")... Și mai este ceva... Sunt situații în care unii copii au talente deosebite, sunt considerați... geniali... Poate că este vorba de o... comunicare temporală. Greu de crezut ? Și totuși... Pot să îmi închipui că există undeva, într-un anumit loc, cândva, în viitor, un savant, un erudit, care a studiat toată viața și bătrân fiind, lipsit de energie, bolnav poate, îi transmite prin timp tot felul de cunoștințe unui copil oarecare, aflat cândva, în trecutul său... În schimbul acestor cunoștințe, primește... energie (sau mai bine zis, bioenergie) de la acel copil... Ca urmare, copilul pare că este un mic savant, un mic geniu, pare să fie îmbătrânit, în schimb eruditul, aflat așadar în viitorul copilului, pare că a întinerit !... Imposibil ?... De necrezut ?... Poate că nu...

4. Comunicarea temporală, poate fi făcută, atât cu sine însuși, cât și cu alții... De asemeni, este posibilă și influența în timp... Toate acestea – comunicarea și influența temporală – pot fi făcute, într-un anumit mod și implicând un consum de energie specific... Cine vrea să comunice cu altcinva din trecut sau din viitor, va trebui să își definească foarte bine mesajul și să se transpună în lumea în care vrea să trimită mesajul (în trecut sau în viitor), să simtă lumea de atunci, să își imagineze omul cu care vrea să comunice și să ceară permisiunea de a comunica; dacă este sub influența cuiva care vrea să îi comunice ceva, ar trebui să fie calm și binevoitor, dar și prudent... Să nu accepte comunicarea dacă va crede că nu are ce să îi răspundă... Pentru orice informație pe care o vei primi, va trebui să dai o altă informație echivalentă și invers, pentru orice informație pe care o vei da, vei primi o informație echivalentă...

5. O comunicare temporală poate avea loc, în general, în situații extreme (stres deosebit, relaxare deosebită); mai poate avea loc și întâmplător (sau spontan) sau în situații impuse (printr-un anumit antrenament).

6. Comunicarea temporală sau călătoria în timp, se poate face, în

general, în cadrul dimensiunii a cincea a Universului, implicând generarea LUMILOR POSIBILE, ceea ce implică mai departe riscuri deosebite pentru cei care comunică în timp sau călătoresc în timp; riscurile acestea se pare că au fost asumate de către unii oameni...

Dar trebuie subliniat ceva şi anume că odată generată o LUME POSIBILĂ (sau un UNIVERS ALTERNATIV), această lume va avea un DESTIN PROPRIU, o evoluţie specifică, în timp ce vechea LUME POSIBILĂ, îşi VA COMTINUA şi aceasta evoluţia, CA ŞI CUM NIMIC NU S-AR FI ÎNTÂMPLAT !... LUMILE POSIBILE se confundă până când s-au separat, dar după ce s-au separat, au o evoluţie distinctă...

7. Trebuie să spun însă, că LUMILE POSIBILE... NU POT FI GENERATE ORICUM ŞI ORICÂND ! Sunt anumite condiţii, sunt anumite situaţii, când se poate genera O LUME POSIBILĂ... Nu orice eveniment poate genera o LUME POSIBILĂ... Dacă acceptăm că orice eveniment poate fi echivalat cu o anumită energie specifică, atunci trebuie spus că numai anumite energii pot genera sau pot crea o anumită LUME POSIBILĂ... Este un aspect care trebuie studiat... Apare însă o întrebare importantă: cum se poate demonstra existenţa LUMILOR POSIBILE ? Trebuie spus că, la nivelul actual al cunoştinţelor şi al dezvoltării cunoaşterii, evidenţierea acestora, este deosebit de dificilă... Mai trebuie spus că, dacă ar exista o interferenţă între o LUME POSIBILĂ oarecare şi LUMEA REALĂ, atunci s-ar produce următorul lucru: prin interferenţa acestor LUMI (care sunt în esenţă UNIVERSURI CU PATRU DIMENSIUNI), s-ar reduce o dimensiune (conform cu ceea ce am presupus şi anume că prin interferenţa sau intersecţia dintre două sau mai multe UNIVERSURI SE REDUCE O DIMENSIUNE) şi atunci rezultatul ar fi că, în urma interferenţei, ar rezulta tot felul de corpuri tridimensionale apărute instantaneu în LUMEA NOASTRĂ REALĂ, dar şi în LUMEA POSIBILĂ ! În consecinţă, corpurile acestea tridimesionale apărute în LUMEA REALĂ, nu ar fi, în ultimă instanţă, considerate ca provenind din intersectarea dintre LUMEA REALĂ şi o LUME POSIBILĂ, ci ar fi considerată ca aparţinând NUMAI ŞI NUMAI LUMII NOASTRE REALE, aşadar, nu ar constitui o dovadă concludentă a existenţei LUMILOR POSIBILE !... Pe de altă parte, o interferenţă între o LUME POSIBILĂ şi LUMEA REALĂ ar produce perturbări şi dezechilibre în UNIVERSUL NOSTRU, ceea

ce ar conduce la multe modificări în structura acestuia... Se pare că o astfel de interferenţă este extrem de rară şi are loc în condiţii deosebite... Aşadar, demonstrarea existenţei LUMILOR POSIBILE este extrem de greu de făcut, deocamdată...

8. Anumite locuri de pe Pământ, unde există concentrări de energie, pot favoriza anumite fenomene paranormale, printre care şi comunicări temporale sau călătorii în timp...

9. Comunicarea temporală, există şi este chiar impusă de structura Universului... Totuşi, sunt mulţi oameni care nu cred că există aşa ceva, adică ceea ce am denumit "comunicare temporală", dar acest scepticism este o formă de protecţie pentru ei... Iată de ce: ca urmare a comunicărilor temporale (sau ca urmare a călătoriilor în timp), se pot genera instantaneu diverse LUMI POSIBILE, în care fiecare se poate pierde, dacă nu este destul de vigilent... Aşa încât, unii cred că este mai bine să fi sceptic, sau să fi ignorant, decât să şti şi apoi să te pierzi în... acest... adevărat labirint al LUMILOR POSIBILE... Este treaba lor... Fiecare este propriul salvator, propriul binefăcător, dar şi propriul judecător, precum şi propriul călău... Dar.... poate că, dincolo de scepticism şi de prudenţă, este mult mai bine să cercetăm lumea plini de bunăvoinţă şi de onestitate... Ce va fi după aceea... Cine ştie ? Văzând şi făcând !

10. Succint, pot să afirm următoarele:
* Comunicarea umană are loc prin: limbaj (verbal, non-verbal); telepatie;   eventual prin cronotelepatie.
* Comunicarea dintre tereştrii şi extratereştrii poate avea loc pe cale directă; matematică; simbolică; paranormală, exotică (dar necunoscută actualmente).
* Călătoriile pot fi de mai multe feluri:
* * spaţiale – pot avea loc folosind rachete sau alte nave cosmice;
* * * temporale –pot avea loc folosind maşini ale timpului sau alte modalităţi (a se vedea experimentul Philadelphia);
* * multiuniversale adică, respectiv, călătorii în Multivers, în Universuri cu alte dimensiuni, etc.

11. Despre categoriile de oameni...
Din punctul de vedere al percepţiei timpului, sunt următoarele

categorii de oameni:

- oamenii prezentului - de genul... *"trăieşte-ţi clipa";* sunt oamenii momentului, sunt oamenii "sondă", sunt oamenii care absorb informaţiile dintr-un anumit loc   şi dintr-un anumit moment;
- oamenii viitorului - de genul... *"vizionarii";* sunt oamenii predispuşi de a comunica mai mult cu alţi oameni din viitor;
- oamenii trecutului - de genul... *"nostalgicii";* sunt oamenii predispuşi   de a comunica mai mult cu oamenii din trecut;
- oamenii din afara timpului - de genul... *"atemporalii";* sunt oameni predispuşi   de a comunica indiferent cu cine (din trecut, din prezent, din viitor)...

12. Există unele indicii în ceea ce priveşte istoria modificată (alterată). Iată un exemplu (citat din cartea, "BIBLIA SAU SFÂNTA SCRIPTURĂ A VECHIULUI ŞI NOULUI TESTAMENT CU TRIMETERI, SOCIETATEA BIBLICĂ, 1990, pag. 1221):

"21. 1. Apoi am văzut un cer nou şi un pământ nou; pentru că cerul dintâi şi pământul dintâi, şi marea nu mai era."

Într-adevăr, istoria s-a schimbat, a apărut o altă istorie, o istorie nouă... Care a fost însă istoria... nemodificată ? Cine şi cum a modificat istoria ? Trăim de fapt într-un... UNIVERS ALTERNATIV ? Va trebui să aflăm...

13. Unele cunoştinţe s-au pierdut, altele sunt secrete (şi deci nu sunt accesibile decât unui număr redus de oameni)... De ce s-au pierdut acele cunoştinţe şi nu au fost păstrate ? De ce cunoştinţele nu sunt accesibile tuturor oamenilor ?

Ei bine, poate că acele cunoştinţe sunt... esenţiale; acele cunoştinţe, dacă ar fi la îndemâna oricui, chiar pot destabiliza sau pot determina distrugerea civilizaţiei omeneşti şi nu numai, ar putea spune unii oameni... Dar alţi oameni ar putea întreba: oare anumite cunoştinţe nu s-au pierdut din cauza prostiei, din cauza neglijenţei, din cauza incompetenţei unor indivizi, din cauza fanatismului, iar altele sunt accesibile numai anumitor oameni, din cauză că, prin aceste cunoştinţe, îi pot controla pe alţi oameni ?...

Probabil că adevărul este pe undeva, pe la mijloc...

14. Percepţia scurgerii timpului... În general, percepţia scurgerea timpului, are loc astfel: se percepe mai întâi apariţia unui lucru, apoi

este percepută persistența acelui lucru și în final este percepută dispariția lucrului respectiv... Printr-o succesiune de apariții, persistențe, dispariții, se realizează, în definitiv, imaginea trecerii de la un lucru la altul, de la trecut la viitor, se creează în definitiv imaginea scurgerii timpului (sau poate... iluzia scurgerii timpului)... Sunt însă și situații în care un lucru apare cu mult timp înaintea apariției unui... om (care observă trecerea timpului). Lucrul respectiv poate să persiste și apoi să dispară, în timp ce omul a dispărut demult... Anumite lucruri care apar și care sunt percepute de un individ oarecare ca fiind noi, după ce persistă un anumit timp, fie că dispar, fie că se învechesc... În ultimă instanță, orice eveniment nou reprezintă de fapt o informație pentru orice individ... Informația aceasta este procesată și stocată sau este corelată cu alte informații (altfel spus se învechește)...

15. Deoarece comunicarea temporală este foarte stranie, este neobișnuită și este destul de riscantă, a fost și probabil că va mai fi ingnorată, respinsă sau neînțeleasă de către mulți oameni; cu toate acestea, comunicarea temporală se pare că există, dar numai cei curajoși sau cei inițiați se pot folosi de ea... în mod favorabil sau dimpotrivă, nefavorabil... De aceea problema DECIZIEI este foarte importantă...

Ce anume îl motivează pe un individ SĂ COMUNICE ÎN TIMP cu cineva sau cu sine însuși, sau dimpotrivă, să nu comunice ? OARE CUM DECIDE INDIVIDUL SĂ COMUNICE SAU NU ÎN TIMP ? Este o întrebare dificilă...

Cred că această chestiune trebuie lămurită...

16. Viața, conștiința, civilizațiile, au apărut "din rațiuni superioare", și au ca finalitate generarea de UNIVERSURI ALTENATIVE... Fenomenele considerate a fi paranormale sunt o consecință a interacțiunii dintre ființele din universul cvadridimensional și universul cvintatimensional...

17. Ce înseamnă libertatea gândirii, libertatea fanteziei ? Înseamnă de fapt o gândire care nu se supune dogmelor, teoriilor acceptate de o mulțime de savanți, sistemelor filozofice sofisticate, credințelor religioase... Gândirea liberă, fantezia, este lipsită de fanatism, este lipsită de necuviință... În ultimă instanță, libertatea gândirii este opusă

controlului mental ! Libertatea gândirii înseamnă PROPRIA TA GÂNDIRE, fiind dincolo de critică, dincolo de ridicol, dincolo de ignoranţă, înseamnă, în definitiv, o gândire... binevoitoare.

Cred că numai oamenii care au o gândire liberă, lipsită de prejudecăţi, pot să afle ce este timpul, dimpotrivă, oamenii care se îndoiesc de orice sau care cred orice, ignoranţii, cei care critică orice, cei care se limitează numai la un singur punct de vedere, la o singură concepţie, la un singur sistem filozofic sau la o singură teorie, ei bine, toţi aceştia, nu vor afla prea multe despre timp, despre existenţă...

Toţi aceştia... se vor pierde în timp, neştiuţi de nimeni... Ei şi ?... Poate că este mai bine aşa...

Dar, în definitiv, oricine poate fi curajos şi liber... Şi atunci timpul îşi va dezvălui secretele... Toţi cei curajoşi şi liberi, vor avea parte de o existenţă... deosebită... Va fi ceva... dincolo de orice închipuire...

Iată un citat care mi se pare foarte potrivit în acest sens:

"Nimeni nu-i liber, dacă nu merită să fie liber. Libertatea nu este nici un drept, nici un fapt, ea este o răsplată, răsplata cea mai înaltă, cea mai rodnică în fericire; ea este pentru toate întâmplările vieţii, ceea ce e lumina soarelui pentru o vedere din natură. (Payyot)"

(Citatul este preluat din broşura "Despre Om şi Univers", autor – Şt. I. Manoliu, ediţia a II-a, Bucureşti, 1936)

În anul 1906, populaţia lumii era de *1 559 680 000* (conform cărţii: *„Geografia fizică a Globului"* , autor G.I. Gorciu, 1906, Editura Societăţii Cooperative Librăria Naţională, Bucureşti). Iată că, de atunci şi până acum, populaţia a crescut până la aproape şapte miliarde de oameni *(„în iulie 2015 populaţia globului pământesc era de 7,3 miliarde; se preconizează ca populaţia globală va ajunge la 9 miliarde în 2040, şi 10 miliarde în perioada 2060–2065, iar în anul 2100 s-ar putea să se ajungă la un număr de 10.854 miliarde de locuitori"*, conform https://ro.wikipedia.org/wiki/ şi UN projects world population to reach 8.5 billion by 2030, driven by growth in developing countries". United Nations Department of Economic and Social Affairs. 29 iulie 2013. http://www.un.org/apps/news/story.asp?NewsID=51526. Accesat la 30 iulie 2015.)...

A crescut în pofida celor două războaie mondiale şi a epidemiilor care au avut loc de atunci încoace !... Şi asta în pofida previziunilor lui Malthus...

Acesta... *„a fost un cleric și un teoretician economic englez, fondatorul teoriei care îi poartă numele. Conform teoriei lui Malthus, populația crește în progresie geometrică, în timp ce mijloacele de subzistență cresc în progresie aritmetică; teoria sa este cunoscută sub numele de* malthusianism; *ca o consecință a acestei relații dintre populație și starea economică, Malthus considera că sărăcia, bolile, epidemiile și războaiele sunt factori pozitivi pentru omenire, dat fiind că asigură echilibrul între numărul populației și cantitatea mijloacelor de subzistență.”* *(https://ro.wikipedia.org/wiki/Thomas_Malthus)...*

Așadar, crește populația, dar scad resursele (alimentare, materiile prime, etc.), DAR ceea ce nu spune Malthus, este că va crește... creativitatea, inventivitatea... Este interesant de observat că odată cu creșterea explozivă a numărului locuitorilor planetei, a crescut și numărul invențiilor, a descoperirilor, astfel încât scăderea resurselor, a fost compensată, după cum se pare, de creșterea capacității omenirii de a se adapta, prin CREATIVITATE... Creativitatea pare să fie o formă superioară a adaptabilității... O formă apropiată este și ANTICIPAREA...

Legat de comunicarea temporală, aș mai putea să mă gândesc că aceasta a fost inițial o formă de adaptare – a fost mai întâi impusă de obținerea de informații mai vechi (de aici inițierea unor contacte temporale cu „strămoșii”) dar și obținerea unor informații mai noi (de aici inițierea unor contacte temporale cu „urmașii”)... Astfel, așa-zisa comunicare cu spiritele, așa-zisul cult al strămoșilor sau al morților, era de fapt inițierea unor contacte temporale (în trecut); la fel, așa-zisa profeție, (sau eventual ghicirea evenimentelor ce se vor produce), era de fapt inițierea unor contacte temporale (în viitor)... Se pare că anumite locuri – care au fost denumite „locuri sacre”, în care erau concentrate anumite energii planetare, favorizau astfel de contacte temporale; la fel se pare că anumite forme, anumite dimensiuni ale formelor, care generau un anumit tip de energie (energia morfică), favoriza de asemenea contactul temporal – de aici abundența de pietre masive, de statui gigantice, acestea aveau rolul de a genera sau de a focaliza energia morfică... Se pare că strămoșii erau mai sensibili la aceast tip de energie decât sunt acum oamenii moderni... Este posibil să existe o anumită rezonanță (sau mai bine zis o formă de rezonanță informațională) care să permită contactul temporal și care să fie susținută de aceste energii – planetare sau morfice...

Revenind acum la chestiunea așa-zisei „explozii demografice”, după cum prezic diverși specialiști, tendința aceasta de creștere a populației se va menține până la sfârșitul acestui secol... Numai că, experiența a dovedit că, astfel de prognoze pe termen lung, au puține șanse să se adeverească...

Dar... atunci, asta ar însemna o accelerare, o intensificare a comunicărilor temporale, a influenţelor temporale, cu efecte inimaginabile... Ar fi, poate de subliniat că fluxul mesajelor din viitor către trecut să crească... Un acelaşi individ din trecut, poate comunica, în principiu cu mai mulţi indivizi din viitor, dat fiind că numărul indivizilor din viitor este mai mare... Cel din trecut va trebui să facă faţă aşadar unei presiuni informaţionale deosebite... Aşa stând lucrurile s-ar părea că cei din trecut au avut unele abilităţi comunicaţionale impresionante... Poate că aveau şi unele aptitudini remarcabile... Aş putea chiar să afirm că, dacă dintr-o anumită perspectivă, specia umană a evoluat – prin creşterea cunoştinţelor despre natură, spre exemplu sau prin elaborarea diverselor tehnici, dintr-o altă perspectivă, specia umană... a involuat – prin pierderea anumitor aptitutini – cum ar fi aptitudini artistice, anumite capacităţi psihice şi chiar paranormale... Este posibil ca unii indivizi din trecut să fi avut anumite capacităţi paranormale deosebit de pronunţate, mult mai pronunţate decât oamenii din viitorul lor ...

Ceva mai clar, încerc să exprim această idee în cele ce urmează (figura 30).

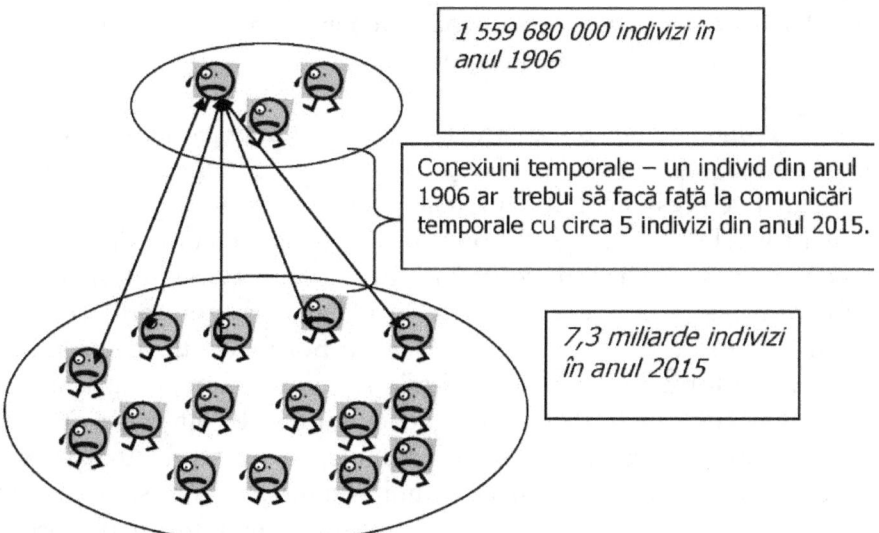

Figura 30 Schemă referitoare la raportul dintre locuitorii de pe planetă,din anul 1906 şi din anul 2015, şi la implicaţiile privind disponilbilităţile de comunicare temporală.

Spre exemplu, dacă raportăm numărul locuitorilor de pe planetă din anul 1906 cu acela din anul 2015, se vede că există un raport de 1 la 4,6... Adică, la un locuitor din anul 1906, îi revine 4,6 locuitori din anul 2015, dar pentru a nu da un caracter ridicol acestui raport, se poate spune că, unui locuitor de la începutul secolului XX, îi revine aproape cinci locuitori de la începutul secolui XXI... Ce înseamnă asta, din punctul de vedere al comunicărilor temporale ? Pare să însemne următorul lucru... Abilitățile de comunicare temporală ale unui individ din anul 1906 erau mai mari decât ale unui individ din anul 2015; un individ de la începutul secoului XX trebuia să facă față unor eventuale comunicări cu aproape cinci indivizi... Ceea ce pare să fie chiar așa – aptitudinile paranormale (care sunt într-o anumită măsură corelate cu comunicările temporale) se pare că erau ceva mai dezvoltate la strămoși... Poate că nu întâmplător cercetătile fenomenelor paranormale care au avut și anumite rezultate au fost efectuate în acea perioadă (sfârșitul secolului XIX și începutul secolului XX... Aceste abilități, dar și altele care nu sunt neapărat paranormele (cum ar fi o anumită forță fizică, o mai mare capacitate de a memora, o mai mare rezistență la efort, etc.) par să involueze, odată cu dezoltarea tehnologiei – parcă o parte din aceste abilități au fost transferate mașinilor, oamenilor rămânându-le numai, eventual, abilitatea de a manevra mașinile respective...

*

Un individ oarecare, aparținând unei anumite epoci – căreia îi corespunde un anumit prezent, este supus în timpul vieții la o permanantă presiune infomațională, trebuind să recepționeze și să emită tot felul de mesaje din prezent dar și din trecut și din viitor... Acestea din urmă nu sunt conștientizate în general... Se pot manifesta sub formă de vise – eventual vise lucide sau premonitorii, sau sub formă de presentimente diverse... Uneori pot fi conștientizate și pot lua diverse forme, cum ar fi profețiile sau unele fantezii sau chiar și unele halucinații, spre deosebire de comunicările din prezent care sunt conștientizate; indivizii care comunică la un moment dat (sau, altfel spus, indivizii care aparțin unui anumit prezent) sunt perfect conștienți de ceea ce comunică sau de un anumit mesaj pe care îl recepționează (figura 31)...

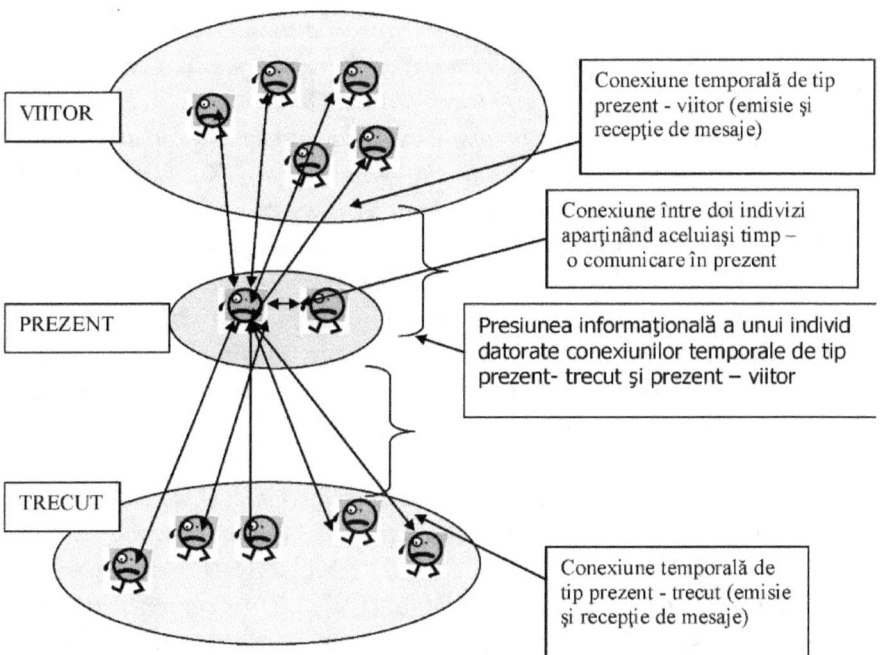

Figura 31 Schemă referitoare la conexiunile informaționale temporale ale unui individ oarecare

*

Reiau ceea ce am scris în cartea „*Speranța nemuririi – reflecții despre moarte și supraviețuire*", deoarece mi se pare important:

Pentru a înțelege mai bine, sper, diferența dintre o viață a unui individ în Universul cu patru dimensiuni și a unui om din Universul cu cinci dimensiuni, iată un exemplu.

În Universul cu patru dimensiuni, evoluția unui individ va fi definită prin mai multe etape (naștere, copilărie, adolescență, tinerețe, maturitate, bătrânețe, moarte); acesta rămâne totuși același individ, cu toate că dacă se compară diferite etape sau vârste el este diferit (altfel era în copilărie, altfel arăta în tinerețe sau maturitate și altfel arăta la bătrânețe)... În Universul cu cinci dimensiuni, situația este mai complexă... Același individ poate avea nenumărate vieți în nenumărate LUMI POSIBILE (sau Universuri Alternative); există așadar mai multe direcții de evoluție, mai multe vieți, mai multe alternative... Fiecare dinte alternative generează de fapt o LUME POSIBILĂ... Dacă într-o LUME POSIBILĂ un individ ar fi putut trăi treizeci de ani, același individ, într-o altă LUME POSIBILĂ ar fi putut trăi șaptezeci de ani, și așa mai departe. În Universul cu cinci dimensiuni se pot realiza toate evoluțiile imaginabile și inimaginabile... Asta pentru că Universul cu cinci dimensiuni este mult mai complex decât Universul cu patru dimensiuni (Universul cu cinci dimesniuni cuprinde nenumărate Universuri cu patru dimeniuni). Cea de-a cincea dimensiune înseamnă de fapt, următorul lucru... Dacă în cazul Universului cu patru dimensiuni, cea de-a patra dimensiune fiind timpul (caracterizat printre altele printr-un singur prezent, un singur trecut, un singur viitor, ceea ce înseamnă că timpul se mai poate numi și liniar), în cazul Universului cu cinci dimensiuni, cea de-a cincea dimensiune înseamnă de fapt multiplicarea timpului liniar (adică se poate spune că vor fi mai multe prezenturi, mai multe trecuturi, mai multe viitoruri, concomitent !)... Așadar, revenind la cazul vieții unui individ din Universul cu cinci dimensiuni, pot afirma că acesta va trăi așadar nenumărate vieți în tot atâtea LUMI POSIBILE ! Tot așa cum un om își păstrează individualitatea atunci când evoluează în Universul cu patru dimensiuni, parcurgând diferite etape, tot așa, în Universul cu cinci dimensiuni, individul nu își pierde individualitatea atunci când există în mai multe LUMI POSIBILE ! Totalitatea alternativelor sau a modalităților de evoluție a unui om, din LUMILE POSIBILE, formează OMUL INTEGRAL, adică omul din UNIVERSUL CU CINCI DIMENSIUNI !... Nu este prea ușor să se înțeleagă asta, dar cu un mic efort de imaginație se poate totuși înțelege... În dorința de a fi mai pe înțeles, poate că ar fi nimerit să încerc să exemplific... Fie un individ oarecare, să-l numesc Q. În acest univers, acest om a trăit cincizeci de ani, timp în care a absolvit o școală, un liceu, o facultate, apoi s-a căsătorit, a avut copii și a murit poate ca urmare a unei boali sau poate într-un accident... Dar, o altă variantă a vieții lui ar fi fost să nu fi murit la vârsta de cincizeci de ani, ci la o altă vârstă... O altă variantă a vieții lui ar fi fost să nu se fi căsătorit, să nu fi avut copii, să fi murit la vârsta de șaizeci de ani... În principiu pot fi extrem de multe posibilități, dar fiecare posibilitate generează câte o LUME POSIBILĂ, câte o viață potențială... Toate aceste vieți potențiale ale lui Q se realizează în Universul cu cinci dimensiuni și formează omul integral Q... Cred că sunt unii oameni care bănuiesc asta sau cel puțin, au un anumit sentiment referitor la dimensiunea asta, chiar dacă este un sentiment vag... Astfel sunt unii oameni care, atunci când sunt disperați, când sunt agresați, când simt că moartea se apropie, își îndreaptă privirile spe CER ! De ce o fac ?... Pentru că se așteaptă la un ajutor venit de undeva, de la cineva superior, de la cineva mai complex decât ei, de la divinitate... De fapt nu atât spre cer își îndreaptă privirea (pentru că spre cer s-au mai uitat de multe ori, dar nu cu aceeași intensitate) ci își îndreaptă privirea spre... ceva dincolo de CER, își îndreaptă privirea spre dimensiunea a cincea, o dimensiune mult mai complexă decât dimensiunea a patra, după cum am precizat... De aici speră un ajutor ! De altfel, poate că de aici și venim, viața însăși, poate că "vine" din dimensiunea a cincea !... "

Aşadar, dacă omul din UNIVERSUL CU CINCI DIMENSIUNI, este omul integral, ce anume îi leagă, prin ce se deosebeşte un om integral de alt om integral ? Este o întrebare justificată şi singurul răspuns care mi se pare ceva mai potrivit, deocamdată, este că un OM INTEGRAL SE DEOSBEŞTE DE ALT OM INTEGRAL prin mai multe trăsături, care îl fac să fie distinct şi unic – printr-un fel de cod genetic... mai complex, configurat în cinci dimensiuni, probabil... Oricum chestiunea aceasta este destul de complicată şi merită să fie cercetată... Când şi cum, rămâne de văzut...

*

Într-o carte foarte interesantă („*Enigma cuantică*", autori Bruce Rosenblum şi Fred Kuttner – Editura Prestige, Bucureşti, 2011, trad. Cristina Lura şi Licsandru Marian), este un citat semnificativ, care exprimă o întreagă filozofie pe care îl reproduc în cele ce urmează (citatul se găseşte la pagina 271):

„La început au fost doar probabilităţi. Universul putea să ia fiinţă numai dacă îl observa cineva. Nu contează că observatorii au apărut cu câteva miliarde de ani mai târziu. Universul există pentru că suntem conştienţi de el. "

MARTIN REES

La acest citat îmi permit să adaug următoarele aspecte... Universul există şi dacă suntem conştienţi de el şi dacă nu suntem conştienţi de el... Există totuşi o diferenţă – dacă suntem conştienţi, Universul arată într-un fel, iar dacă suntem conştienţi, arată altfel... Cu totul altfel... Universul se schimbă atunci când este observat, (tot aşa cum se schimbă şi oamnii atunci când sunt observaţi) dintr-un motiv foarte simplu: are loc un schimb de informaţii în acest proces de observare, între Univers şi cel ce îl observă, un schimb care, în cele din urmă, modifică starea Universului...

Mai departe, cred că nu ar fi exclus ca atunci când omenirea va fi conştientă cu adevărat de existenţa Universurilor Alternative, atunci acestea... chiar vor începe să apară... Altfel spus, Universurile Alternative (sau Lumile Posibile) vor exista efectiv atunci când vom fi conştienţi de ele, tot aşa cum Universul în care trăim... există din momentul în care am devenit conştienţi de el...

*

Ar fi multe de spus... Cred că problemele acestea referitoare la comunicările temporale, la dimensiunile Universului, la LUMILE POSIBILE, sunt fascinante, ademenitoare, importante... Sper că oricine va înțelege că tot ceea ce am scris până acum, au fost mai degrabă niște sugestii pe care le ofer celor ce doresc să viseze sau să mediteze...

Edward Page Mitchell, scria foarte inspirat:

" Cauza produce efectul; dar oare niciodată efectul nu induce cauza ? De ce legea eredității, spre deosebire de toate celelalte legi ale acestui univers de gândire și materie, să opereze doar într-o singură direcție ? Oare descendentul datorează totul strămoșului, iar strămoșul nimic urmașului ? Oare destinul, care uneori prinde în gheare viețile noastre și le duce către țeluri doar de el cunoscute, departe în viitor, nu le poate duce oare niciodată înapoi în trecut ?"

(Citat extras din volumul Edward Page Mitchell – *"Omul de cristal"*, traducere Margareta Dan, Editura Univers, București, 1980, pag. 96 și 97)

Howard Bloom, într-un alt context, scria, la fel, foarte inspirat:

„Plăcerile și suferințele noastre ne leagă unii de alții ca pe niște module, noduri, componente, agenți, ca pe niște microprocesoare ale celui mai uimitor computer care a existat vreodată pe acest pământ. Este acel computer social din care ne-am născut nu numai noi, ci întreaga lume vie."

(Citat din cartea Howard Bloom – *„Creierul global: evoluția inteligenței planetare de la Big Bang până în secolul al XXI-lea"*, traducere Levana Zigmund, Editura Tehnică, București, 2007, pag. 25 și 26)

În sfârșit, iată ce scria Fred Alan Wolf în remarcabila sa lucrare „Dr. Quantum și cărticica marilor idei: unde știința se contopește cu spirirtualitatea":

"Deși nu experimentăm o trecere înainte și înapoi între universuri, acest lucru s-ar putea să se întâmple, de fapt. S-ar putea să mergem la culcare și să ne trezim într-un alt univers, dar n-am ști niciodată acest lucru, pentru că orice s-ar întâmpla în acel univers ni s-ar părea consecvent și logic. N-am ști că am făcut saltul !"

(Fred Alan Wolf – „Dr. Quantum și cărticica marilor idei: unde știința se contopește cu spirirtualitatea", Editura PRESTIGE, 2010, trad. Cristiana Laura, pag. 46).

Dar dacă întreaga lumea vie ar fi un fel de „computer social", în care circulația informației are loc în patru dimensiuni ? Așadar circulația informației ar putea avea loc din trecut în prezent și din prezent în trecut, din prezent în viitor și din viitor în prezent, din trecut în viitor și din viitor în trecut...

Ei bine, trecutul nu este imobil, viitorul poate influența trecutul (tot așa cum trecutul influențează viitorul), destinul poate fi modificat

! Pare straniu ?

Se prea poate să pară straniu pentru unii dintre oamenii acestui veac, dar poate că va fi ceva obişnuit pentru oamenii altor veacuri !... Ceea ce este inexplicabil, de neînţeles sau ceea ce pare o simplă fantezie în acest moment, probabil că va fi înţeles, va fi perfect explicabil şi va fi cât se poate de real peste... o sută de ani, peste trei sute de ani, peste cinci sute de ani... Cândva... Cel puţin de asta sunt sigur !...

Atât am avut de comunicat...

CUVÂNT DE ÎNCHEIERE AL AUTORULUI

Această carte are o mică „istorie" aparte... Totul a pornit în primăvara anului 2012 când recitind una din povestirile mele (și anume „*Singura salvare*") am avut un fel de revelație... Această povestire am scris-o demult, cu ani și ani de zile în urmă; printre altele, scriam:

<< *Problemele sunt complicate și contradictorii... Știu, te gândești că este absurd, spre exemplu, în cazul cronopatiei, (adică în cazul comunicării prin timp), este absurd ca... o persoană din... prezent, mai bine zis, creierul acelei persoane de acum, din această clipă, căreia îi spunem prezent, zic pare absurd să comunice cu un alt creier din trecut, de acum o mie de ani, pe considerentul că acela este mort, descompus, dezintegrat... După cum pare să fie absurd ca persoana din prezent să comunice cu o persoană, cu un... creier din viitor, care nu s-a născut și nici cea mai vagă bănuială de existență și de formare a lui nu se prefigurează... Și totuși... De asemeni și în cazul... ultraclarviziunii... Poți " vedea " procesele termonucleare dintr-o anumită stea sau procesele sociale ale unei civilizații sau vreun proces biologic dintr-o ființă vie, ei bine și aceasta pare să fie tot o absurditate... Mai departe, analog cu telekinezia (care înseamnă influența "câmpului mental" sau a câmpului noesic, sau în sfârșit, a psihicului asupra diferitelor obiecte sau procese), tot astfel există și... cronokinezia (adică influența în timp a psihicului, a " câmpului mental " asupra obiectelor sau proceselor) și aceasta pare să fie tot o absurditate... Cronokinezia... este atât de stranie ! >>*

De aici am pornit în primăvara anului 2012 și am extins aceste idei, până într-atât încât am reușit să termin de scris o carte, și anume, " *MISTERELE TIMPULUI ȘI LIBERTATEA GÂNDIRII - ESEU ȘTIINȚIFICO-FANTASTIC*" - (Editura Printech, București, ISBN 978-606-521-884-0, 2012), pe care am publicat-o pe cheltuială proprie... Alte câteva idei le-am publicat în cartea „*DIVERSITATEA CUNOAŞTERII (REFLECŢII)*", (Editura Printech, Bucureşti, ISBN 978-606-521-619-8, 2010)... Apoi, am încercat să tratez acest subiect şi într-o altă carte, "*O iluzie fără sfârşit - jurnalul unui anonim*"... În sfârşit, m-am gândit să reiau subiectul... Aşa încât, m-am gândit la un titlu potrivit... Printre altele m-am gândit la titlul... „*Înţelepciunea timpului*"...

Apoi, m-am gândit la titlul, „*Dominaţia timpului*" . Mi s-a părut un titlu mai potrivit...   De ce ? Pentru că este chintesenţa a ceea ce am vrut să transmit în această carte...   Ce este în definitiv... „DOMINAŢIA TIMPULUI " ? Iată succint despre ce este vorba...

Dominaţia timpului ar însemna, capacitatea timpului de a genera, stoca, vehicula şi transforma informaţia, energia şi substanţa...

Timpul, pe de altă parte, poate fi privit din două perspective (din punctul de vedere al determinismului), şi anume ca fiind o cauză primordială – este ceva care are o anumită consistenţă, este un fel de energie fundamentală - din care decurge nenumărate efecte; poate fi însă, dimpotrivă şi un fel de efect al unei sau a unor cauze, neavând de fapt o consistenţă, fiind mai curând un fel de rezultantă abstractă a unor multitudini de cauze (spre exemplu dacă ne gândim să zicem numai la aşa-numitul „timp psihologic" – acesta este de fapt un efect, o rezultantă a unor procese psihice, care se desfăşoară într-o anumită succesiune – nu timpul determină succesiunea aceasta, ci însăşi structura psihică, aşadar timpul rezultând din succesiunea proceselor psihice)...   Ca urmare, cred că timpul este dual: Un TIMP FUNDAMENTAL, un TIMP CAUZĂ, şi un TIMP SECUNDAR, un TIMP EFECT...   Dar nu este numai atât... Mai este şi... comunicarea temporală, călătoria în timp, lumile posibile, universurile alternative şi paralele (adică multiversul sau megauniversul)... Totuşi, nu acesta este titlul final... În cele din urmă, am considerat că mult mai potrivit ar fi titlul "*Tainele Timpului şi libertatea fanteziei (Eseu despre comuncarea temporală şi lumile posibile)*"...

Câteva gânduri

Este relativ totul şi este tulburător... Da, este tulburător să şti că... trăieşti şi în viitor – spre exemplu în viitorul erei mezozoice sau în viitorul lui Platon sau al lui Seneca, dar şi în trecut... în trecutul oamenilor care vor coloniza planeta Marte sau galaxia Calea Lactee...

Trăiești într-un prezent care este simultan, un viitor îndepărtat, dar și un trecut îndepărtat... Pe de altă parte, am remarcat că sunt perioade când densitatea evenimentelor este destul de mare, iar alteori, această densitate scade... Dacă am privi lumea din perspectiva spațiului cu patru dimensiuni (așa cum ne propune teoria relativității să facem), am putea constata că în spațiul cu patru dimensiuni, există zone de îngrămădire, de aglomerare a evenimentelor, (oarecum asemănător cu niște grămezi de obiecte în spațiul tridimensional)... Și dimpotrivă, am putea vedea zone rarefiate cu foarte puține evenimente, (oarecum asemănătoare cu niște goluri în spațiul cu trei dimensiuni)...

Totodată, se mai poate constata că percepția trecerii timpului este diferită - acolo unde densitatea de evenimente este mai mare, este perceput în general un timp accelerat, timpul pare că trece foarte repede, are "viteză" mare și dimpotrivă în cazul evenimentelor rare, timpul se scurge lent... Mai sunt însă și alte aspecte particulare... Depinde foarte mult și de activitatea fiecărei persoane...

O persoană care este foarte activă, poate să-și creeze evenimente și astfel, crescând numărul evenimentelor, să-și accelereze timpul... Dar odată cu creșterea evenimentelor, crește și oboseala care influențează de altfel și percepția timpului... O persoană obosită, înspăimântată, bolnavă, la un moment dat, poate ieși din timp, pur și simplu... Pe de altă parte, timpul trișează... Sunt situații, când, spre exemplu, ești nevoit să faci ceva, să termini ceva, într-un anumit interval de timp... Inițial ți se pare că intervalul acesta este destul de lung... Dar, când te apuci de treabă și intri în activitate, la un moment dat, nu mai observi cum a trecut timpul, când a trecut timpul, cert este că, pe nesimțite acesta a trecut și de unde inițial ți se părea că va fi un timp lung, constați că, de fapt, nu a fost așa... A trecut parcă într-o clipă... Ca și viața... Inițial crezi că va fi un timp lung... În copilărie, în adolescență, în tinerețe... Fiecare se implică în tot felul de activități... Și deodată, la maturitate și bătrânețe se constată de regulă că timpul parcă a trecut fulgerător... Oare când a trecut ?... Sau invers, trebuie să faci ceva într-un timp care ți se pare că ar fi foarte scurt... Dar, desfășurând actvitatea, poți constata că timpul parcă se dilată și uneori chiar nu mai constați nimic, pentru că s-ar părea că... ai ieșit din timp... Asta numesc eu, trișarea timpului...

Altfel spus, timpul te păcălește... Întotdeauna ar trebui să ținem cont de asta... Să nu fim trișați de timp... Iată, încearcă să te gândești cum și când a trecut timpul de când ai sosit într-o localitate oarecare și acum când trebuie să pleci din acea localitate... Încearcă să surprinzi trecerea timpului acum, la plecare și apoi la revenirea acasă... Oare, în acest caz, a trișat timpul ?... Cu alte cuvinte, există o diferență între așteptarea ca timpul să treacă mai încet și constatarea că el a trecut... prea repede ? Sau invers... În sfârșit, aș mai vrea să remarc un lucru pe care îl observ de câțiva ani încoace și anume că agitația asta a lumii, crește de la o zi la alta... Ce vreau să spun este că lucrurile devin vechi... într-un timp foarte scurt... Nimic nu mai durează, nimic nu mai are importanță sau consistență ! Un eveniment oarecare s-a produs, dar apoi, parcă s-a îndepărtat cu o viteză uluitoare...

Uneori, am impresia că de-abia s-a produs un eveniment anumit și apoi a devenit vechi, după numai o zi !... Este foarte ciudată accelerarea asta a vieții și a timpului !...

În altă ordine de idei și în definitiv, Jorge Luis Borges avea dreptate când spunea:

"Problema timpului este problema noastră. Cine sunt eu ? Cine este fiecare dintre noi ? Cine suntem ? S-ar putea să aflăm cândva acest lucru. S-ar putea să nu-l aflăm. Dar între timp, așa cum a spus Sfântul Augustin, sufletul meu arde fiindcă vreau să știu." (pag. 162)

(*"Nouă eseuri dantești. Borges oral"*, Jorge Luis Borges, trad. Irina Dogaru, Editura Polirom, București, 2012).

Ei bine da, așa este, și sufletul meu arde, fiindcă vreau să știu !... Și încerc să aflu câte ceva...

*

Cercetările referitoare la călătoriile în timp sunt, în ciuda multor sceptici, destul de avansate, după cum arată un articol recent, intitulat *"Călătoriile în timp ar putea fi posibile în curând. Soluția găsită de fizicienii chinezi"* , (**Aln Motogna, 05.18.2016, Descopera.ro,** Sursa: **sciencealert.com**), **în care se arată următoarele aspecte:**

"Conform unui studiu publicat de cercetătorii chinezi, folosind găurile de vierme pentru călătoria în timp, poate fi demonstrată invaliditatea Principiul incertitudinii al lui Heisenberg. Acesta este cunoscut ca fiind unul dintre cele mai faimoase și, probabil, cele mai puțin înțelese idei din domeniul fizicii. Mai mult decât atât, cu ajutorul soluțiilor ecuațiilor referitoare la spațiu și timp, am putea rezolva unele dintre cele mai dificile probleme din domeniul informaticii.

Găurile de vierme sunt descrise ca fiind portaluri între două locuri diferite din Univers, dar, de asemenea, se presupune că aceste structuri fac legătura între două "timpuri", care pot exista în același timp în spațiul cosmic.

Se crede că în cazul în care cele două părți ale unei găuri de vierme ar fi destul de apropiate, ne-am putea opri să cădem în interiorul unor astfel de structuri şi am putea călători în timp. Această posibilitate a fost denumită de specialişti „curbă temporală închisă", însă nu este pe deplin acceptată în lumea ştiinţifică, deoarece, în încercarea de a o înţelege, cercetătorii au întâmpinat numeroase probleme de logică. De exemplu, dacă ne oprim să sărim într-o gaură de vierme, atunci cum putem sări în aşa fel încât să ajungem pe partea cealaltă şi să fim în două locuri în acelaşi timp?

Pentru a clarifica toate aceste problemele legate de existenţa curbelor temporale închise, experţii chinezi au venit cu o alternativă denumită „curbă temporală deschisă". Conform specialiştilor, acestea ne-ar permite să călătorim în timp, însă este nevoie ca în Univers să existe găuri de vierme suficient de depărtate, care, indiferent de ce am face, ne-ar atrage în interiorul lor. În cazul unor astfel de structuri, am avea şansa să fim în două locuri în acelaşi timp, însă nu am avea şansa de a ne întâlni cu noi înşine."

După cum se constată, problematica legată de călătoria temporală (şi în subsidiar cea legată de comunicarea temporală) este destul de complicată şi nu poate fi înţeleasă decât cu mare greutate... Totuşi, cine gândeşte liber, cine nu are tot felul de prejudecăţi, poate să înţeleagă, în cele din urmă despre ce este vorba...

*

Nu pot totuşi să nu mai consemnez, în final două probleme care mă frământă şi pe care deocamdată nu pot să le rezolv: prima problemă este ceea ce am denumit "saltul dimensional" (cum are loc trecerea de la dimensiunea trei la dimensiunea a şaptea să zicem sau invers ?), a doua problemă este generarea dimensiunilor - cum se generează o dimensiune şi mai cu seamă de ce se generează ? (Dimensiunile inferioare generează dimensiunile superioare ? De ce ?)...

Aceste probleme poate că vor constitui câteva din domeniile de studiu al unui capitol al fizicii, numit "Fizica dimensiunilor"... Sper să fie aşa, mai devreme sau mai târziu...

*

Într-o carte de proză ştiinţifico-fantastică, *"Generatorul de idei"*, apărută la editura Self-Publishing, în 2014, scriam despre un neurocomputer care putea să gândească, să creeze, şi care fusese proiectat pentru a explora dimensiunea a cincea a Universului...

Ei bine, cred că neurocomputerele (generatoarele de idei), vor deveni, peste cateva secole, tot atat de obişnuite ca şi telefoanele mobile de azi, însă oamenii vor fi de nerecunoscut, atunci...

*

Și încă ceva... Am fost întrebat odată de către o persoană foarte serioasă, dacă eu însumi am comunicat în timp cu cineva sau, eventual, cu mine însumi și ce anume am comunicat... Ei bine, i-am spus persoanei respective că nu sunt în măsură să-i răspund... Am avut câteva încercări de a comunica în timp mai întâi cu mine însumi și apoi cu alții, dar... nu știu cu certitudine dacă... au fost recepționate mesajele... Oricum voi mai încerca... Sunt foarte curios să văd ce o să se întâmple...

*

În sfârșit, să mai spun următorul lucru:

"Ceea ce este imposibil în lumea noastră, este posibil în alte lumi; ceea ce este imposibil în alte lumi, este posibil în lumea noastră..."

*

Vă mulțumesc pentru că ați citit până aici.

Vă doresc numai bine !

Cu deosebită considerație, cu bine, cu pace,

Constantin M.N. Borcia

TEXT IN ENGLISH: SECRETS OF TIME AND FREEDOM OF FANTASY REFLECTIONS ON COMMUNICATION TIME AND POSSIBLE WORLDS)

INTRODUCTION

Communication through time means a certain contact, a connection between two or more persons, between two or more consciences situated in differing epochs. In space, as it is known, communication is performed through language (verbal or written, through various signs). Communication through space can also take place by means of telepathy, as a bunch of researchers have agreed. Is a connection impossible among a number of persons situated at different moments in time, for instance between someone from the antiquity and one in modern time? Maybe not... I know it seems absurd that a person from the present, from this moment that we call "present" its present brain (or consciousness) communicates with another person, another conscience, another brain from the past, from...one thousand years, knowing that the person from the past is dead – its brain being decomposed, disintegrated... Just alike it seems absurd that a person from the present communicates with another person from the future, a person not yet born and whose existence is not even vaguely guessed, presumed... But how is it possible for a person from the present to emit or receive messages from other persons from the past or the future? This is a fundamental question!

Besides, it is worth noticing that spiritism and prophecies may well be the consequences or the effect of contacts performed through time! As it is known, *spiritism* is a concept according to which the spirits of the dead survive and the living have the possibility to communicate with them through certain obscure procedures.

Prophecies, on the other hand, are assertions made by people concerning what will happen in a more or less distant future.... After all, why shouldn't we think that a kind of communication through time can take place, the more so that the theory of relativity does state that time is just one dimension of the Universe? Many a time has there been risen the issue of travelling through time...There are certain things known about that (let's remember the controversy connected to the Philadelphia experiment), but a time machine has not been built yet... However, with the travel through time, maybe even before such a thing actually becomes a fact, it is necessary to define and achieve the COMMUNICATION THROUGH TIME (that we may call chronotelepathy, which is a kind of telepathy performed in time and space)...There is even more that we can imagine... Let's think about telekinesis... Telekinesis is the influence of the "mental field", of the consciousness, the influence of psychic on various objects and processes taking place in nature... Through concentration, a person is able to displace an object or bend a metal rod, or influence a radioactive disintegration process... What if such an influence would also take place through time?

(I mean the influence through time of the mental field – the conscience, the psychic – on objects and processes... We could name this "chronotelekinesis", that is a kind of telekinesis performed in time and space...)

Also, we can go even farther, thinking that through certain procedures the thermonuclear processes from a certain star or a biological process within a living creature could be seen; we could call that "ultra-far-sightedness", which is something that can only be seen now through computer simulations...

We could think to beings from our future, which, in ten thousand years from now, endowed with these paranormal capabilities (designated as "cronotelepathy" and "cronokinesis") may be able to influence us, so that we would be just... puppets! And it might seemingly be true if we and others like us did not resist!...

But there is something more... It may just be that the evolution of one human is not…singular. After all, the life of one human is only one of the multiple lives that humans can experience… Every moment humans choose or on the contrary, are obliged to follow a certain path. In order to evolve, the human being follows a certain way to develop intellectually, morally or physically… This is what destiny is… For instance, one individual, at a certain point has the possibility to choose between studying in a certain school and not studying at all… In the first case his life will be ordered in a certain way, whereas in the second case that order will be different. There is, still, yet another case, the situation when a person can suffer an accident ad may die… or survive… Those are two possibilities for evolution (among the many others)… Though it seems fantastic or absurd, the idea may be defined that ALL the evolution POSSIBILITIES of each human, and in general of each living being WILL COME TRUE in a certain WORLD, in a certain UNIVERSE (actually named POSSIBLE or virtual WORLDS, or ALTERNATING UNIVERSES)… A POSSIBLE WORLD can become a REAL WORLD for a certain being and vice-versa… In other words, all that is real for a certain being may become possible for another one and reversely… This situation is by no means abnormal or absurd, except for minds with a too scarcely developed habit to think freely… The reunification of EVERY possibility for a human to evolve defines the INTEGRAL HUMAN; in other words the reunification of all the evolution possibilities of one being defines the INTEGRAL BEING…

To understand this, we must first understand the HYPERTIME notion… It must be understood that each instant time multiplies, bifurcates, branches out…Each instant there are numerous evolution possibilities for each being, many possible "futures",   to which possible "pasts" correspond…

Time as we know it defined by present, past and future is no more than a piece in a much more complicated puzzle, also named RAMIFIED TIME or HYPERTIME – defined through a complex structure…

From this perspective, one can say that each human has a lot of… ALTER EGOs… To understand that, follow this example: Whichever person may at some point be in the situation to choose whether to leave to a foreign country and settle there or to remain in the country where he was born… Well, absurd as it may seem, the truth is that no matter which possibility that person chooses, both possibilities will come real!

There is one reality – that person remains in his birth country and another reality – that in which the same person leaves and settles in another country... However, each of these realities becomes a possibility for their reality...

The one who remains in his native country will say that it were possible for him to have left to another country, but the reality is that he has remained here and, the other way round, the one who left to another country will say that it were possible for him to have remained in his own country, but the reality is that he has left – what is reality for of them is possibility for the other one... One and the same person has an ALTER EGO... This may be somewhat confusing, but that's how things are in this rather complex paradigm of the possible worlds and of the HYPERTIME... Anyway, can these... ALTER EGOs* communicate can they influence one another? Maybe yes, maybe no...

Therefore, it is actually the SAME PERSON situated in different POSSIBLE WORLDS!...

In other words, there are different evolution possibilities in store for one and the same person! A certain evolution means after all a possible world; one person living within   a number of POSSIBLE WORLDS, each possible world defined by a certain type of evolution, certain choices, certain happenings; it may be extraordinary, but I may say that a human has not one but more destinies...

Lastly, there is something else, connected to...planet Earth... It cannot be ruled out that Earth, through its optimal energetic potential (not very high, as is the case with stars, but not very low either, as is the case with asteroids) be involved in... initiating these strange, absurd, or on the contrary very likely phenomena named communication and influence through time... On the other hand, the usual communication, the one we are familiar with, takes place between a transmitter and a receiver situated in outer space (characterized by three dimensions) and in time (that can be considered as the fourth dimension of space – or of the Universe)... A possible communication through time would imply the existence of yet another dimension- the fifth... In other words, communication through time implies a 5-D Universe! What would that mean? Simply that the…regular time, characterized by present, future and past, this LINEAR TIME would have to MULTIPLY, to actually become a PLANE, that is to ramify, so that more present times exist, the same as more futures, more pasts… This seems to be the fifth dimension, and this is where the POSSIBLE WORLDS exist, the bifurcations of time, as well as many other things, including the communication and the influence through time…

The above are several ideas that may be of interest and may open research paths in future for illuminated, benevolent, generous and non-conformist people… I hope I shall somehow be able to communicate with these people in a pleasant manner, in a possible world…

(* Alter ego means "another me" or "a second I', a person similar to identification to another one.)

SOME THOUGHTS ON THE EXISTENCE

After all, what is this world, this existence? Why is this world? Why there must be something? Why is not void … Absolute? … I confess that I find it very difficult to answer, almost impossible… Of course, distinguish between private existence - of an object, a being, there they charge someone - and there is general - the whole existence of things … Also distinguish between private absence - the absence of an object, of a living being - and lack the totality of things… On the other hand, consciousness is to perceive and give meaning and its significance… Thinking about whether or not communication time, the possible worlds, I could not but notice that everything is so strange that I feel overwhelmed… I am amazed and afraid but there are… Descartes wrote… "I doubt therefore accord. Mind, therefore I am." Could follow that if I do not doubt, not conscience, if conscience, there is… So, there is mind or consciousness, and lack of conscience is no contemplation or… The more doubt, the mind more and therefore I am more and conversely, the less doubt, the mind less and therefore there is even less…

May have to say that an object, a being can exist for anyone, but there can be for someone else … Then, can it be right if I say that … there is a world … each? … Maybe, maybe not …

The attempt to know the existence, even if I fall into an abyss, the nothingness seems life turns … And conversely, if not even try to meet there, then, if it turns into nothingness ...

What can I say? Only this: I find that there is bizarre, so bizarre, so beyond imagination! ...

✳

A book may be interesting or boring depending on who writes it, of course, but also one who reads it... Even in a book less attractive it will be something interesting to an intelligent and benevolent reader and conversely in a special book, a reader will find something to criticize malicious

Constantin M.N. Borcia

DESPRE AUTOR

Constantin M. N. BORCIA : 1956, octombrie, 23;
Facultatea de Fizică - Universitatea Bucureşti – 1986;
doctor Chimie – Universitatea "Politehnica", 2005, Bucuresti.

Cărţi publicate:

• „Viaţa mea este ca un labirint (Jurnal oniric)" ŞI „Destinul vieţii în Univers" (Anexa : Moartea şi supravieţuirea), regie proprie, ISBN 973–0 – 03143 – 3, Bucureşti, România, 2003.

• „Modelarea matematică a proceselor radiochimice în funcţie de regimul hidrologic al sedimentelor dintr-un anumit sector al fluviului Dunărea" – teza doctorat, Universitatea „Politehnica"
Bucuresti, Bucureşti, octombrie, 2004.

• „Acolo cineva veghează (proza fantastică şi poezii exis tenţiale)", Editia semnal, Editura Printech, Bucureşti, Romania, ISBN (10)973–718–521–8, ISBN (13)978–973–718–521–1, 2006.

• „Chemarea stelelor (poezii existenţiale şi însemnări)", Editura Printech, Bucureşti, România, ISBN 978-606-521-465-1, 2009.

• Tentaţia Necunoscutului (proză ştiinţifico fantastică)" Editura Printech, Bucureşti, România, ISBN 978-606-521-464-4, 2009.

• „Marele mister al Marelui Univers – între realitate şi fantezie", Editura Printech, Bucureşti, ISBN 978-606-521-500-9, 2010.

• „Moartea şi supravieţuirea – între certitudine şi ipoteză", Editura Printech, Bucureşti, ISBN 978- 606-521-501-6, 2010.

• „Destinul vieţii în Univers (eseu ştiinţifico-fantastic)", Editura Printech, Bucureşti, ISBN 978-606-521-533-7, 2010.

• „Dincolo de lumea efemeră (proză fantastică)", Editura Printech, Bucureşti, ISBN 978-606-521-3, 2010.

• „Diversitatea cunoaşterii (reflecţii)", Editura Printech, Bucureşti, ISBN 978-606-521-619-8, 2010.

• „Locuitor în lumea viselor (ficţiuni)", Editura Printech, Bucureşti, ISBN 978-606-521-620-4, 2010.

• „Universul, Viaţa, Conştiinţa – între adevăr şi iluzie (proză fantastică, însemnări, ipoteze)", Editura Printech, Bucureşti, ISBN 978-606-521-672-3, 2011

• „Societatea fără principii (scenete umoristico-absurde), Editura Printech, Bucureşti, ISBN 978-606-521-671-6, 2011

• „Realităţi subiective (ficţiuni)", Editura Printech, Bucureşti, ISBN 978-

606-521-713-3, 2011.

- „Universuri imaginare (ficţiuni)", Editura Printech, Bucureşti, ISBN 978-606-521-712-6, 2011.
- „Un paradis pentru fiecare (scenete umoristico-absurde)", Editura Printech, Bucureşti, ISBN 978-606-521-779 –9, 2011.
- „O lume fascinantă (schiţe umoristice)", Editura Printech, Bucureşti, ISBN 978-606-521-778-2, 2011.
- „Misterele Timpului şi libertatea gândirii – eseu ştiinţifico-fantastic – Editura Printech, Bucureşti, ISBN 978-606-521-884-0, 2012.
- „Această existenţă bizară – ficţiuni", Editura Printech, Bucureşti, ISBN 978-606-521-935-9, 2012.
- „Hoinărind printre oameni – schiţe umoristice şi două scenete" – Printech, 2013, ISBN 978-606-23-0000-5.
- „Generatorul de idei – proză ştiinţifico-fantastică" – Self-Publishing, 2014, ISBN 978-606-8601-61-8.
- „Reţeaua spiritelor – proză ştiinţifico-fantastică" – Self-Publishing, 2014, ISBN 978-606-8669-05-2.
- "O iluzie fără sfârşit (jurnalul unui anonim)" – Self-Publishing, 2015, ISBN 978-606-8669-21-2.
- "Realităţi interzise - proză ştiinţifico-fantastică" – Self-Publishing, 2015, ISBN 978-606-8669-67-0.

"Some assumptions unconventional: Ideas and suggestions for new research directions" - LAP LAMBERT Academic Publishing, July 15, 2015, ISBN-10: 3659755087, ISBN-13: 978-3659755088, Language: English (http://www.amazon.com/Some-assumptions-unconventional-suggestions-directions/dp/3659755087)

„Speranţa nemuririi - Reflecţii despre moarte şi supravieţuire" - www.lulu.com, ISBN 9781329930032, Copyright Constantin M. N. Borcia (Standard Copyright License), Published February 25, 2016, Language Romanian.

„Mistere fascinante (Fantezii şi reflecţii)" - www.lulu.com, ISBN 9781329974647, Publisher: Constantin M. N. Borcia, Copyright Constantin M. N. Borcia (Standard Copyright License) © 2016

"Iluzie sau realitate? (Reflecţii şi fantezii despre misterul vieţii şi comunicarea temporală)" - www.lulu.com, ISBN 9781365011832, Publisher: Constantin M. N. Borcia, Copyright Constantin M. N. Borcia (Standard Copyright License) © 2016; CreateSpace an Amazon.com Company, Digital Proofer - ISBN-13: 9781530831869, ISBN-10: 1530831865

„Complexitatea Universului si limitele cunoasterii: Eseu de cosmologie fictionala", (Romanian) Paperback, Publisher: CreateSpace Independent

Publishing Platform,   1 edition (April 17 2016), Paperback: 184 pages, Language: Romanian, ISBN-10: 1532823622, ISBN-13: 978-1532823626.
    „Seducţia necunoscutului – proză ştiinţifico-fantastică" – Smart Publishing, Bucureşti, 2016, ISBN 978-606-94108-7-5"